MW01703512

MEGALITOS

Título original: *Megalith. Studies in stone*

© 2019 Librero b.v. (edición española),
Postbus 72, 5330 AB Kerkdriel, Países Bajos

© 2018 Wooden Books
Edición publicada con permiso de Alexian Limited.

Collection © 2018 by Wooden Books Ltd
Stone Circles © 2017 by Hugh Newman
Carnac © 2018 by Howard Crowhurst
Stonehenge © 2018 by Robin Heath
Sun, Moon & Earth (extracts) © 2006 by Robin Heath
Avebury © 2018 by Evelyn Francis
Stanton Drew © 2008 by Gordon Strong
Callanish © 2002 by Gerald Ponting
Ancient British Rock Art © 2007 by Chris Mansell
Surveys of Stone Circles © 1978 by Alexander Thom

Producción edición española: Fosbury Books
Traducción: Natalia Calvo
Maquetación: Proyectos Volantes

Distribución exclusiva de la edición española:
Librero IBP S.L.
C/ Paseo de los Olmos, n.º 20 Planta 1.ª, Oficina 7
28005 MADRID
España
info@libreroibp.es

Printed in India
Impreso en India

ISBN: 978-94-6359-118-8

Reservados todos los derechos. Prohibida la reproducción en todo o en parte por cualquier medio mecánico, informático, fotográfico o electrónico, así como cualquier clase de copia, registro o transmisión por Internet sin la previa autorización escrita del editor.

Se ha intentado en todo momento incluir información veraz y completa en este libro. En caso de omisión de algún copyright, corregiremos esta omisión en futuras ediciones.

MEGALITOS

ESTUDIOS EN PIEDRA

Librero

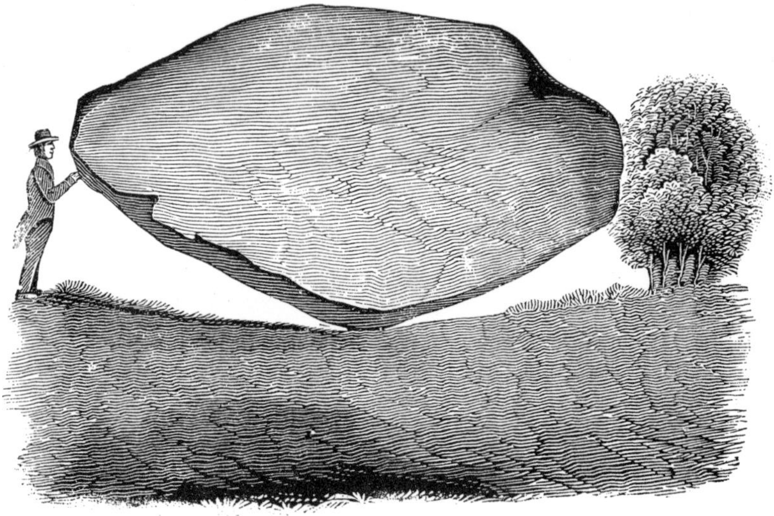

Piedra balanceante en Fall River, Massachusetts;
xilografía de Orra White Hitchcock, 1840,
gentileza de los archivos de Amherst College.

SUMARIO

Nicho en piedra caliza coralina en el Templo Sur de Mnajdra (c. 4000 a. C) en la costa sur de Malta, cerca del amplio complejo megalítico de Hagar Qim.

Prólogo del Editor

No somos los primeros en construir en estas tierras y no seremos los últimos. Por toda Europa, y por supuesto por todo el mundo, antes de los romanos, griegos y antiguos egipcios, una civilización mucho más antigua construía templos de piedra cuyos restos descansan en colinas, llanuras e islas remotas. Estas toscas ruinas pueden parecer primitivas, pero mira más atentamente y empiezan a surgir preguntas. ¿Por qué llevarlas tan lejos? ¿Cómo las movieron? ¿Por qué la fijación con el sol, la luna y las estrellas, y por qué esa sofisticada geometría? En 2007 formé un grupo junto a Gareth Mills, John Michell y Hugh Newman, para poder enmarcar y responder mejor a estas preguntas.

Este libro es una compilación de material de siete libros de la colección Wooden Books. Empezamos con el resumen de Círculos de Piedra de Hugh Newman. Más tarde, el análisis de Howard Cowhurst del mayor lugar de megalitos del mundo, Carnac. A continuación, Robin Heath nos cuenta la historia y los secretos de Stonehenge. Después recorremos Avebury con Evelyn Francis, exploramos Stanton Drew con Gordon Strong, y descubrimos el remoto lugar de Callanish con Gerald Ponting. Terminamos con el bello tratado acerca del Arte antiguo en roca británico de Chris Mansell y veinte estudios acerca de círculos de piedra del fallecido profesor Alexander Thom.

Los misterios de los megalitos son profundos y desconciertan a quienes los estudian... ¿Qué tramaban los antiguos?

John Martineau

Crómlech, Jersey, Islas del Canal. En 1785 estos menhires fueron extraídos, enviadas 800 km hasta el jardín del General Henry Seymour Conway cerca de Henley-on-Thames y colocados en su disposición original. De Inglaterra antigua: Un museo pictórico de antigüedades nacionales *de Charles Knight, 1844.*

CRÓMLECH

Hugh Newman

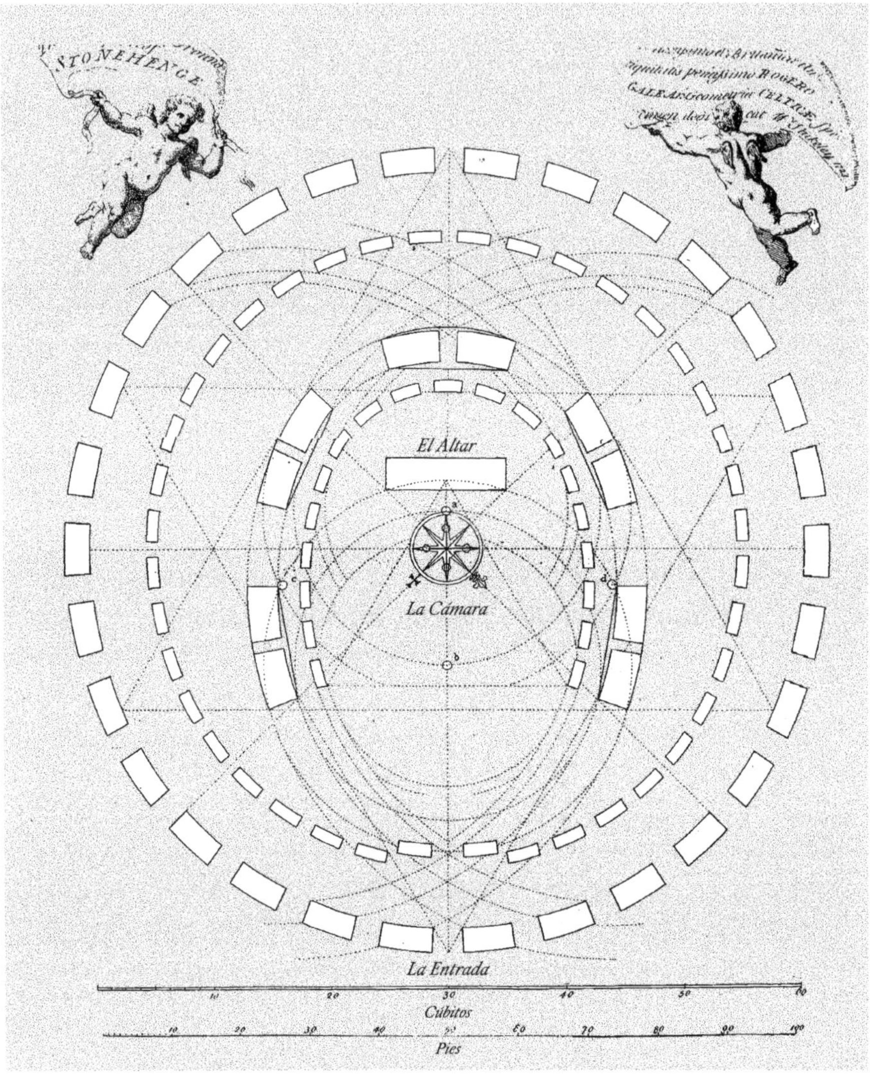

Mapa geométrico de Stonehenge de William Stukeley. Publicado en 1740, es el primero imaginado con precisión de cómo sería el lugar cuando se construyó.

Introducción

Los crómlech evocan un mundo perdido de misteriosas ceremonias, astrónomos druidas, danzas paganas y singulares anticuarios. El más famoso es Stonehenge en Wiltshire, Reino Unido, pero es también el más inusual por sus *linteles* y *trilitos*. La mayoría de los crómlech no son tan glamurosos, pero con más de mil documentados solamente en las Islas Británicas, datados entre el 3500 y el 1500 a. C., su construcción es evidentemente una parte importante de nuestra cultura antigua.

Stonehenge es también muy conocido por su solsticio de verano, y los estudios de los últimos 60 años han mostrado que muchos otros círculos parecidos utilizan alineamientos celestes y del paisaje para señalar eventos astronómicos, y muchos de ellos comparten formas geométricas y sistemas de medida.

Cómo se construyeron estos poderosos círculos ha desconcertado a arqueólogos, anticuarios y otros interesados. En el siglo XVII, los cristianos ofrecieron explicaciones naturales o sobrenaturales, y por tanto, el diablo, gigantes, brujas y una multitud de figuras mitológicas aparecieron en legendas locales. ¿Para qué si no se habrían excavado, transportado y colocado con tal precisión? Avebury es tan grande que un pueblo está situado en un círculo central. Su menhir más alto es de tal magnitud que se podría construir una iglesia entera con él.

Quien fuera que hiciera estas magníficas estructuras tenía un entendimiento muy profundo de ingeniería, topografía, geometría, metrología y astronomía. Y no fue un grupo aislado de constructores: como veremos en las páginas siguientes, la construcción de crómlech fue una empresa global.

GÖBEKLI TEPE
la génesis de los crómlech

6500 años anterior a Stonehenge y 7000 a la construcción de las pirámides de Egipto, un enorme complejo megalítico se sitúa en lo alto de las colinas cerca de Sanliurfa, al sudeste de Turquía. Göbekli Tepe floreció hace 12.000 años, y sus bien conservados crómlech (los más antiguos descubiertos hasta la fecha) muestran impresionantes grados de habilidad técnica y artística. Consisten en columnas en forma de T de hasta 7 m de alto, muchas decoradas con relieves (escorpiones, jabalíes, leones, etc.) y formas humanas abstractas con cinturones en forma de 'H' y 'U'. Las más altas descansan encajadas a poca profundidad en cimientos con muros en seco construidos como apoyo. En algunos recintos, dos pilares centrales se orientan hacia una piedra hueca, siendo la mayor y más antigua de 22 m de ancho. Un enorme pilar de caliza (¡de 8 m de largo!) se sitúa todavía en la cantera cercana.

Durante 3000 años los círculos se llenaron con escombros para crear montículos y otros recintos circulares en lo alto. Alrededor del año 8000 a. C. fue cuidadosamente reconstruido y cubierto. Curiosamente, los círculos más antiguos son los mayores y más complejos.

Como lugares posteriores en todo el mundo, las alineaciones astronómicas son evidentes. Las figuras representadas en la Piedra Buitre pueden ser las primeras representaciones de constelaciones zodiacales y otras (incluyendo Cygnus). La construcción más antigua que se conserva parece ser un observatorio construido para seguir la precesión, el ciclo de 25.800 años de las estrellas polares. Las inusuales marcas de cazoletas en la base y en lo alto de algunos de los pilares más antiguos presagian las británicas, miles de años más tarde.

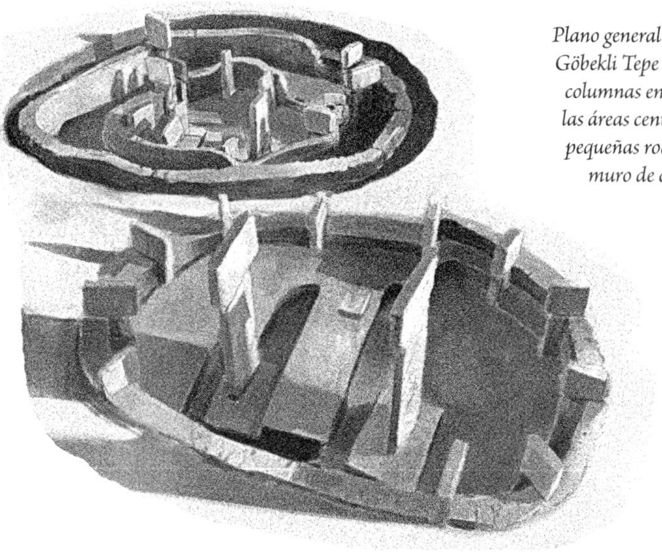

Plano general de dos recintos a Göbekli Tepe con dos enormes columnas en forma de T en las áreas centrales, y las más pequeñas rodeándolas en el muro de contención. .

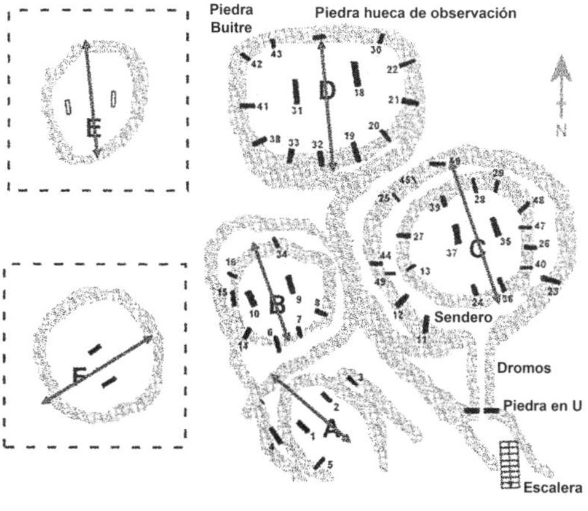

Izq.: «Piedra Buitre», mostrando Cygnus y una esfera. Dcha.: Principales recintos de Göbekli Tepe mostrando sus orientaciones (R. Hale). El recinto E se alinea ENE u OSO, cerca del amanecer del solsticio de verano o el atardecer del de invierno. Las columnas centrales del recinto D se alinean de O a N a Deneb, la estrella más brillante de Cygnus en el 9400 a. C. Se orienta a través de un menhir hueco.

La Explosión Neolítica
los primeros megalitos

Como acabamos de ver, los crómlech turcos se construyeron hace más de 12.000 años. Por todo el mediterráneo, otros lugares muestran una actividad similar. Atlit Yim, un semicírculo sumergido en la costa de Israel data del 6900 a. C. (*ver p. 55*), la primera fase de los Cromleque dos Almendres in Portugal (*ver p. 49*) data del 6000 a. C. y Karahunge (*ver p. 55*) en Armenia se remonta al 5500 a. C.

Hace 6500 años, lo que ahora llamamos estructuras *megalíticas* aparecieron en Bretaña (Francia) y Gran Bretaña (*megalito* significa «piedra enorme»). Antiguas tribus británicas apilaron tierra sobre cámaras de muro en seco para crear templos funerarios llamados *túmulos alargados*. Estos enigmáticos lugares, como West Kennet Long Barrow (*abajo*), son principalmente del comienzo del Neolítico, y preceden a construcciones muchos mayores como las de Avebury, Silbury Hill y Stonehenge.

Los primeros crómlech de las Islas Británicas en Sligo (*ver p. 44-45*) datan del 4600 a. C., y continuaron construyéndose hasta que cesaron alrededor del 1400 a. C.

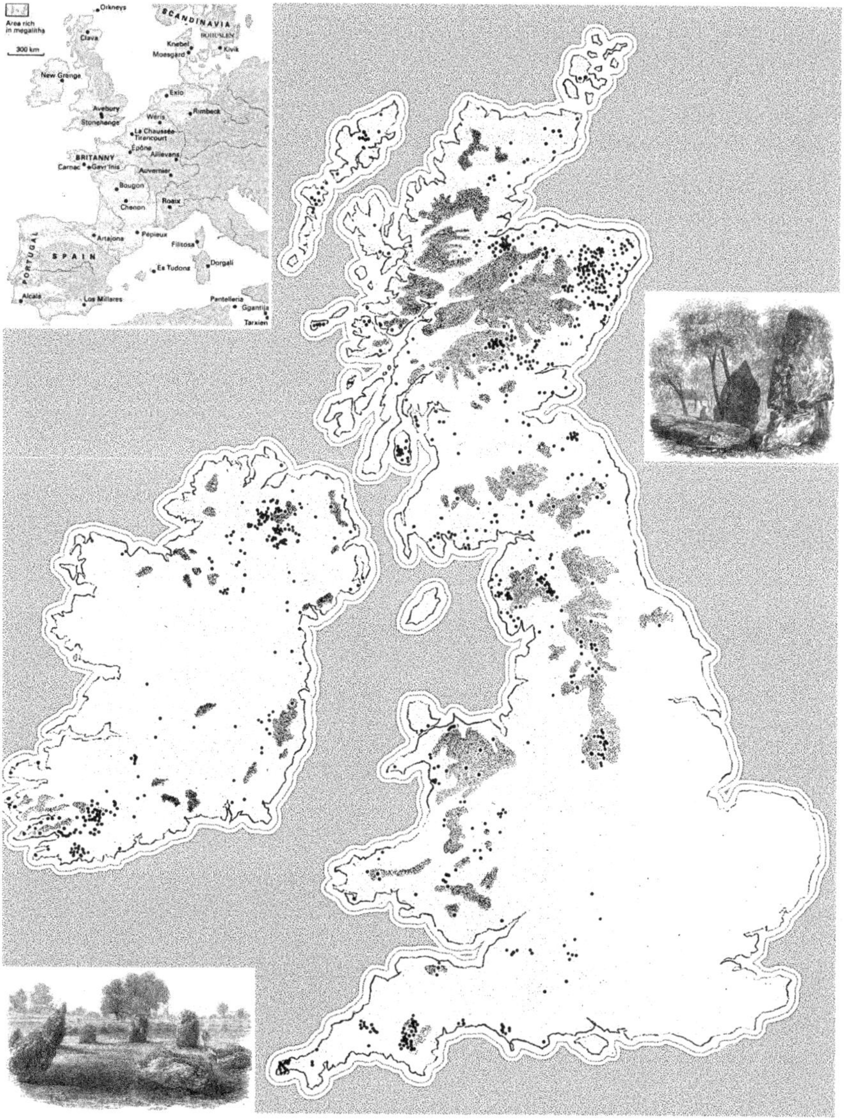

Distribución de crómlech en las islas británicas (Aubrey Burl)

La Visión del Anticuario
algunas primeras ideas

La *megalitomanía* nació en Gran Bretaña gracias al anticuario y escritor inglés John Aubrey (1626-1697). A los 22 años, se encontraba cazando cerca de Avebury y le impactó tremendamente la magnífica construcción que se encontró. Este y otros lugares megalíticos que visitó, principalmente Stonehenge (*ver págs. 20-21, y 123-187*) y las Rollright Stones (*ver págs. 28-29*) se describen en su *Monumenta Britannica*, que curiosamente no se publicaron en su totalidad hasta 1980. Previamente, Inigo Jones (1573-1652) había declarado que Stonehenge lo habían construido los romanos y no los druidas, una idea que no fue especialmente popular *(ver abajo su ilustración de la reconstrucción de Stonehenge)*.

El anticuario más famoso fue el médico y más tarde clérigo William Stukeley (1687-1765), que viajó por la campiña inglesa ilustrando lo que veía. Creyó, al igual que John Aubrey, que los druidas fueron los constructores de estos lugares, diciendo de Stonehenge que «agradaba como un hechizo». Estas teorías estimularon el resurgimiento de los modernos druidas que es evidente en Stonehenge y otros lugares actualmente.

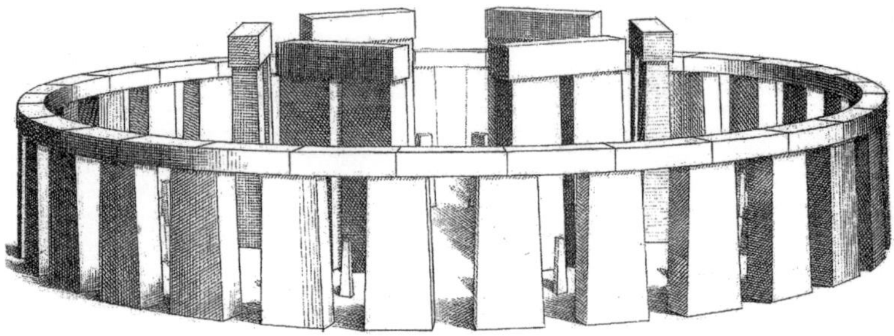

'Los Crómlech de Trefigneth,' Anglesey. Estos dólmenes cercanos a la costa son los restos de cámaras funerarias de piedra después de que la capa externa de tierra se haya erosionado o quitado.

Antiguo druida inglés, imaginado por William Stukeley en 1726.

Dibujo de 1663 de Aubrey, de El santuario (colina de Overton, cerca de Avebury) con la Avenida uniéndose a él.

Desaparecido crómlech de Clarford con menhires de hasta 6 m de alto.

TÉCNICAS DE CONSTRUCCIÓN

trabajo duro o sencillo

¿Cómo construyeron los antiguos sus crómlech? En *La historia de los reyes de Gran Bretaña* de Geoffrey de Monmouth, una seductora leyenda narra que Merlín, al construir Stonehenge, utilizó 'mecanismos' para mover piedras desde Irlanda. El libro también menciona gigantes, y la primera descripción conocida del lugar muestra a Merlín indicando a uno de ellos dónde colocar un dintel. A diferencia de Stonehenge, que tiene bellas piedras talladas, la mayoría de los crómlech se construyeron con piedras toscas. Pese a ello, todavía tenían que ser transportadas, alineadas y colocadas (*ver abajo la recreación de Keith Critchlow*).

Los misterios permanecen. En el Castillo de Coral en Florida, Edwar Leedslanin (1887-1951) extrajo, cortó y colocó enormes bloques de coral él solo, aunque se desconocen sus métodos. En los 60, John Michell (1933-2009) popularizó ideas acerca de la «fuerza de la tierra» (*telúrica*), y las corrientes magnéticas que podían elevar grandes piedras. En los 70, Paul Devereux (n. 1945) mostró que muchos crómlech muestran peculiares propiedades electromagnéticas y acústicas, especialmente al amanecer y al atardecer.

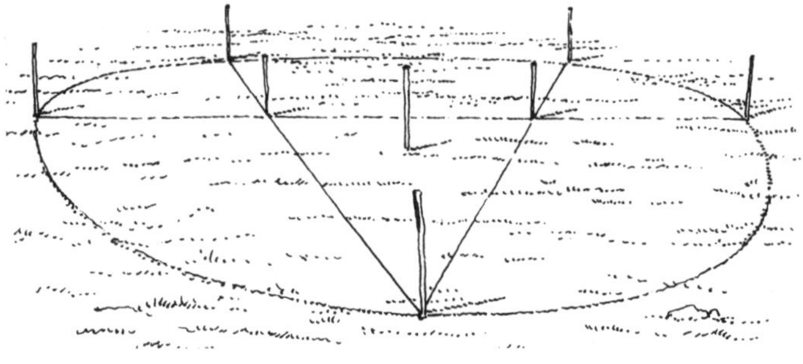

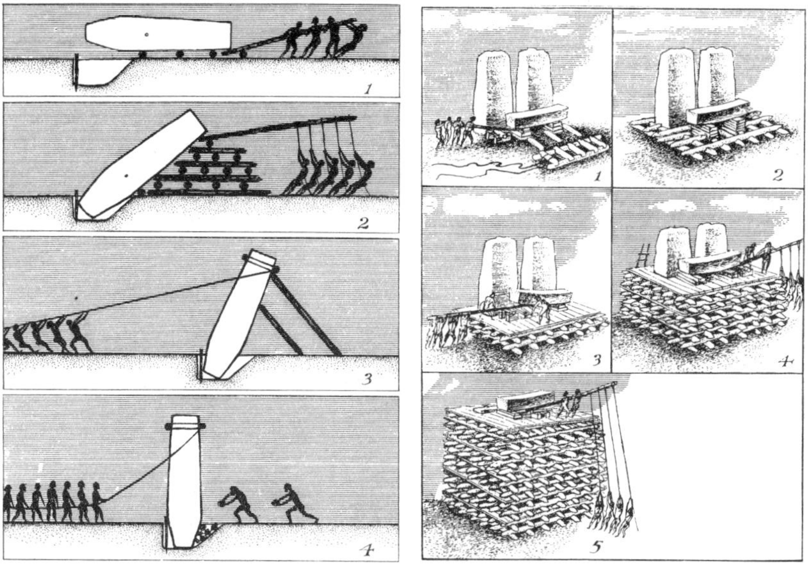

Propuesta de Richard Atkinson en 1959 para elevar los sarsenes y dinteles de Stonehenge.

Izq.: Un gigante ayuda a Merlín a elevar un dintel, de Le Roman de Brut, del poeta Wace, c. 1150.
Derecha: Ilustración de una tribu moviendo una pesada piedra sobre rodillos de madera.

Arqueoastronomía
calculadoras celestiales y alineamientos cósmicos

En la década de 1880, Alfred Lionel Lewis, y más tarde Sir Norman Lockyer (1836-1920) y el almirante Somerville (1882-1949) nos mostraron que muchos lugares megalíticos tenían alineamientos cósmicos. Lockyer destacó los de Stonehenge, incluyendo la salida de sol del solsticio de verano. A partir de 1957, el profesor Alexander Thom (1894-1985) estudió más de 300 crómlech. En palabras suyas:

> *Las líneas de visión oscilaban desde un punto en el círculo, hacia el sol en los solsticios, equinoccios y otros festivos del calendario, señalados en los horizontes por pilares de piedra, hitos o por lugares naturales como picos, marcas en cordilleras o islas lejanas.*

Thom descubrió que el ciclo lunar de 18,61 años estaba cifrado en muchos crómlech (*p. ej. Callanish, p. 312*) y también descubrió enormes paralelismos en construcciones en Bretaña y norte de Escocia.

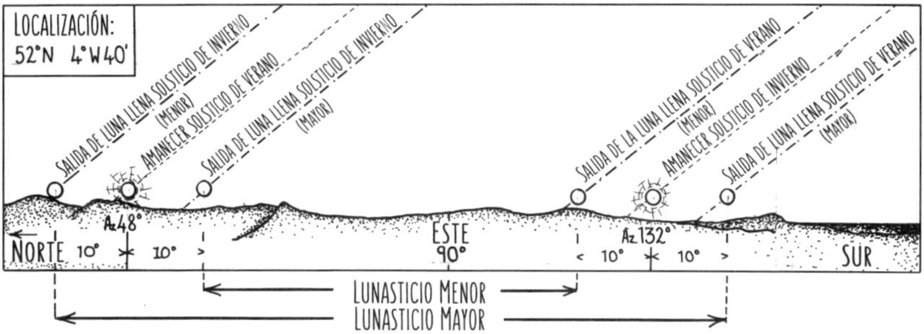

Arriba: Sobre los 18.6 años de mayor y menor altitud de salida y puesta de la luna oscilan los del sol. (de Sol, Luna y Tierra de Robin Heath). Abajo izq.: Alineación del solsticio de verano actual. Abajo dcha.: Geometría óctuple en Stonehenge (de Gerald Hawkins y John Martineau).

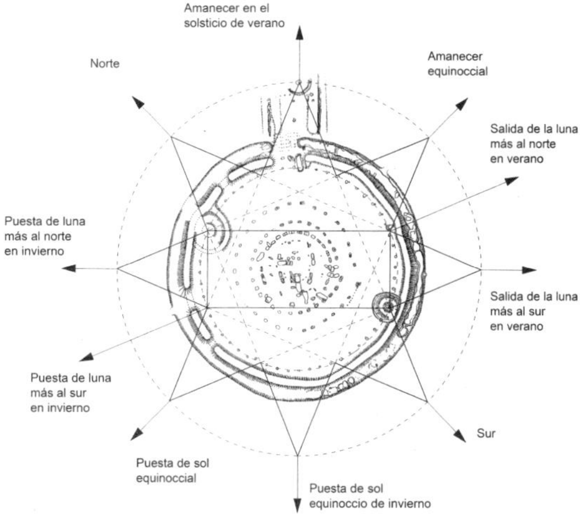

Izq.: "Recinto de Nueve Piedras," en Yorkshire. Un poco más al sur está la formación rocosa de Robin Hood's Stride que puede que sirviera como un altar sagrado. Desde el centro del círculo el lunasticio mayor sur se ve entre los dos pilares de piedra y lo alto de la colina.

Alineamientos y Líneas *Ley*

el antiguo mapa

En la década de 1920, Alfred Watkins (1855-1935) descubrió interesantes alineamientos entre antiguos lugares, y otros pronto descubrieron que la mayoría de los crómlech descansaban sobre una línea *ley*, y que sus orientaciones eran la clave para otro lugar en su dirección correspondiente (*ver abajo la* ley *de Silbury*). Algunas líneas ley se extendían por todo Gran Bretaña; la del amanecer de St. Michael del día de los Mayos va desde Lands End hasta los Hurlers y sigue hasta Glastonbury, Avebury y Bury St Edmunds en el este. La enorme línea norte-sur de Belinus conecta también muchos crómlech. ¿Es solo una coincidencia o era un gran mapa de los tiempos prehistóricos?

Estos primeros mapas de Gran Bretaña son algo que valoró Alexander Thom, ya que había descubierto un sistema coherente de geometría, metrología y astronomía en múltiples emplazamientos. Recientemente, Robin Heath ha propuesto la existencia de un gran triángulo pitagórico que señala importantes lugares en el paisaje. Stonehenge está también conectada a la isla de Lundy y Preseli Bluestone en Gales (donde reside un recinto oval de piedra llamado Bedd Arthur [tumba de Arturo]). En 2007, Health, junto conmigo y otros «cazadores de *leys*» descubrió un crómlech perdido en la isla de Lundy, muy cerca del vértice del triángulo de 5-12-13. Se han encontrado repetidamente triángulos isósceles conectando emplazamientos megalíticos.

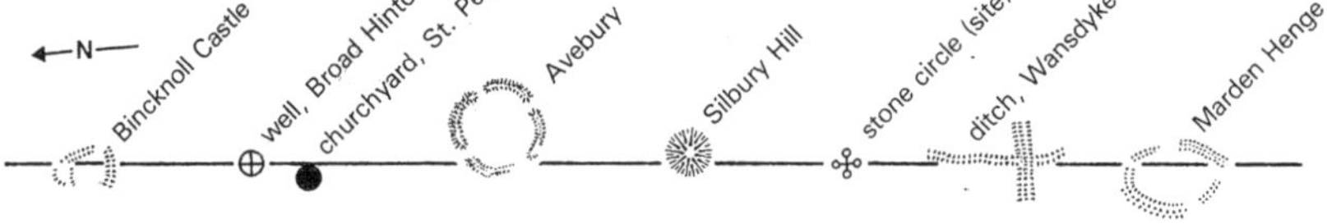

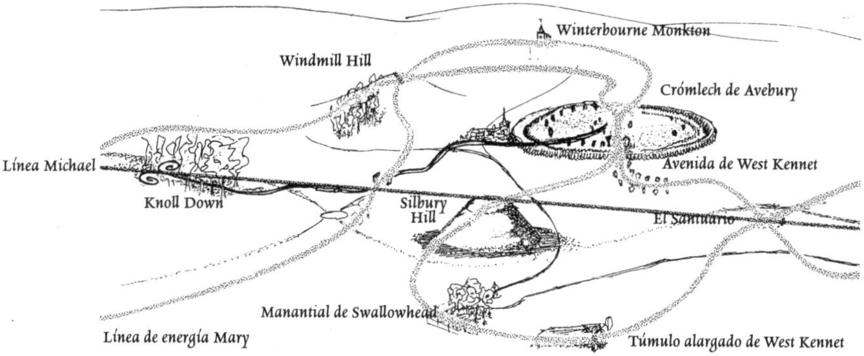

Parte de la gran línea de St Michael en paisaje de Avebury con las sugeridas corrientes de 'Michael' y 'Mary' entretejidas en y alrededor de emplazamientos clave (Broadhusrt y Miller).

Una de las múltiples y famosas líneas ley que atraviesan Stonehenge.

Izquierda: Dos grandes triángulos, uno de 3-4-5 y otro 5-12-13. Estos dos enormes triángulos pitagóricos tienen esquinas en Stonehenge (Robin Heath). Derecha: La línea Belinus.

¿Por qué se Construyeron?

menuda escena

Ahora sabemos que miles de personas viajaban desde todo Gran Bretaña y se reunían en Stonehenge y cerca de Durrington Walls en el solsticio de invierno para festejar, brincar, casarse, bailar, comerciar, compartir información y observar el cielo. ¿Es por esto por lo que los primeros cristianos estaban tan decididos a controlar estos emplazamientos y relacionarnos con el diablo? Hasta el año 626, Boscawen-un en Cornwall tenía una reputación como *gorsedd* (tribunal), donde los líderes tribales discutían temas legales y hablaban de astronomía y otras ciencias.

Muchos círculos tienen propiedades acústicas que pueden aumentar y trasladar la voz humana; algunas piedras, cuando se las golpea, reverberan. ¿Se utilizaban para afectar la conciencia humana? De Men-an-tol (*abajo*), también en Cornwall, se dice que cura a los niños enfermos. La investigación de John Burke sugiere que a los constructores de estos crómlech les interesaban las corrientes telúricas y el agua submarina como una manera de «cargar» semillas y granos para aumentar las cosechas. Lethbridge contó que sufrió una descarga eléctrica al tocar ciertos menhires de las Merry Maidens en Cornwall (*p. 22*). En Scorhill en Dartmoor (*p. 24*), los caballos se negaban a pasar por medio de un crómlech, y hay un relato similar de Avebury en 1823.

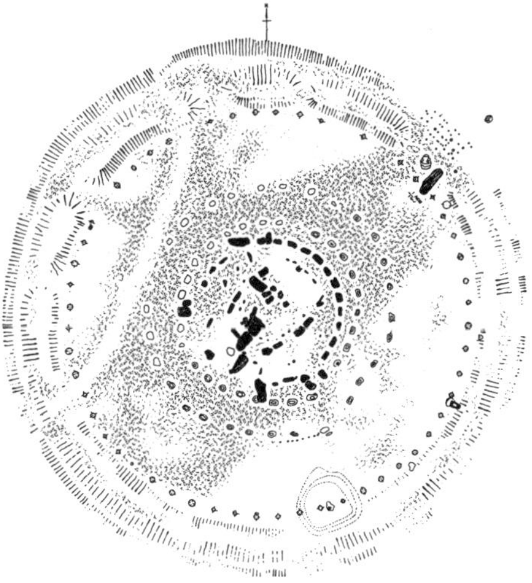

Plano de resistividad de Stonehenge, que puede mostrar corrientes telúricas que atraviesan la entrada.

«Baile de la vida y el poder de los Gigantes». M. Caine. Stonehenge místico.

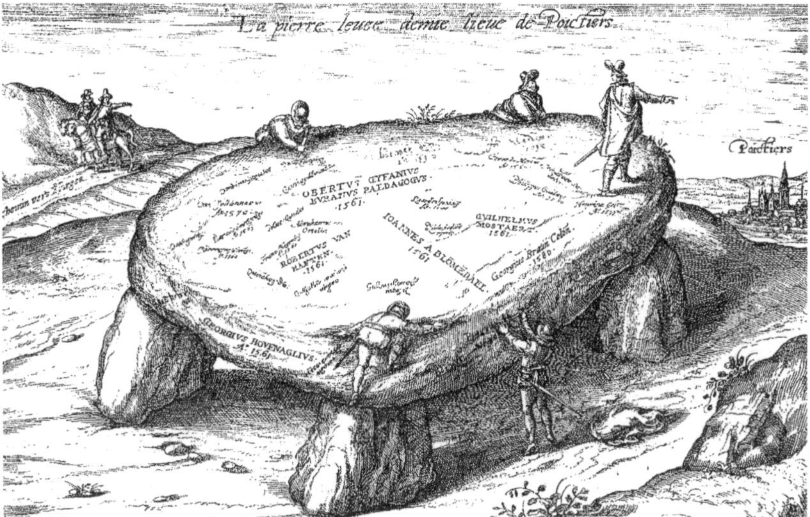

Académicos franceses estudiando el dolmen de Pierre Levée en Poitiers.

Avebury y Stonehenge

los mayores crómlech megalíticos

Antes de hacer un tour alrededor de los crómlech británicos y más allá, recordemos los dos crómlech quizá más importantes del mundo, ambos situados en Wiltshire.

El de Avebury, de 5200 años de antigüedad, llevó unas 1.560.000 horas de trabajo y 4000 personas el construirse. Más de 200.000 toneladas de caliza fueron excavadas y retiradas. Esto es antes de que se trajeran las 500 enormes piedras de Fyfield Down (a varios kilómetros de distancia) y fueran erigidas en los grandes círculos, la Avenida, y el Santuario. (*ver págs. siguiente y 191-245*). Otros crómlech existieron dentro del territorio de Avebury y una segunda avenida (la de Beckhampton) salía desde la entrada oeste. El círculo de Faulkner, de alrededor del 2500 a. C. es ahora una sola piedra en un crómlech. El círculo de Clatford (*ver p. 11*), dibujado por John Aubrey, tenía 8 enormes menhires (uno de más de 6 m de alto) en un «camino que llevaba desde Kennet a Marlborough». Conocido originalmente como «El baile del gigante», ningún otro crómlech en el mundo tiene un diseño tan sofisticado como Stonehenge (*ver págs. 123-187*).

Al igual que Avebury, tiene una avenida que contiene piedras espaciadas regularmente en Stukeley's Day y puede que terminara en un crómlech a las orillas del río Avon en Amesbury. Tres postes de madera fueron erigidos en Stonehenge alrededor del 8000 a. C., pero no se construyó nada más hasta 5000 años más tarde. Las excavaciones han mostrado que se usó arenisca azulada de las montañas Preseli en Gales.

Stukeley escribió que Avebury excede en grandeza a Stonehenge «al igual que lo hace una catedral comparada con una iglesia parroquial».

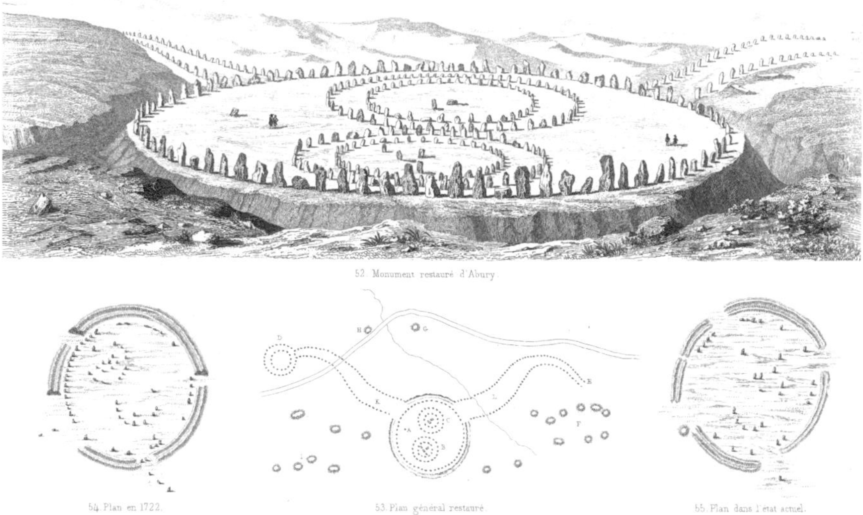

Una imagen del siglo XIX de Avebury, mostrando el lugar como estaba en 1722 (izq.), en 1850 (dcha.) y una reconstrucción completa (arriba). Grabado de J. Gaihaband.

Gran convención de los británicos. Una visión imaginativa de Stonehenge, 1815

Bodmin y Land's End

tríos, alineaciones y crómlech perdidos

Cornwall es hogar del mayor número de emplazamientos megalíticos por km² de Gran Bretaña. Se conservan 17 crómlech, y muchos más se han perdido o destruido. En Bodmin Moor se puede encontrar The Hurlers, tres círculos de 26-28 menhires, con un recientemente excavado camino de cristal de roca. Cerca se encuentran el Crómlech de Duloe, de cuarzo blanco, el Crómlech de Stannon y el Círculo Trippet.

Land's End tiene varios crómlech de 19 menhires, indicando posiblemente el ciclo metónico de 19 años. Boscawen-Un tiene 19 de granito y uno de cuarzo que señala el amanecer de Beltane (1 de mayo) desde un pilar central, mientras que otra señala el Samhain (1 de noviembre). El circular Merry Maidens cerca de Penzance (*abajo*) consiste en 19 piedras de granizo «vestidas»; la leyenda cuenta que unas jóvenes que bailaban en el Sabbath se convirtieron en piedra. Dos enormes menhires llamados «Los Pipers» se sitúan 400 m al norte, y otro gran pilar llamado Goon Rith al oeste. También están el crómlech de las Nueve Damas de Boskednan y el de las «Piedras que bailan de Tregeseal» cerca de St. Just, el único superviviente de un complejo grupo de crómlech.

Arriba, y estudio abajo, centro: Dos vistas de Boscawen-Un, Penzance, un círculo aplanado de Tipo B con las alineaciones del amanecer de Beltane y Samhain. Lockyer creía que era uno de los tres «Gorsedds».

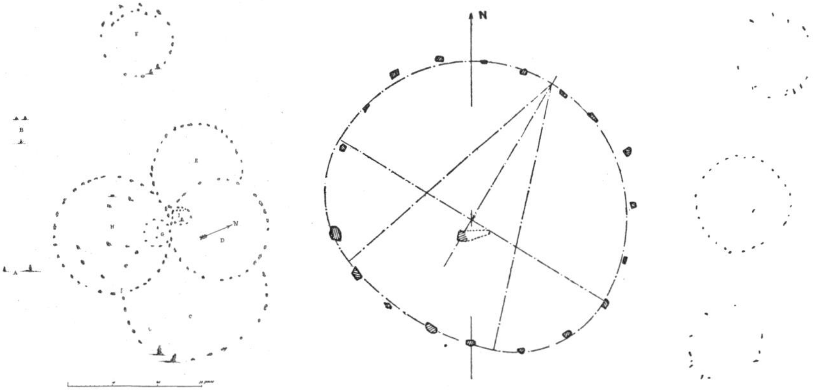

Izq.: Complejo de crómlech de St. Just, ahora perdido, como lo recogió William Borlase en 1738. Centro: Geometría de tipo B en Boscawen-un. Dcha.: El círculo triple de Los Hurlers, Bodmin Moor.

Página anterior: Crómlech de las Merry Maidens en 1804. Izq.: Ilustración de las Nueve Damas en Cornwall de William Copeland Borlase, 1872. Dcha.: Los Pipers, dos menhires de 4 y 5 metros de altura.

Dartmoor y Exmoor
caminos de hadas y círculos encantados

Dartmoor es un accidentado terreno de casquetes de piedra, cascadas y caballos salvajes. Se conservan 16 crómlech, con otros desmantelados o hundidos bajo la superficie pantanosa, incluido uno descubierto en 2009 bajo el lago de Tottiford. Se han recogido más de 60 líneas de piedra (*ver página siguiente*) y muchas, como Merrivale y Shovel Down interactúan con los círculos adyacentes. En Down Tor, una sola línea de 174 rocas se extiende hacia el noreste desde el crómlech.

Al este y al sur hay varios círculos construidos en el neolítico tardío. Scorhill (*i. inferior*) consistía en cerca de 70 menhires, pero solo permanecen 34, 25 de ellos en pie. Después del 2300 a. C., con la mejora del clima, se construyeron círculos más pequeños más arriba, a menudo con líneas de piedras. Los Grey Wethers (*p. siguiente, el único círculo doble en Dartmoor*) y el Crómlech de Fernworthy son buenos ejemplos.

Exmoor tuvo una vez multitud de crómlech aunque la mayoría han desaparecido. Dos supervivientes son Porlock y Withypool. Porlock tiene 24 m de ancho, y de sus 43 piedras solo permanecen 14, y una línea de piedras cercana. Withypool conserva 35 (de los 100 originales).

Evocadoras líneas de piedras de Dartmoor; permanecen variantes sencillas, dobles y triples.
Abajo: Doble crómlech de Grey Wethers en el límite del bosque de Fernworthy, ahora restaurado.
P. anterior: Scorhill, descrito por Rev. Samuel Rowe como «con mucho, el mejor de los toscos pero venerables santuarios de culto druida en Devonshire». Se conservan 34 menhires, 25 de pie.

Los Crómlech del Sur

perdidos, caídos y escondidos

Los restos del crómlech de Remptone de 4000 años de antigüedad en la isla de Purbeck estuvieron escondidos entre el bosque, pero su tamaño sugiere que fue un importante lugar ceremonial. Otros crómlech de Dorset incluyen las Nueve Piedras en Winterbourne Abbas, las 18 piedras caídas de Kingston Russell cerca de Abbotsbury y Kingbarrow, curiosamente escondido en un antiguo horno de cal en Portland.

Tisbury en Wiltshire tuvo una vez un impresionante crómlech con un pilar central de 4 m, pero se transformó en una gruta para el castillo de Old Wardour en el siglo xviii. Cerca de Avebury, hubo muchos otros, pero ninguna roca queda en pie exceptuando la de Winterboune Basset. En Tan Hill en All Cannings, existió un pequeño crómlech de 9 menhires de 1,3 m. Otro pequeño crómlech, de unos 5 o 6 m de longitud en Langdean Bottom (este de Kennet) con 8 menhires laterales fue descrito en 1923. Cerca estaba el Crómlech de Harestone.

Twyford en Hampshire acogió un importante crómlech de la Edad de Bronce. Tristemente, se construyó una iglesia sajona sobre este «templo druida». Cuando se demolió en 1878, se encontraron 12 menhires en los cimientos y otras piedras están esparcidas por el lugar.

Kent es famoso por sus túmulos alargados en el área de Medway, pero un crómlech adornó el área al norte. Un mapa de 1869 lo muestra cerca de la iglesia de María Magdalena, pero no aparece en mapas posteriores. Las piedras parecen haber sido reutilizadas como bordillos a lo largo de un cercano espacio verde. Redescubierto por L. Peters en los años 90, hay 19 de ellos, un número sol-lunar encontrado a menudo en los crómlech de Cornish.

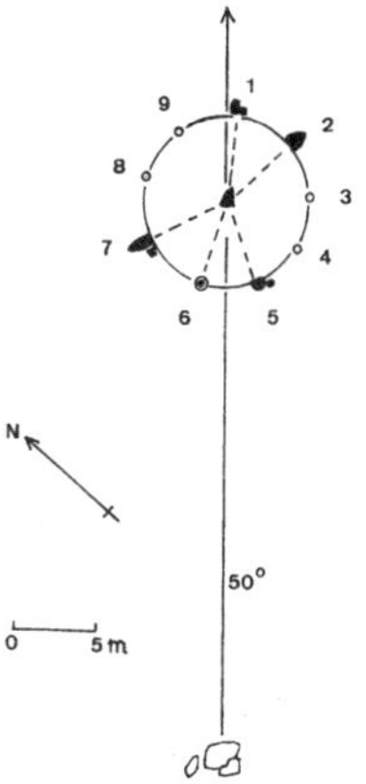

Las Nueve Piedras (o Damas o Piedras del Diablo), Dorset (Stukeley). Dcha.: Crómlech de Harestone, Wilts, con un dolmen central piramidal y un alineamiento del atardecer de Samhain.

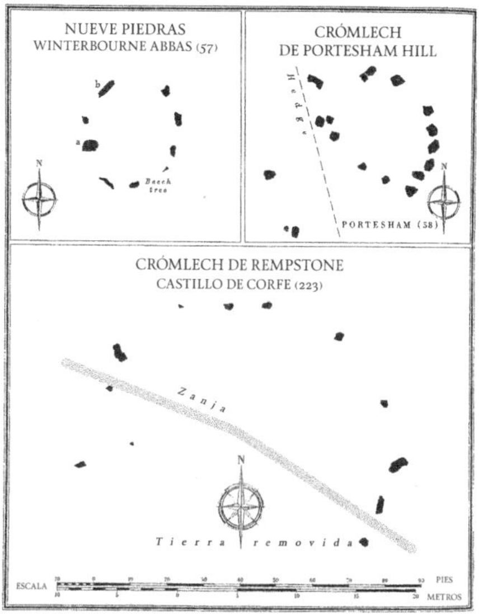

Arriba: Un boceto de Stukeley de 1724, de «El doble círculo de piedras» en Winterbourne Bassett. Ahora casi totalmente destruido.

Izda.: Una selección de mapas de crómlech en Dorset, publicado por la Imprenta de su Majestad en los años 60.

De Avon a Shropshire

toscos círculos de piedras irregulares

Stanton Drew en el norte de Somerset es el más sobresaliente de los triples círculos de Gran Bretaña. En 1776, Willian Stukeley descubrió una avenida que partía del círculo principal. El mayor círculo tiene un diámetro de 112 m. Únicamente Avebury es mayor.

En las Rollright Stones, un grupo de tres monumentos en la frontera entre Oxfordshire y Warwickshire, hay un círculo de 77 menhires de piedra caliza de más de 33 m de ancho llamado 'Los hombres del rey'. Al noreste está 'Piedra del Rey'. Cuatrocientos metros al sudeste descansan los restos del dolmen de los 'Caballeros Susurrantes'. Más cerca de Oxford encontramos Devil's Quoit de c. 4000-5000 años de antigüedad, un enorme crómlech totalmente restaurado recientemente. Sus menhires y crómlech central se pueden ver en la imagen.

Bordeando la frontera con Gales existen también algunos crómlech. Quince menhires permanecen en pie en Mitchell's Fold de un total de 30, siendo el más alto de más de 2 m. En el siglo XVIII se oyeron rumores de un trilito en Shropshire, pero fueron rechazados posteriormente por Aubrey Burl. The Hoarstones (*imagen inferior*) tiene 38 pequeños menhires con un pilar central.

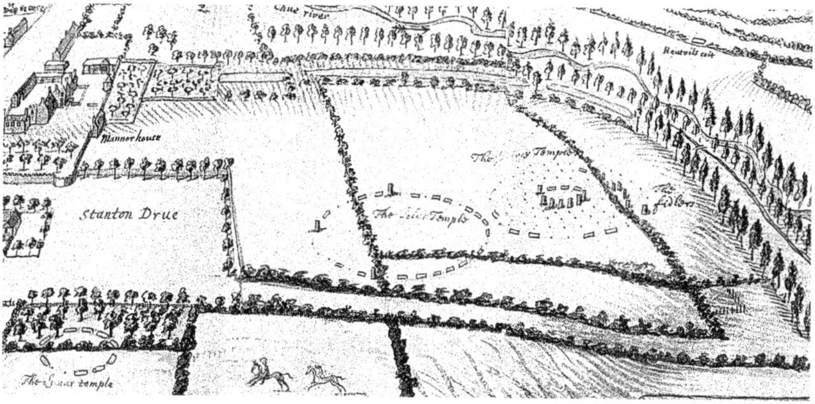

Stanton Drew, boceto de Stukeley realizado en julio de 1723. Al este, fuera de la imagen, hay un dolmen de tres piedras similar al de Avebury, situado ahora en el jardín del pub 'The Druids Arms'.

Pequeño crómlech al noroeste de 30 m en Stanton Drew, cerca de Bristol.

El restaurado Devil's Quoit. El círculo exterior tiene 150 m de ancho, el crómlech 78.

'Los Hombres del Rey' en Rollright, construido c. 2300 a. C., y 'Piedra del Rey' en el campo al fondo. El diámetro del crómlech de Rollright es el mismo que el círculo Sarsen en Stonehenge.

PEAK DISTRICT E ISLA DE MAN

del norte al centro del círculo

Siguiendo la antigua ruta comercial que une Avebury con Cumbria, nos dirigimos hacia el norte hasta Peak District en Derbyshire.

ARBOR LOW, cerca de Bakewell, (*página siguiente*) consta de alrededor de 40 menhires de caliza, todos tumbados. Si estaba en vertical, es algo que no conocemos. Tenía un crómlech y un dolmen ubicado en el centro del círculo. A menudo llamado el «Stonehenge del Norte», Robin Heath lo sitúa dentro de un triángulo que conecta Stonehenge (*p.17*) y Bryn Celli Ddu en Anglesey (*p.37*).

BARBROOK presenta 3 círculos de piedra, el principal aplanado de tipo B (*ver págs. siguiente y 13*). En un bosque en Stanton Moor, un crómlech de poca altura llamado 'LAS NUEVE DAMAS' (*abajo*) se encuentra dentro de un gran cementerio de la Edad de Bronce. Al sudoeste, los MENHIRES FIDDLERS son más recientes, pero han sido movidos varias veces. Las SIETE PIEDRAS DE HORDRON EDGE ocupa una excelente posición con vistas al Derwent Valley. Originalmente tenía diez, pero tres están caídas. En este lugar se han relatado luces de terremoto y fenómenos extraños.

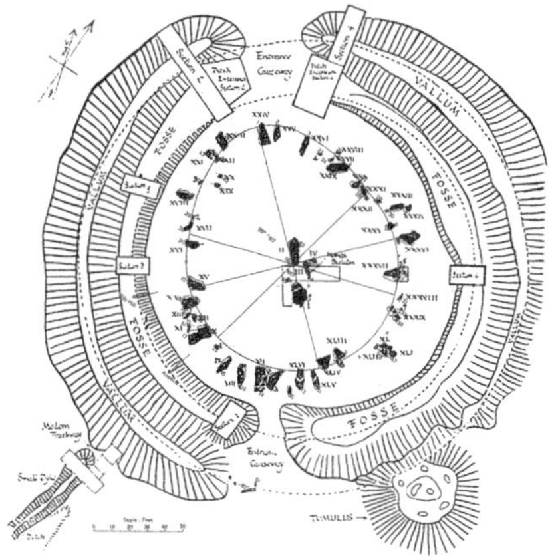

Arriba, izda.: Arbor Low, Derbyshire, con sus 40-50 menhires caídos, es un impresionante círculo ovalado con un dolmen central de alrededor del 2000 a. C. Un camino de arcilla emergía de su lado sur hacia un enorme túmulo en Gib Hill.

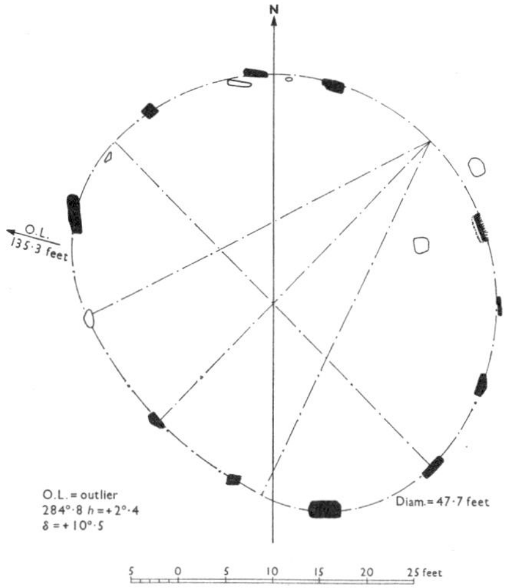

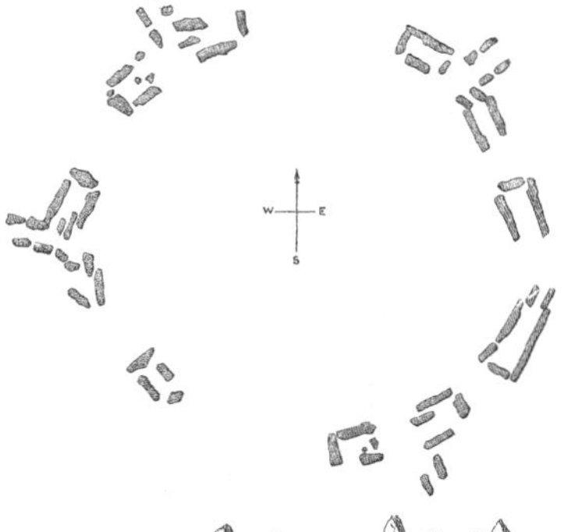

Izda.: Barbrook 1 (A. Thom); Barbrook 2 está situado 300 m al norte con 9 menhires y un túmulo. Dcha.: Único crómlech de la Isla de Man, Meayll (o Mull), cerca de Cregneish. Probablemente fuera una cámara mortuoria, con seis pares de lápidas dispuestas en círculo. Finales del Neolítico/Edad de Bronce. P. ant.: 'Las Nueve Damas' de Stanton Moor está en un cementerio de la Edad de Bronce (Steve Larder).

Yorkshire y el Norte

arriba en los páramos

En lo alto de los páramos de Yorkshire se pueden encontrar cientos de megalitos, algunos con extraordinario arte tallado. En el siglo XIX, los Doce Apóstoles de Ilkley Moor era conocido como el «*Disco druida*», ya que se pensaba que era una especie de calendario. Tenía 20 menhires con una piedra central pero solo 12 se mantienen en pie, la más alta de 1,2 metros. Forma un triángulo isósceles perfecto junto con otros dos crómlech, Grubstones y Backstones, ambos a una distancia de 1300 yardas megalíticas, y se han sugerido también alineamientos astronómicos. Más al norte hay un clásico de cuatro columnas (*ver p. 39*) llamado 'El altar druida' cerca de Skipton, situado en la misma parte de los páramos que los crómlech de Appletreewich, Dumpit Hill y Grassington.

En el paisaje sagrado de Gypsey Race cerca de Scarborough, el Monolito Rudston mide casi 8 m, el más alto de Gran Bretaña. También importantes son los tres situados fuera de Devil's Arrows (*abajo*). De entre 5 y 7 m de alto se alinean con los Crómlech de Thornborough.

El crómlech más al norte es las Cinco Piedras de Duddo. Cerca está el enorme y derruido crómlech de Hethpool y su «hermana pequeña».

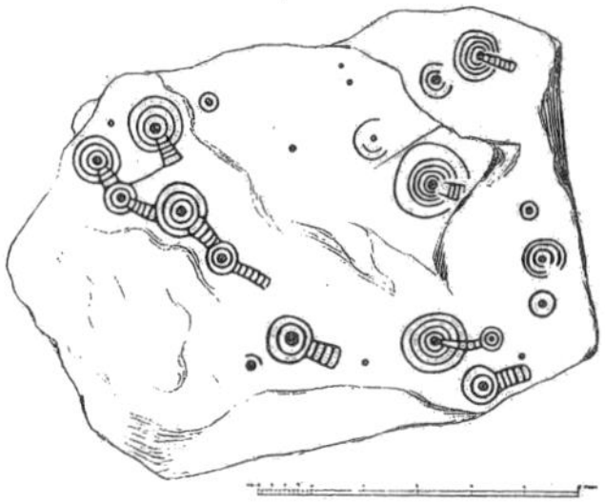

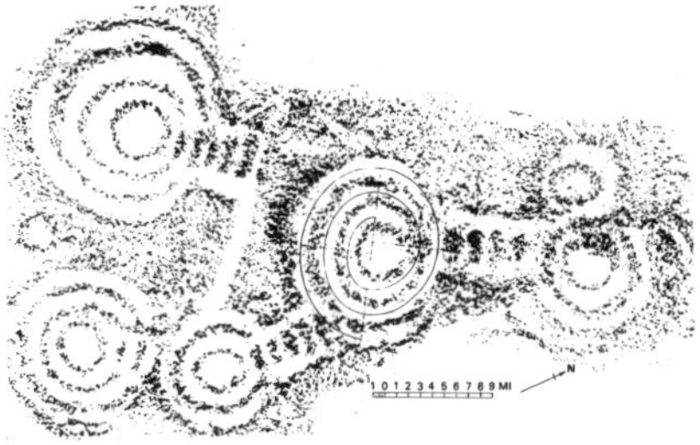

Análisis de Thom de la Piedra Panorama en Ilkley Moor, cerca del crómlech de los Doce Apóstoles.

Los Doce Apóstoles. En este lugar se han avistado OVNIS y bolas de fuego (D. Starley)

Arriba: Ruston, con el menhir más alto de Gran Bretaña, 7,62 m. Izq.: Crómlech de Cloughton con su piedra ahuecada; Página anterior: Las Devil's Arrows de Boroughbridge, Norte de Yorkshire.

Distrito de los Lagos

crómlech y arte paisajístico

El Crómlech de Castlerigg, quizá el británico situado en el lugar más bello es también uno de los más antiguos. Levantado c. 3200 a. C., descansa en un magnífico espacio abierto rodeado de montañas, lagos y una antigua vía. Consta de 35 menhires de pequeño tamaño, y es grande como otros en Cumbria (32 m de diámetro). En 1856 se descubrieron 3 dólmenes en su interior y una gran hacha de piedra.

Long Meg y Sus Hijas (*abajo*) es el tercer mayor crómlech británico. Meg, un menhir de 3,65 m de arenisca roja con cazoletas talladas, muescas, espirales y círculos concéntricos está alineado con el solsticio de invierno. Al noreste, Little Meg, un diminuto crómlech famoso por sus dobles espirales talladas, fue construido unos 1000 años más tarde.

Sunkenkirk en Swinside era el centro ceremonial favorito de los paganos en los 70 y 80. Sus piedras grises son de pizarra porfírica; no se han descubierto alineamientos astronómicos.

Otros lugares: Desde Greycroft, reconstruido en 1949, se divisa el Mar de Irlanda y mantiene 10 de sus menhires de basalto originales. Blakeley Raise, un pequeño crómlech en la parte más al oeste de las Montañas de Cumbria, tiene todavía 12 menhires. El Círculo Druida de Ulverston y Birkrigg está situado al sur de la costa de Cumbria. El Círculo de Gamelands es mucho mayor, tenía originalmente 42 menhires y lo podemos encontrar al pie de la montaña de Knott.

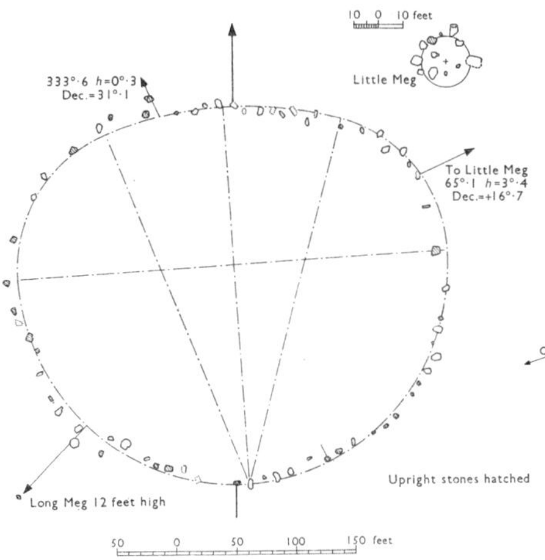

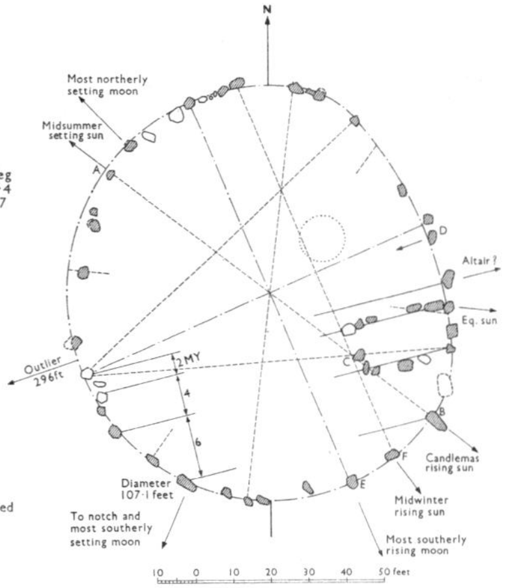

Izda. y pág. anterior: Long Meg y sus hijas (A. Thom). Las 69 «hijas» de granito están colocadas en un círculo aplanado de 110 m de ancho (ver p. 137). Dcha. y abajo: el crómlech de Castlerigg, Keswick, un círculo aplanado tipo A de 33 m de ancho con poderosas alineaciones astronómicas.

Gales y Anglesey
refugio de los druidas

Gales tuvo una vez una boyante cultura megalítica, y sus piedras todavía portan cientos de leyendas de gigantes y artúricas.

Cerrig Duon (*Roca Negra*) es uno de los principales círculos del sur de Gales. De forma ovoidal, tiene unos 21 m de diámetro, con una avenida en dirección noreste. Su imponente menhir Maen Mawr de unas 10 toneladas, es visible desde una gran distancia y todavía sirve como un indicador para los viajeros que vienen del valle de Tawe.

En dirección noroeste, en lo alto de las montañas Preseli, Bedd Arthur (*la tumba de Arturo*) es una disposición oval de pequeños menhires, a lo alto del saliente rocoso de Carn Meini. Puede que aquí se originara la idea para la piedra azulada de Stonehenge. Al este de Aberyswyth, en Ysbytty Cynfyn, cerca del famoso Puente del Diablo, un crómlech cristianizado es parte del muro de la iglesia. La piedra más alta mide casi 3,3 m, y menhires que han sobrevivido marcan los límites de lo que pudo haber sido el mayor emplazamiento megalítico de Gales.

El Círculo de los Druidas al sur de Penmaenmawr en el norte de Gales está situado en un páramo azotado por el viento. En 1965, Edward Llwyd lo describió como el «más importante monumento de todo Snowdonia». El extraordinario Moel ty Uchaf (*ver p. 402*) «*La colina de la casa más alta*» a 420 m por encima de Merioneth, y es, según Keith Critchlow «quizá la estructura neolítica más geométricamente sofisticada».

A Anglesey se le recuerda como el último bastión de los druidas. Su crómlech más famoso—Bryn Celli Ddu—data del 4800 a. C. y ahora es una tumba compartimentada orientada al solsticio de verano, pero una vez tuvo un círculo oval megalítico con 17 menhires (*p. 180*).

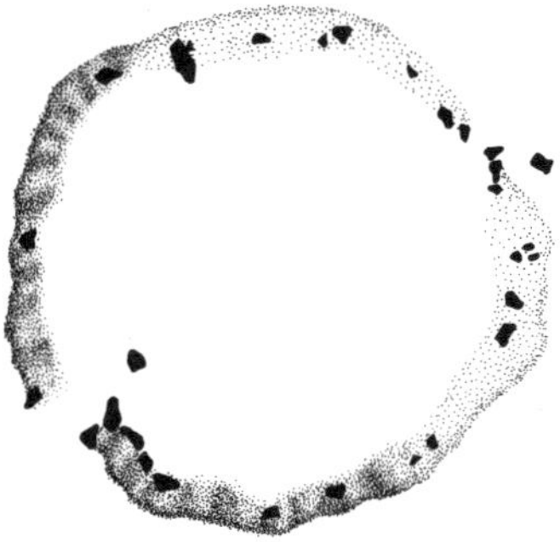

Círculo de los druidas en el Norte de Gales. Una disposición oval de 30 menhires de piedra.

Bryn Celli Ddu, Anglesey, en 1847 y 150 años más tarde, tras la restauración.

Dolmen Henblas, Anglesey. Estas piedras están enrejadas con anchas vetas de cuarzo.

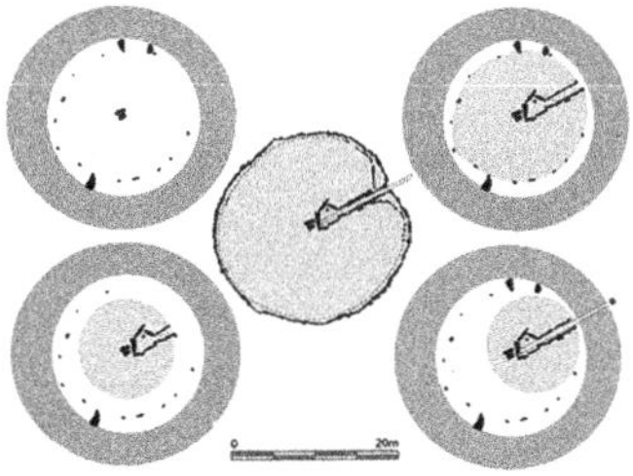

Fases de Bryn Celli Ddu, comenzando arriba a la izquierda y en sentido de las agujas del reloj.

"El gran Templo y Bosque de los druidas de Trerdrew en Anglesea," conocido hoy como el complejo Bryn Gwyn, recogido por Stukeley en su Itinerarium Curiousum *de 1725.*

Tierras Bajas de Escocia
y sus límites

El sudoeste escocés presume de muchos crómlech de diferentes estilos (el sudeste solo tiene uno reseñable, Borrowston Rig, *p. siguiente*).

Los Doce Apóstoles de forma ovalada cerca de Dumfries es el mayor de Escocia y el 7.° mayor de Gran Bretaña. Destruido casi completamente, tenía más de 90 m de ancho. Glenquicken es un crómlech circular de 29 piedras con una columna de granito en el centro. Descrito por Aubrey Burl como el «más perfecto crómlech de las islas británicas», un «hombre de inusual tamaño» fue desenterrado en la década de 1800.

Torhousekie es igualmente encantador, situado en una terraza elevada con 19 menhires de granito redondeados. Se ha comparado con el de Aberdeenshire por sus piedras tumbadas, aunque probablemente pertenezca a un periodo anterior.

Alrededor de Kilmartin, Templewood parece un círculo de lápidas; con razón, ya que es un antiguo lugar funerario (*p. siguiente*).

Loch Tay en Perthshire está rodeado de círculos megalíticos que incluyen Croft Morai, las Acharn Falls, Kinnell de Killin, Leys de Marlee y Fortingall. Fortingall es un círculo triple hundido con algunas cazoletas talladas bajo el Monte Schiehallion, o *Sìdh Chailleann*.

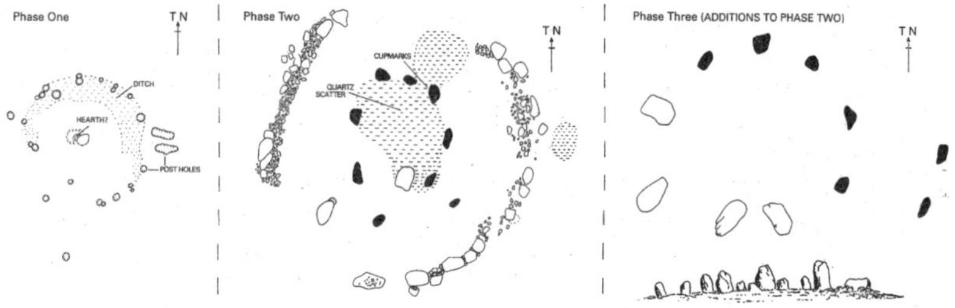

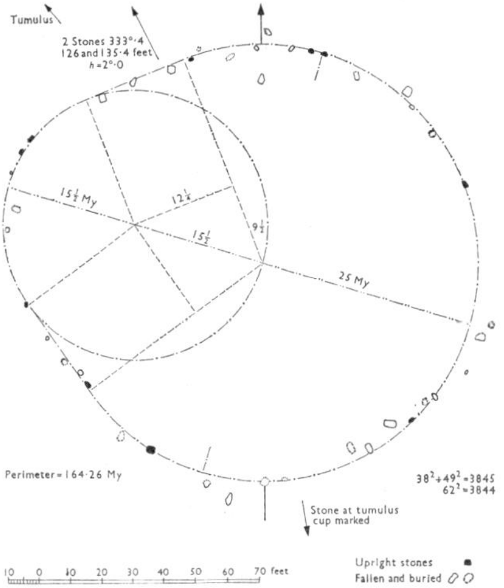

Izda.: Análisis geométrico de Borrowston Rig (A. Thom). Arriba: Lundin Links en Fife. Originalmente de 4 menhires, es un típico estilo de «4 columnas» que encontramos por todo Escocia. Abajo: crómlech de Templewood, en el valle de Kilmartin. Comenzó siendo un crómlech de 20 piedras de esquisto (c. 3500 a. C.)

Tierras Altas Escocesas

rastreando la luna más meridional

Cruzar las Tierras Altas nos revela unos pocos crómlech, como el de Killin en Perthshire. Más al norte, hay más de 150 crómlech con un monolito lateral en Aberdeenshire (había muchos más). Construidos en las alturas, muchos de ellos tienen un enorme menhir, a menudo de hasta 60 toneladas, orientado al sudeste. Dos menhires verticales están a cada lado del altar horizontal o falso horizonte, lo que enmarca el lunasticio menor del verano. Algunos crómlech no siguen este diseño astronómico, y siguen anteriores ejemplos que datan de entre el 2700 y 2000 a. C. Muchos son lugares de enterramiento con un túmulo dentro del círculo. Midmar Kirk está ahora en el patio de una iglesia.

En el área de Grampian, cerca de los crómlech, se han encontrado cerca de 200 esferas grabadas en la roca. Tetraedros, cubos, octaedros e icosaedros, todos caben en la palma de la mano. Algunas, como la famosa Towie Ball (*i. superior, izda.*), tienen bellos patrones en espiral.

Alrededor de Inverness cambia el estilo de construcción. Varios crómlech y túmulos circulares se juntan en la cabecera del lago Ness. Los Túmulos de Clava son 3 lugares de enterramiento orientados al sudoeste, todos rodeados por 12 menhires. Corrimony, al sudeste, es similar pero mayor. El sencillo Templo Druida es un perfecto «círculo ovalado» (*p. siguiente, arriba derecha*). Más al norte, los círculos se hacen más pequeños hasta que llegamos a los gigantes de las islas.

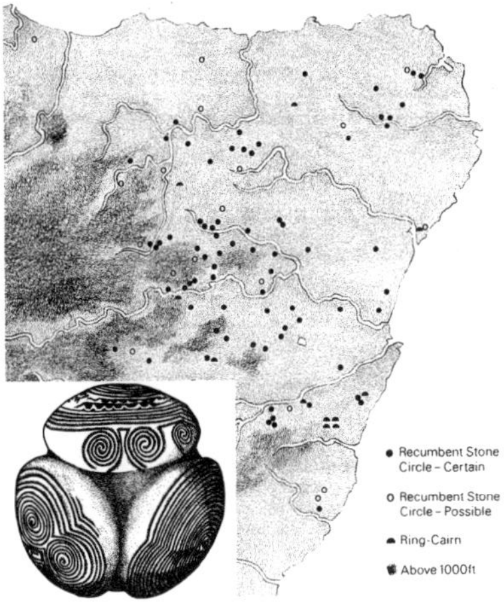

Mapa de Aubrey Bur de crómlech con menhires laterales en Aberdeenshire; existían más de 300.

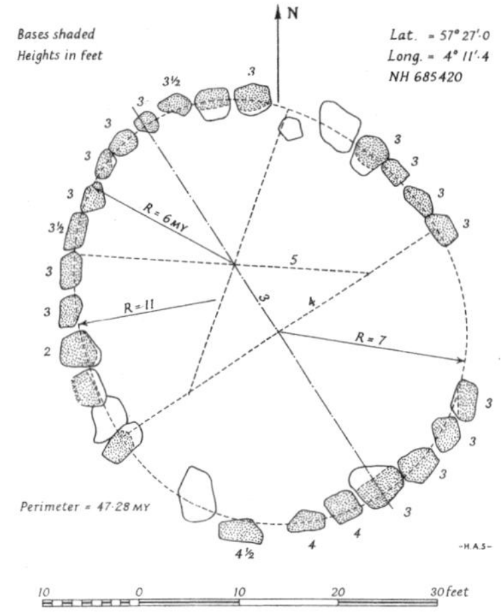

Triángulos pitagóricos 3-4-5 en el anillo interior del Templo Druida de Inverness (A. Thom).

Una selección de crómlech de Aberdeenshire que muestran sus «altares» donde se enmarca el lunasticio de verano, particularmente la puesta de luna más al sur, que ocurre cada 18,6 años.

Las Islas Escocesas

la perfección del arte elevado

La mayoría de las islas escocesas tienen crómlech. Algunos son pequeños, están perdidos o escondidos, otros son magníficos en tamaño y belleza. En Arran, Aughagallon Cairn y Lamlash son dos modestos ejemplos (15 y 7 menhires). Machrie Moor tiene varios círculos.

En Mull se conservan dos menhires de 2,5 m en el crómlech de Balliscate. En la costa sur los 9 grandes menhires de Lochbuie se yerguen en el «Campo de los Druidas». En el sur de Skye, Na Clachan Bhreige se sitúa entre el bello paisaje con 3 piedras erguidas y una caída.

En las Hébridas Exteriores, el emplazamiento cruciforme de Callanish domina la isla de Lewis, y sus 4 avenidas se cruzan en un círculo de 12 impresionantes piedras formando un círculo aplanado de tipo A alrededor de un menhir central. El cercano anillo concéntrico de Cnoc Fillibhear Bheag y el más pequeño Gharraidh también merecen una visita. (*Ver también págs. 277-319.*)

Los crómlech de Orkney también comparten la calidad mística de Callanish. El Anillo de Brodgar es el mayor de Escocia. Antes conocido como «El Templo del Sol», a su compañero más pequeño, Las Piedras de Stennes (*p. siguiente abajo*) se le llamó «El Templo de la Luna».

Callanish, en la isla de Lewis, tiene forma de cruz celta (un círculo con cuatro avenidas).

Anillo de Brodgar; 2500 a. C. Un emplazamiento cercano, el Ness de Brodgar, data del 3300 a. C.

Las Piedras de Stenness; está situado dentro de dos metros de roca sólida, sacando 18.000 m³ de piedra.

Crómlech irlandeses
acreditados y antiguos

Los crómlech más antiguos de las islas británicas se encuentran en Sligo, al noroeste de Irlanda. El área que rodea al monte Knochnarea tiene 1450 tumbas megalíticas y 22 crómlech bajos de piedras, como el de Carrowmore. Aquí, arqueólogos suecos han datado su construcción en el 7490 a. C., el más antiguo de Europa, mucho antes que los famosos lugares que aparecen en el valle de Boyne.

El enorme túmulo de Newgrange en el condado de Meath estuvo rodeado por un crómlech que puede que precediera a la estructura principal; algunas todavía permanecen. Cerca, Knowth y Dowth (también túmulos) se apoyan en círculos de piedras bellamente talladas.

Al sur de Dublín, en Wicklow, están las Athgreany Piper Stones con una alineación al solsticio de verano y una inusualmente larga cazoleta. Broadleas, de 32 m de ancho, es oval, como muchas en Cumbria.

En el sur de Irlanda existen muchos crómlech. Drombeg en Cork es uno de los 80 que recuerda a los de Aberdeenshire, pero más pequeño. Muchos crómlech de Limerick, como el diminuto Lissyviggeen en el condado de Kerry o el enorme Lios cerca de Bruff, están dentro de un banco de tierra. Kealkil es totalmente fascinante.

En Donegal, en Irlanda del Norte, el bellamente dispuesto Beltany Ring data del final de la era en la que terminó la construcción de crómlech, c. 1400 a. C. Marcado con una cazoleta, fue una vez una tumba y se alinea con el amanecer del 1 de mayo. En el Ulster, hay varios anillos bajos de pequeños menhires construidos c. 1900 a. C. Hay muchos lugares con túmulos centrales o cerca, y algunos tienen avenidas como los crómlech de Beaghmore en el condado de Tyrone.

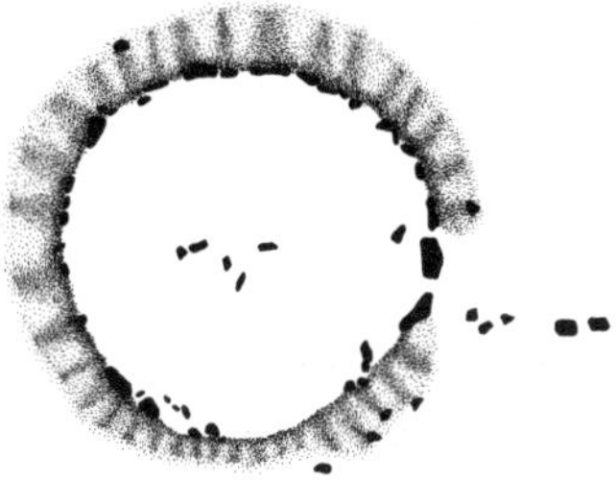

Castleruddery, Condado de Wicklow, con banco exterior y entrada al este.

Círculo 7, Carrowmore, con un pequeño dolmen central, & Monte Knocknarea con túmulos (Brennan, 1982).

Greidle, Co. Down, N. Irlanda. Permanecen 6 menhires. Dos llevan a una galería.

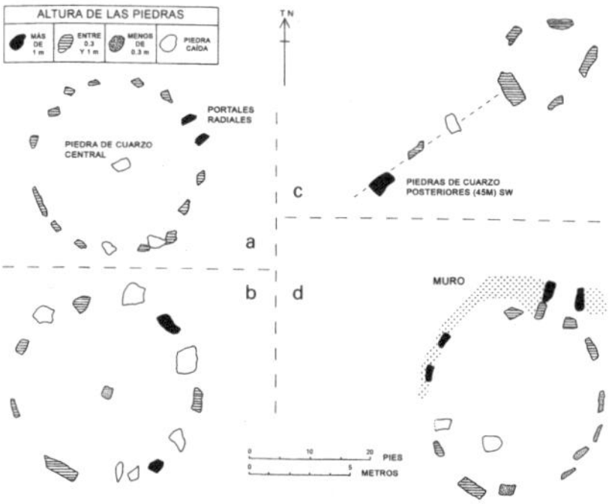

Cuatro crómlech en Cork. a: Carrigagulla sw; b. Currebeha; c. Knockraheen; d. Carrigagrenane (Burl, tras Barber, 1972).

Arriba: Piedra de entrada en Newgrange. Abajo: Newgrange antes de las excavaciones.

ALEMANIA Y ESCANDINAVIA

enterramientos para los muertos

Escandinavia es famosa por sus majestuosos barcos de piedra. Con forma de naves con remos, muchas de estas construcciones son lugares de enterramiento. Sin embargo, las icónicas ALE'S STONES (*i. inferior*) de Skane, no muestran señales de tumbas. Está alineado con los amaneceres de los solsticios. Un barco de piedra se añadió en el siglo x a un túmulo existente de la Edad de Bronce en SKIBSSAETNING. Es común en esta parte del mundo que daten desde el neolítico hasta la era vikinga, ya que sufrieron menos el vandalismo de los cristianos.

Hay 12 crómlech conocidos en Noruega, siendo el más importante HUNN GRAVFELT en el «camino prehistórico» de Østfold. En este lugar hay 9 crómlech y un número de túmulos que datan de alrededor del 1200 a. C. Uno de los menhires en una talla rúnica. LUNDEBY TINGSTEAD es otro buen ejemplo que consiste en tres pequeños crómlech.

Polonia tiene emplazamientos fantásticos. Datado alrededor del año 300, el COMPLEJO DE CÍRCULOS ODRY en Pomorskie se cree ahora que se construyó alrededor del 2000 a. C. Doce crómlech con diámetros de entre 15 y 33 m están compuestos por entre 16 y 29 menhires.

Alemania es más conocida por su dólmenes compartimentados, pero en el norte algunos crómlech (*steinkreis*) están escondidos en los bosques. Boitin Steintanz en Pomerania Occidental es un conjunto de cuatro crómlech. La cercana Netzeband es otro ejemplo.

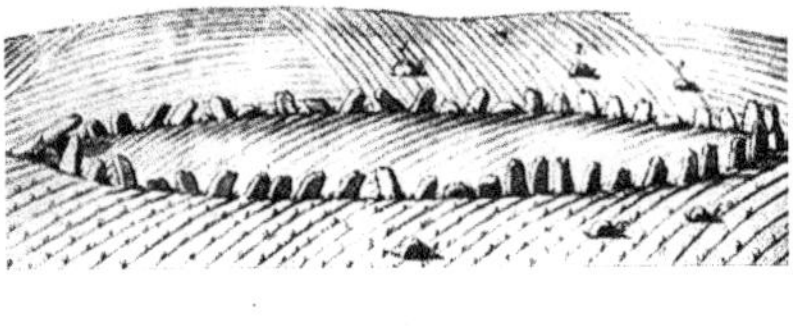

Abajo: Odry, en Polonia, tiene muchos túmulos mortuorios y 12 crómlech de 15 a 33 m, cada uno de entre 16 y 29 menhires de entre 20 y 70 cm de alto, muchos de ellos con dólmenes centrales. Tres anillos apuntan al amanecer del solsticio de invierno y otros tres al del solsticio de verano.

I. sup.: Reconstrucción de 1880 de un antiguo emplazamiento de enterramiento en ROESKILDE, *Dinamarca, típico de la zona.*

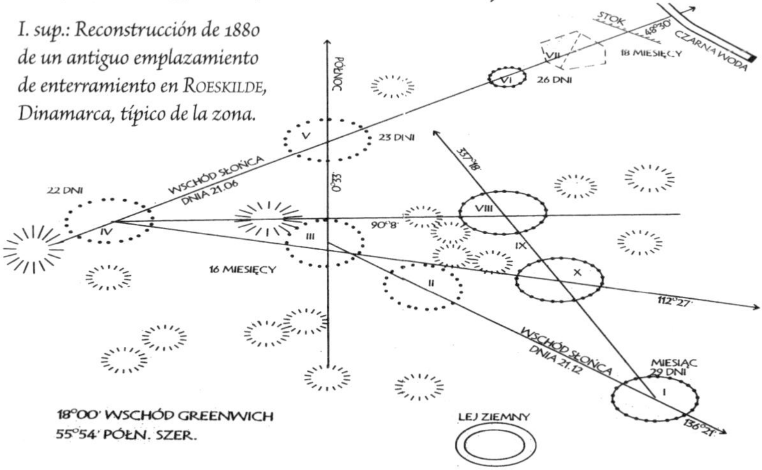

Pág. anterior: Barcos de piedra suecos en WISKEHÄRAD, *Halland, y Ale's Stones, c. 500, C Hilfeling, 1777*
Izda.: acuarela de 1880 de Olof Hermelin del cementerio prehistórico de Greby, Suecia, con túmulos mortuorios en el campo de batalla, crómlech y monolitos solitarios.

FRANCIA, ESPAÑA Y PORTUGAL

todos los tamaños y formas

Algunos de los mayores y más antiguos megalitos del mundo están en CARNAC, Bretaña (Francia). Es un vasto complejo de importancia mundial, y sus aproximadamente 45 crómlech pueden tener forma ovalada, de herradura, rectangular o cuadrada.

Aunque los crómlech franceses difieren a menudo de los británicos, a principios del siglo XIX se ilustró uno en la isleta de BENIGUET en Finisterre, mostrando 12 menhires del estilo de Cornualles. En la costa norte, en una zona de mareas en la isla de CHAUCEY, existe un curioso círculo de 40 piedras, completamente sumergido cuando sube la marea. En el sur, LACAM DE PEYRARINES en Languedoc es muy británico: un enorme óvalo de 103 x 88 m de ancho con un menhir central. Cerca, LACAM DE LA RIGALDERIE es algo más pequeño con 36 menhires.

El área fronteriza entre Francia y España tiene muchos pequeños crómlech, a menudo a poca distancia. Algunos de ellos datan de bien entrada la Edad de Piedra. Hay cientos esparcidos por los Pirineos. En el extremo oeste, un importante «cuatro columnas» llamado MENDILUZE HARRESPILA en el País Vasco data de alrededor del 800 a. C.

Portugal tiene emplazamientos espectaculares (*abajo y p. siguiente*).

Imagen superior: Dibujo de principios del siglo XIX de un crómlech en Ile Beniguet, Finistere, Francia, ahora destruido.

Dcha. arriba: Dolmen en Crucuno, Carnac. Arriba: Menec Oeste, Carnac. Del 4500 a. C., es quizás el crómlech ovalado más antiguo y prototípico. Está unido a múltiples líneas de piedras.

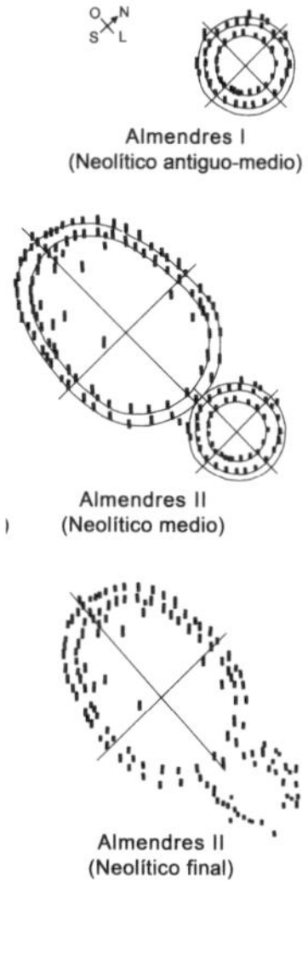

Dcha. arriba: Portugal tiene alguno de los mejores y más antiguos crómlech de Europa. Cerca de Évora está Cromele que Dos Almendres con sus menhires de granito redondeados y dólmenes. De su crómlech de 92 menhires, en el equinoccio de invierno, el sol se eleva sobre su Menhir do Almendres de 2,4 m, 1 km al sudeste. Dos crómlech similares llamados Portela de Mogos y Vale do Meio están situados cerca, al igual que el cuadrado (p. anterior) del 4000 a. C.

Malta y Norte de África

y los círculos senegambianos

Malta es hogar de muchos templos: Mnajdra y Hagar Qim (*ver p. vi*), y el complejo de Xaghra en la isla de Gozo. Más al sur, en Marruecos, el túmulo de Mezora se puede encontrar cerca de Asilah. Es una elipse enorme, de 59,29x56,16 m; sobreviven 168 de los 175 menhires originales. Un túmulo posterior excavado en parte está situado en el centro.

Cerca de Cirenaica en Libia se encontró un crómlech en 1882, y otros trilitos y dólmenes están esparcidos por la costa norteafricana. Cientos de túmulos, estelas y estructuras megalíticas están situadas a unos 100 km al oeste de Abu Simbel en Egipto. Un pequeño crómlech ovalado llamado Nabta Playa se encontró en 1974 en el desierto de Nubia; con 7000 años de antigüedad, es el más antiguo descubierto en África.

Existen 93 crómlech en los actuales Senegal y Gambia, de entre los años 300 a. C y 1600, divididos entre Sine Ngayene y Wanar en Senegal, y Wassu y Kerbatch en Gambia. Las piedras de laterita son cilíndricas o poligonales y la más pesada es de cerca de 7 toneladas.

En la región Mpumalanga en Sudáfrica, un impresionante y antiguo crómlech de 30 m llamado Adam's Calendar se descubrió en 2003.

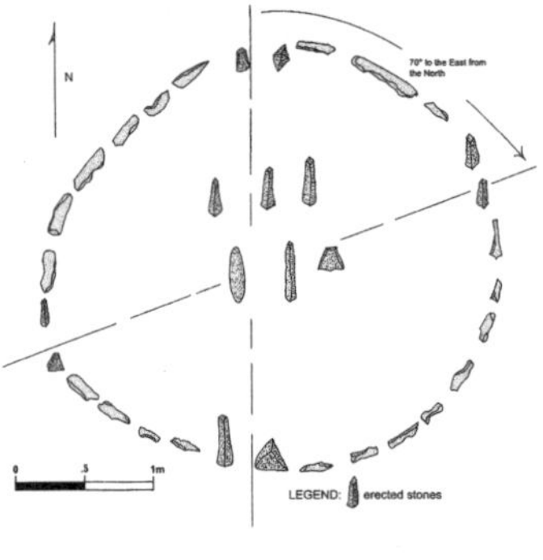

Izda.: Nabta Playa es un crómlech ovalado de tipo 1 del 5000 a. C., alineado al amanecer del solsticio de verano. Abajo: Crómlech en Kerbatch, Gambia.

Mezora, en el norte de Marruecos, es un crómlech elíptico construido utilizando un triángulo pitagórico 12-35-27 (similar a otros 30 británicos).

Fotografía del siglo XIX de trilitos megalíticos en Libia que recuerdan a los de Stonehenge. Se puede encontrar otro en Elkeb, cerca de Trípoli.

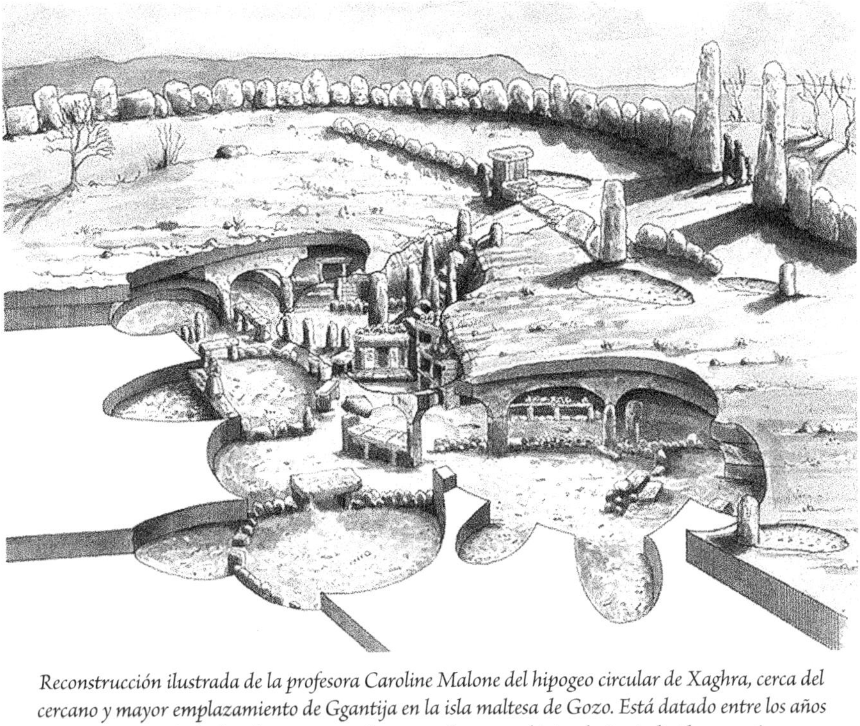

Reconstrucción ilustrada de la profesora Caroline Malone del hipogeo circular de Xaghra, cerca del cercano y mayor emplazamiento de Ggantija en la isla maltesa de Gozo. Está datado entre los años 4100 y 2500 a. C. Se descubrieron cerca de 250.000 huesos y objetos de 800 individuos en cámaras subterráneas bajo el crómlech en excavaciones realizadas en los 80. Está cerrado al público.

AMÉRICA
crómlech al norte y al sur

En norteamérica, cientos de cámaras de piedras, dólmenes y menhires se extienden por Nueva Inglaterra y el Estado de Nueva York. Hay dos crómlech, BURNT HILL y el CÍRCULO DE LOS DRUIDAS. En 1602, el español Sebastián Vizcaíno visitó Isla Catalina, California, junto con el cronista Torquemada y describió un complejo ceremonial «formado por un gran círculo de largas piedras señalando hacia el sol de mediodía».

El observatorio megalítico de CALCOENE está en lo alto de una colina cerca de Calcoene, Amapa, en Brasil. Aquí, 127 bloques de granito de hasta 3,35 m de alto están situados en intervalos regulares alrededor de la colina, como una corona. El círculo de 30 m de ancho se piensa que fue construido por el pueblo amapaense entre los siglos I y X. Está alineado al amanecer del solsticio de invierno.

SILLUSTANI, cerca del lago Titicaca en Perú, es conocido por sus enormes torres funerarias sobre una colina llamadas «Chulpas». Abajo en las llanuras, hay varios crómlech alineados astronómicamente construidos por los Kolla (anteriores a los incas) entre los años 100 y 1600. El mayor, de 10 m, es INTIWATANA, que significa «donde se ata el sol».

Burnt Hill, Heath, Massachusetts. Fue la inspiración para la colina del centinela en El Horror de Dunwich *de H.P. Lovecraft: «grandes crómlech de columnas toscas de piedra en lo alto de las colinas... generalmente atribuidas a los indios antes que a los colonos».*

P. anterior: Calçoene, Brasil. Arriba: Intiwatana, Perú, in 1877, uno de los seis crómlech de Sillustani. Arriba, dcha.: La llanura está dominada por Chulpas – torres redondas megalíticas.

CARAHUNGE Y ORIENTE MEDIO

círculos perdidos de la Biblia

Armenia posee uno de los más antiguos e impresionantes crómlech del mundo. Llamado ZORATS KARER o KARENISH por los locales, y conocido como *el Stonehenge de Armenia*, CARAHUNGE tiene 223 menhires en pie que varían entre los 60 cm y los 3 m de alto, y pesan hasta 10 toneladas. 80 menhires tienen agujeros circulares perforados, 37 en pie.

Hay 39 menciones en la *Biblia* de Gilgal, un «círculo de piedras en pie». En un relato, tras atravesar milagrosamente el río Jordán, Josué ordena a los israelitas tomar 20 grandes piedras del río, una por cada tribu, y colocarlas en Gilgal. Gilgal se ha identificado como el pueblo de Jiljilia, a unos 12 km al norte de Betel.

En el actual Israel, el emplazamiento sumergido de ATLIT YAM cerca de Haifa data de los años 6900-6300 a. C. y es la primera evidencia conocida de un sistema de subsistencia agro-pastoral-marino de la costa levantina. Un semicírculo de piedra, conteniendo 7 monolitos de media tonelada, fue descubierto a una profundidad de entre 8 y 12 m. Las piedras tienen marcas de cazoletas y rodean un manantial.

Carahunge (piedras que hablan). 17 de los menhires se alinean a los solsticios y equinoccios, y 14 a los extremos lunares. El prehistoriador ruso Paris Herouni analizó una prominente piedra ahuecada y encontró que se alineaba con Deneb, la estrella más brillante de Cygnus, c. 5500 a. C.

P. anterior: Dos ilustraciones del complejo de crómlech en DARABGIRD, *Irán. Las piedras con forma de tableta son similares a las de Avebury y otros lugares británicos.*

Izda.: Reconstrucción del crómlech sumergido en Atlit Ham, Haifa, Israel.

Extremo Oriente y Oceanía

de India a Australia

El norte de Pakistán es el hogar de varios crómlech. Las leyendas locales dicen que el crómlech de 30 menhires de Asota en Kalula lo erigió Ashoka (Buddha) para poder meditar cada día del mes.

India tiene una rica herencia megalítica, incluidos 300 crómlech bajos en Junapani, Maharashtra, del 1000 a. C. En la región de Dekkan, se seguían construyendo en el siglo xix (*ver ejemplo abajo*), mientras que el enorme crómlech de Mudumal se cree que es del 5000 a. C.

En el norte de Japón, se construyeron unos 30 crómlech por la cultura Jomon entre el 2400 y 1000 a. C. Se puede ver un buen ejemplo en Oshoro, donde hay uno oval de 22 x 33 m con un círculo interior.

En Australia, en Wurdi Youang, Victoria, un crómlech de 50 m, de unos 11.000 años de antigüedad, de 100 piedras de basalto se alinea con la puesta de sol de los solsticios y equinoccios. En Mullumbimby, en Nuevo Gales del Sur, dos antiquísimos crómlech estuvieron unidos mediante una avenida.

Asota (Kalula), crómlech en el norte de Pakistán, uno de los muchos de la zona.

Izda.: Dolmen y crómlech en PULLICONDAH*, cerca de Madras, India. Dcha.: Crómlech de Mudumal en Telangana, India, de hace 7000 años. Tiene una marca de cazoleta de El Carro.*

Mullumbimby, Nuevo Gales del Sur, Australia. 181 menhires en pie en un montículo de 100 m con forma de bumerán formaban dos crómlech unidos por una avenida en la bahía de Byron. Se cree que es extremadamente antiguo. Un enorme y parcialmente excavado túmulo está situado a menos de 100 m.

Crómlech Modernos

el renacer de la megalitomanía

Se construyeron pocos crómlech en Europa después del 1000 a. C. Sin embargo, en Indonesia y otras naciones remotas, algunas tribus todavía se juntan y excavan, transportan y construyen estructuras megalíticas.

El primer crómlech «moderno» en Gran Bretaña fue inspirado probablemente por John Aubrey. En 1717, el autor irlandés J. J. Toland estableció La Antigua Orden de los Druidas, y Iolo Morganwg (1747-1826) formó La Comunidad de los Bardos de las Islas Británicas. El primer encuentro se produjo el 21 de junio de 1792 en Primrose Hill, y se construyó un crómlech especial. 3 años más tarde, en Gales, se construyó un crómlech alrededor de la gran Pontypridd (piedra que se balancea) debido a su popularidad como lugar para rituales paganos.

Desde 1960, individuos, festivales y organizaciones de todo el mundo han construido unos 200 crómlech. Hay uno incluso en el medio de una rotonda en Milton Keynes, Reino Unido. Otros ejemplos notables incluyen: Ham Hill en Somerset, Hilly Fields en Lewisham, Londres y un memorial de guerra en Washington, una réplica de cemento de Stonehenge de interesantes propiedades acústicas. Constructores de megalitos como Rob Roy e Ivan McBeth han construido numerosos crómlech utilizando antiguas técnicas de Inglaterra a Nueva Inglaterra.

Los lugares prehistóricos detallados en este libro pueden representar una edad dorada de la astronomía, misterios de la tierra y habilidad tecnológica. Sin embargo, con una nueva ola de megalitomanía barriendo el planeta, seguro que se construirán más, dejando a los futuros arqueólogos y anticuarios tan desconcertados como lo estamos ahora. El poder de los antiguos ha cerrado el círculo.

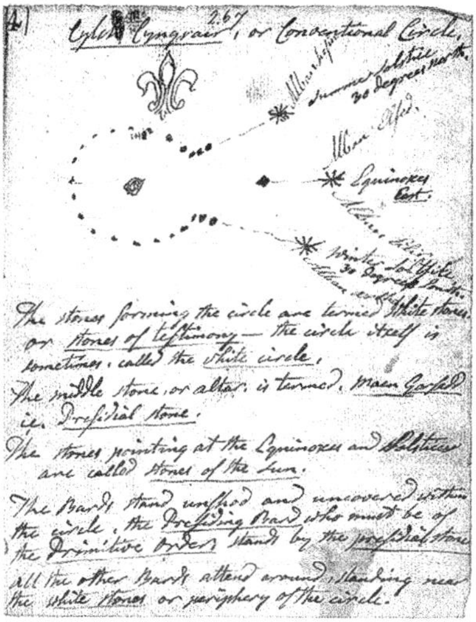

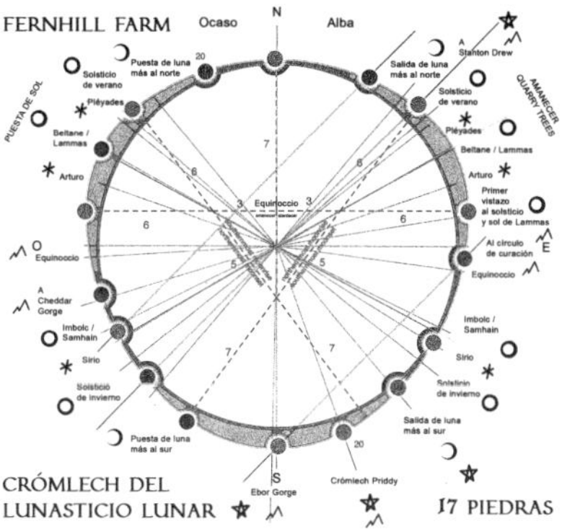

Diseño de un crómlech para el Gran Encuentro Verde de 2006 de J. Martineau & S. Kirwan.

Izda.: Plano para un crómlech del famoso encuentro 'revival' en Primrose Hill en 1972.

Piedra Rocking de Pontypridd, *Glamorgan. En 1795, tuvo lugar una asamblea de bardos alrededor de la enorme losa de piedra de pizarra (el Maen Chwyf). El crómlech fue un añadido posterior. En 1899 se produjo un plano formal para futuros crómlech. Hasta hace poco, se construía uno en cada Eisteddfod anual, así que hay numerosos crómlech por todo Gales (e incluso Hungría y Patagonia).*

(Vue prise dans le champ de Carnac, département du Morbihan.)

CARNAC

Howard Crowhurst

Reunión y bendición druida alrededor de un menhir sagrado, París, 1880.

Introducción

Carnac. La mayoría de la gente ha oído hablar de él, y se imaginan hileras de menhires en pie cruzando el paisaje. Pocos se dan cuenta del problema que supone para nuestro modelo de la historia.

Estos monumentos son más antiguos que los encontrados en las Islas Británicas. Algunos son también mucho mayores. Investigaciones recientes han datado los cimientos de un enorme menhir en pie en el 6200 a. C., en el periodo mesolítico, o Edad de Piedra Intermedia.

Otro dato sorprendente es el gran número de ellos. Los alineamientos de Carnac, las avenidas de piedra mejor conservadas, contienen algo más de 3000 piedras. En 1892, el anticuario Felix Gaillard contó 1000 piedras en pie y 5000 laterales en las hileras cerca de Erdeven, a pesar de muchos años de uso diario como cantera.

No hay ninguna mención oral o escrita de quiénes lo construyeron, aunque persisten historias de una antigua raza de gigantes. Los celtas debieron verlas c. 1000 a. C. cuando llegaron, pero no hay registros de que se encontraran (o lucharan) con una civilización anterior. Cuando los barcos romanos llegaron a Armórica (antiguo nombre de Bretaña) alrededor del año 60 a. C., encontraron una feroz oposición de los venetes que tenían mejores barcos (según César). De hecho, muchos restos romanos se han encontrado en lugares megalíticos, incluidas monedas que dejaron entre las piedras para tener buena suerte.

Con la salida de los romanos, los lugares paganos de culto fueron un objetivo de los fervientes católicos, animados por Carlomagno y varios papas. Después, tras la revolución francesa, los megalitos sufrieron en silencio la destrucción por parte de canteros y agricultores.

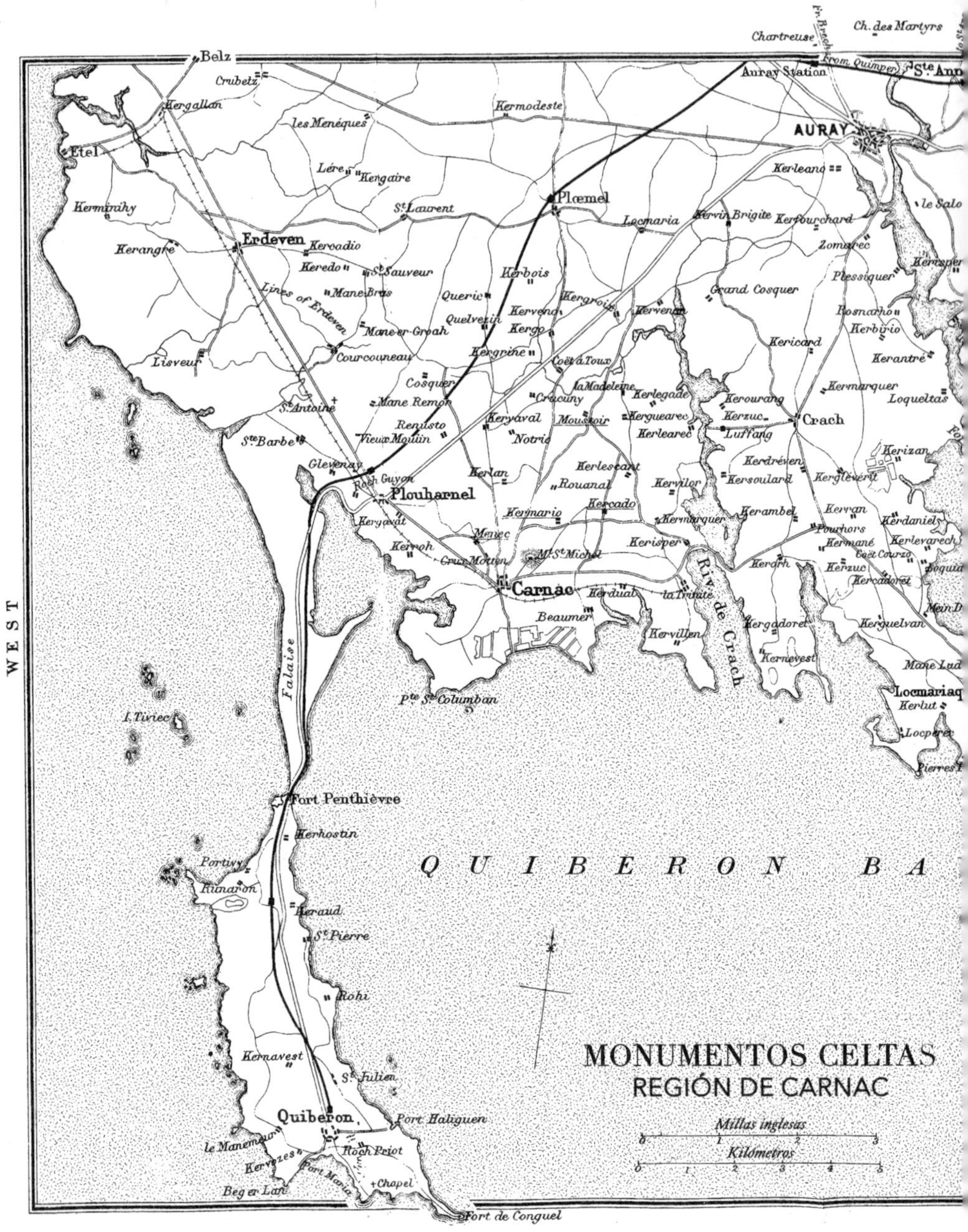
MONUMENTOS CELTAS
REGIÓN DE CARNAC
Millas inglesas
0 1 2 3
Kilómetros
0 1 2 3 4 5
WEST
QUIBERON BA
Belz
Crubelz
Kergallan
Etel
les Menéques
Kermodeste
Chartreuse
Ch. des Martyrs
From Quimper
Auray Station
AURAY
Kerleano
Lére
Kergaire
Kermirihy
St. Laurent
Plœmel
Locmaria
Kervin Brigite
Kerfourchard
Zomarec
Erdeven
Kerangre
Kercadio
Keredo
St. Sauveur
Kerbois
Plessiquer
Lines of Erdeven
Mane Bras
Queric
Grand Cosquer
Quelvezin
Kervenó
Kergo
Kergroix
Kervenan
Mane er Groah
Rosnarho
Kerbirio
Lisveur
Courcouneau
Kergrine
Coët à Toux
Kericard
Kerantré
Cosquer
la Madeleine
Kerlegade
Kermarquer
Loqueltas
St. Antoine
Mane Remor
Cracuny
Kerouranq
Kerguearec
Kerzuc
Crach
Kerjaval
Moustoir
Renisto
Vieux Moulin
Notric
Kerlearec
Luffang
Ste. Barbe
Kerizan
Kerdréven
Kerlescant
Glevenay
Roch Guyon
Kerlan
Kersoulard
Kerglévert
Plouharnel
Rouanal
Kervilor
Kermario
Kercado
Kerambel
Kerran
Kergavat
Kermarquer
Pourhors
Kerdaniel
Menec
Kerisper
Kermané
Kerlevarech
Kerroh
Coët Courzo
Crux Motten
Mt. St. Michel
Kerorh
Kerzuc
Kercadoret
Carnac
Kerduab
la Trinité
Riv. de Crach
Beaumer
Kergadoret
Kerguelvan
Kervillen
Kernevest
Mane Lud
Falaise
Locmariaq
Kerlut
Pte. St. Columban
I. Tiviec
Locperec
Pierres P
Fort Penthièvre
Kerhostin
Portivy
Runaron
Keraud
St. Pierre
Rohi
Kernavest
St. Julien
Quiberon
Port Haliguen
le Manemeur
Roch Priot
Kervozes
Port Maria
+Chapel
Beg er Lan
Fort de Conguel

W. & A. K. Johnston Limited, Edinburgh & London.

La bahía de Quiberon
rica en historia

La costa sur de Morbihan en Bretaña ha estado habitada durante aproximadamente 500.000 años. Tras la última glaciación durante el periodo mesolítico (10.000-6000 a. C), una población de pescadores-cazadores-recolectores se asentó ahí y enterró a sus muertos en bajos túmulos en la tierra. Una necrópolis encontrada en la isla de Teviec en la costa oeste de Quiberon contenía cerca de 30 esqueletos y mostraba elaborados rituales de enterramiento.

Hoy, el área está densamente poblada, a pesar de tener los terrenos más caros de Bretaña; la construcción continúa, destruyendo la atmósfera especial que encontramos en emplazamientos más remotos.

Los arqueólogos estiman que han desaparecido entre el 85 y el 90 % de los megalitos de la zona. A pesar de esto, 900.000 personas vienen a visitarla cada año y sienten la magia que todavía rezuman las piedras.

P. anterior: Dolmen de La Table des Marchands en Locmariaquer. Arriba: Según leyendas locales, fue una raza extinguida de gigantes quienes construyeron los megalitos. Abajo: Los alineamientos de Kermario con barcos atracados en la bahía de Quiberon cuando existía una vista al mar (1835).

MULTITUD DE MONUMENTOS

lo poco que queda

Aunque muchos han desaparecido, la región de la bahía de Quiberon tiene todavía la mayor concentración de monumentos megalíticos del mundo. En un área que va desde la parte este del Golfo de Morbihan a la península de Quiberon, una distancia de unos 20 km, y que se extiende unos 10 km en tierra desde la costa se puede encontrar:

Seis grandes alineaciones de menhires y varios restos de otros más pequeños, siete enormes túmulos, al menos 10 crómlech, dos cercados cuadrangulares, más de 200 dólmenes (cinco de los cuales contienen muchas tallas y todavía tienen túmulos alrededor) e incontables

menhires aislados, el más grande de ellos Le Grand Menhir Brise en Locmariaquer, ahora horizontal pero una vez estaba erguido a 20 m de altura. Otros, como el todavía en pie en Kerzerho mide 6.5 m de alto. Investigaciones recientes han mostrado también la presencia de megalitos en suelo marino en la bahía de Quiberon e incluso en islas.

Restos de los alineamientos de Saint Pierre Quiberon se pueden encontrar cuando la marea está baja, pero se extienden mar adentro por más de 1 km. El nivel del mar estaba entre 5 y 7 metros más bajo que hoy en día, y la bahía podría haber sido una gran llanura atravesada por varios ríos. Si fue inundada progresivamente o por un súbito aumento del nivel del mar es algo que no está claro.

Una Antigua Arquitectura
y las primeras imágenes de Carnac

Carnar ofrece una variedad de diferentes tipos de monumentos.

El *menhir* (del bretón *men* [piedra] e *hir* [largo]) se puede encontrar en pie solo, en alineamientos sencillos o múltiples o en curvas (crómlech) o rectángulos (cuadriláteros) o tumbados aparte.

El *dolmen* (*dol* [mesa]) es una cámara y/o un pasillo donde enormes piedras horizontales se colocan en lo alto de otras que las soportan. En algunos de los dólmenes más grandes, las piedras que los cubren están hechas de *ortogneis*, una piedra en bandas adecuada para colocarse horizontalmente. La mayoría de los dólmenes estaban inicialmente cubiertos por un *hito* (un montículo construido con piedras pequeñas).

Un *túmulo* es una colina artificial, mucho más grande que un montículo. Se le aplicaba barro y arcilla para hacerlo impermeable. Las cámaras interiores a menudo no tienen pasillos y están encerradas en el centro. Muchos de estos monumentos fueron desconocidos hasta la mitad del siglo XIX y se pensaron que eran naturales.

La primera mención a estos extraños monumentos la hizo Christophe-Paul de Robien, presidente del parlamento de Bretaña en 1725.

P. anterior: Alineamientos de Erdeven. Superior e inferior: Alineamientos de Carnac. Todos del libro Monumens Celtiques, *de Jacques de Cambry (1749-1807). Estos exagerados grabados llevaron a la decepción de visitantes y comentarios sarcásticos de Flaubert. De Cambry fundó la «celtomanía», una mezcla de neodruidismo y pasión por los megalitos, que predominó en Francia durante 70 años.*

Blair y Ronalds
el método científico

Muchos de los primeros grabados de los alineamientos de Carnac muestran 20 líneas o más de menhires perfectamente alineados de al menos 10 m de alto. Así que cuando dos exploradores británicos, Alexander Blair y Sir Francis Ronalds fueron a visitarlo en 1832 estuvieron bastante desencantados con lo que encontraron, y se convencieron de que no habían descubierto todavía los verdaderos. Cuando empezaron a aceptar la realidad comenzaron a remediar la situación y corregir los relatos exagerados recopilando un buen número de precisos dibujos. Estos siguen siendo extremadamente valiosos para los arqueólogos actuales que intentar reconstruir la disposición inicial de los megalitos.

Este esfuerzo lo continuaron dos anticuarios británicos, William Collins Lukis y Sir Henry Dryden, que pasaron en la zona los dos meses de verano desde 1871 hasta 1876, realizando planos detallados y precisas acuarelas. Desgraciadamente, gran parte de su buen trabajo se destruyó por un incendio en la imprenta. Felizmente para nosotros, sin embargo, durante sus visitas habían iniciado en sus métodos a un francés que tendría un enorme impacto en el lugar: Felix Gaillard.

Arriba: Una representación realista de los alineamientos de Carnac, con caballos salvajes y una bandada de pájaros, c. 1890

Izda.: Ronalds y Blair demuestran el método científico. De 1871 a 1876 midieron la altura exacta de muchos de los mayores menhires de Carnac.

Página anterior: La Mesa de Piedra tumbada al principio de los alineamientos de Le Menec en Carnac. Un habitual dibujo preciso de Ronalds y Blair. Muchas de sus imágenes aparecen en este libro.

Nodier y Taylor
un viaje pintoresco y romántico

Los tres grabados de esta página son algunas de las mejores imágenes de Carnac. Están recogidos en *Voyages Pittoresques et Romantiques dans l'Ancienne France*, un monumental trabajo dirigido por el barón Isidore Taylor y publicado en 24 volúmenes que contienen 3282 litografías entre 1820 y 1878. Es el primer catálogo de lugares patrimonio franceses, de nuevo tratando de restaurar una imagen racional del pasado francés.

Los dos volúmenes sobre Bretaña escritos por Charles Nodier se publicaron en 1845 y 1846.

Abajo: Parte más al este de los alineamientos de Erdeven, hoy rodeados de bosque.
P. sig, arriba: Kermario, 1.º de la fila, mirando al oeste. Abajo: Mitad de Le Menec, mirando al oeste.

FELIX GAILLARD

Alfred Devoir y el Dr. Marcel Baudouin

La conservación de los megalitos en la zona de Carnac se debe en gran medida a Felix Gaillard (1832-1910). Luchó para que las piedras se clasificaran como monumentos históricos (terminando así su uso como material de construcción), publicó artículos sobre sus excavaciones y abrió el primer museo megalítico del mundo en Plouharnel. De 1892 en adelante publicó una serie de ensayos en una revista científica francesa explicando cómo los monumentos estaban orientados hacia las salidas y puestas de sol en solsticios y equinoccios. En su libro *Astronomie Préhistorique*, presentó gráficos mostrando la orientación de 223 dólmenes del sur de Bretaña, deduciendo que sus pasillos no estaban posicionados accidentalmente y tenían que ver con el sol.

Esta interpretación arqueo-astronómica fue desarrollada por Sir Norman Lockyer, Alfred Devoir y el Dr. Marcel Baudouin.

ANTIQUITIES OF CARNAC, IN BRITTANY: THE LINES OF CARNAC, FROM MARNAC, LOOKING EAST.

Arriba: Las alineaciones de Kermario mostradas como si estuvieran en un acantilado junto al mar (están de hecho a 2,4 km de la costa), 1835, Buttura y Chamoin. Página anterior: Comienzo de los alineamientos de Le Menec, mostrando, a la derecha, los restos del crómlech en Le Menec oeste.

Izda. y abajo: Muchos grabados del siglo XIX *muestran fantasiosamente los megalitos como filas de soldados romanos petrificados, como se sugerían en los relatos populares.*

Alineamientos de Erdeven

grabados del comandante Fréminville

Aunque menos conocidos, los alineamientos de Erdeven fueron originalmente mayores que los de Carnac. Los menhires más altos (de hasta 6,5 m) y las mayores piedras (77 ton.) de la zona se encuentran aquí.

A finales del siglo XIX, tras muchos años de destrucción con propósitos constructivos, Felix Gaillard contó 1000 piedras en pie y 5000 caídas. Estimó que podría haber habido 50 filas de piedras. Durante muchos años, esto se vio como extremadamente exagerado, hasta que un estudio de la Universidad de Nantes en 2003 sobre las líneas de piedra en Saint-Pierre Quiberon (13 km al sur) mostró que una vez hubo 20 líneas allí, el doble que en Carnac.

Los alineamientos de Erdeven se pueden recorrer durante 4 km.

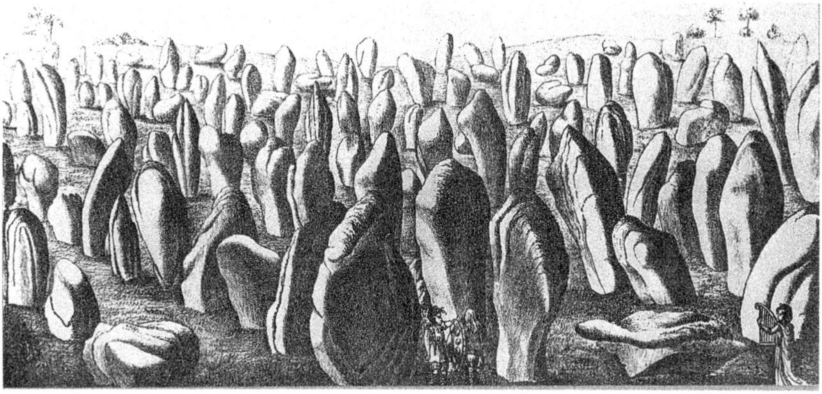

Izda.: Un detalle de la parte central de los alineamientos de Erdeven, vistos desde los dólmenes Mane Bras. Arriba y abajo: Dos grabados de Chevalier de Fréminville (1787-1848) de los alineamientos de Erdeven, con las líneas recorriendo una cuesta. Ha habido mucha destrucción desde entonces.

Las líneas de Erdeven están orientadas en un eje este-oeste. Comienzan a 6,27 km al noroeste del principio de las líneas de Le Menec, donde nacen los alineamientos de Carnac. La observación de la salida y puesta de sol se puede hacer junto a las líneas en los equinoccios. El acceso es libre todo el año.

Dólmenes por Todas Partes

casas gigantes

En la zona de Carnac se pueden encontrar más de 200 dólmenes. Algunos de ellos contienen grabados que se pueden ver todavía hoy: Gavrinis, Mane Kerioned (Carnac), Le Petit Mont (Arzon), L'ile Longue (no accesible al público), La Table des Marchands, Mane Lud, Mane Ruthual y Les Pierres Plates (Locmariaquer), Le Tumulus de Kercado (Carnac). Algunos menhires se han vuelto a erigir recientemente y también tienen grabados perfectamente preservados: Menhir du Bronzo (Locmariaquer), Kermaillard (Arzon).

En Gavrinis (*ver pág. 84-85 y 378-382*), hay un grabado de un bovino con unos enormes cuernos semicirculares en la piedra superior. Los pies del animal parecen continuar en la parte visible (interior) de la enorme piedra superior del dolmen de La Table des Marchands en Locmariaquer (*abajo, a 3860 m al oeste de Gavrinis*), lo que sugiere que monumentos anteriores se rompieron e integraron en construcciones posteriores.

Arriba (cubierto de vegetación, c.1840) y abajo (despejado, 1868): La Roche aux Fées en Essé (35 km al SE de Rennes). 42 piedras de varios tamaños, 17 en la parte SO y 15 NE, con 9 como cubiertas, 1 en el suelo. En el equinoccio de verano el sol entra por el pasillo hasta el final de la cámara.

¿CÓMO LO HICIERON?

rodando río abajo

Aunque duró 3000 años, del 6000 al 3000 a. C., con una renovación alrededor del 2500 a. C, parece poco probable que fuera realizado únicamente por los locales (los restos arqueológicos indican una densidad de población de aproximadamente 0.8 habitantes por km^2). Además, algunas piedras masivas en ortogneis como Le Grand Menhir Brise (*ver p. 86*) pesan más de 300 ton., y debieron transportarse más de 10 km. En 2010, los restos de una piedra ortogneis erguida de 80 ton. se encontraron en la isla de Belle Ile, al sur de la punta de la península de Quiberon, que no estaba unida a la costa en aquel tiempo. Esta piedra de debió de trasladar más de 30 km, parcialmente al menos, por mar.

Ninguna explicación usando cuerdas o maderas como flotadores puede explicar cómo se movieron estos enormes bloques de granito. Esto llevó a toda clase de hipótesis: levitación, construcción de hormigón e intervención de extraterrestres. La verdad es que no lo sabemos.

P. anterior: Dolmen de Crucuno (Blair & Ronalds, 1832). Arriba: Dolmen de Mané Lud, Locmariaquer. Abajo: La Table des Marchands en Locmariaquer con una piedra tallada.

GAVRINIS
un túmulo con vistas

Por la isla de Gavrinis en el Golfo de Morbihan fluye una de las corrientes más fuertes de Europa. Permanentes remolinos anuncian una de las mejor conservadas y más elegantes maravillas arquitectónicas de Carnac. El túmulo de Gavrinis, un montículo en forma de erizo de mar con un diámetro medio de unos 30 m cubre un dolmen construido con 1 menhir de cuarzo y 29 de gratino, 27 de los cuáles están tallados. Un largo (13,4 m) y ligeramente serpenteante pasillo lleva a una pequeña cámara (2x3 m y 1,8 m de alto) compuesta de 8 menhires y una enorme piedra superior soportada por el montículo y no por los laterales.

En la salida de sol del solsticio de invierno, los primeros rayos enrojecen unos semicírculos tallados en la última piedra a la izquierda del pasillo. Entonces, un rayo como un láser recorre el suelo de la cámara y golpea la parte izquierda de las dos piedras que forman la pared trasera. Cuando el sol se eleva, el rayo se amplía lentamente iluminando la piedra izquierda antes de llegar al suelo (*ver también páginas 378–382*).

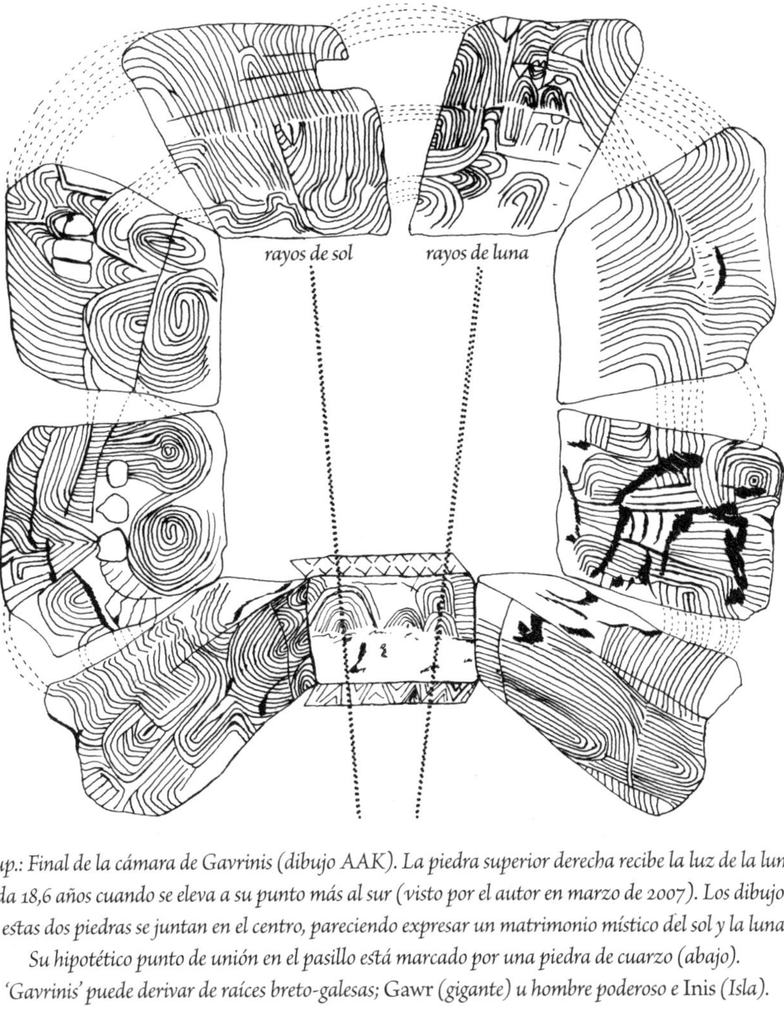

I. sup.: Final de la cámara de Gavrinis (dibujo AAK). La piedra superior derecha recibe la luz de la luna cada 18,6 años cuando se eleva a su punto más al sur (visto por el autor en marzo de 2007). Los dibujos en estas dos piedras se juntan en el centro, pareciendo expresar un matrimonio místico del sol y la luna. Su hipotético punto de unión en el pasillo está marcado por una piedra de cuarzo (abajo). 'Gavrinis' puede derivar de raíces breto-galesas; Gawr *(gigante) u hombre poderoso e* Inis *(Isla).*

Le Grand Menhir Brisé

la piedra del centro del mundo

En Locmariaquer descansa el caído y roto gigante, Menhir Brisé, llamado Er Groah (el hada) en bretón. Thom sugirió que Le Grand Menhir era una previsión de los alineamientos a gran distancia de la luna. Hecho de ortogneis, este monstruo esculpido de 20 m de largo y más de 300 toneladas, descansa ahora en el suelo en 4 trozos, la base caída en una dirección y las tres partes superiores en otra. Serge Cassen sugirió que un terremoto de 9.1 en la escala de Richter pudo haber torcido la base. El ortogneis no es local, así que la piedra debía haber sido transportada al menos 12 km, seguramente de una cantera en Conleau en la parte más al este del golfo de Morbihan. El lugar de extracción está a contracorriente del río Vannes, así que se ha sugerido que lo bajaron flotando corriente abajo.

Ortogneis es una piedra con capas, lo que hace que sea muy difícil de fracturar lateralmente. De todas maneras, Le Grand Menhir está roto a través de las vetas con suaves cortes, sin signos de cincel.

Arriba e izda: Le Grand Menhir en el siglo XIX. *La parte inferior, que tiene un arado/balanza/ ballena esculpido en bajorrelieve está perfectamente alineado con el eje del túmulo Er Grah en dirección N18.5°O desde la base durante 160 m, mientras que las tres partes superiores señalan al este.*

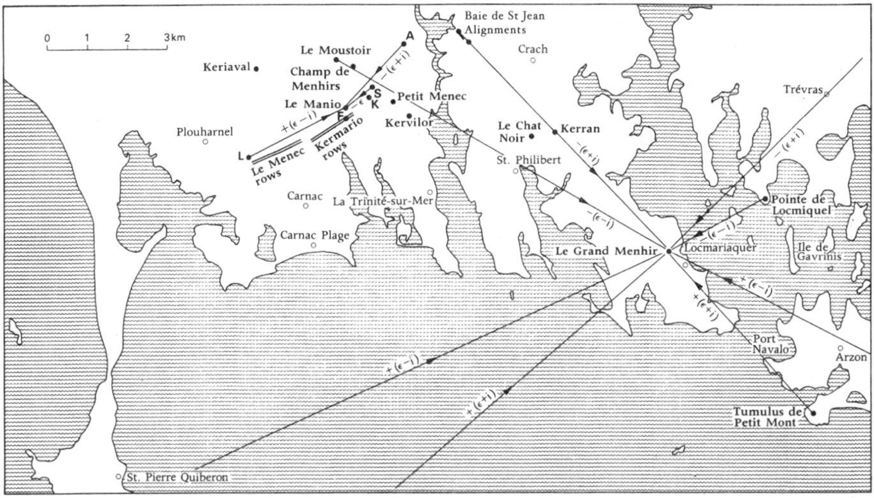

Arriba: El Profesor Alexander Thom vio el Grand Menhir como una previsión de las observaciones lunares a larga distancia, y de hecho muchos monumentos están situados en las posiciones extremas de la luna mayor (e+i) y menor (e-i). Dibujo de John Edwin Wood.

La Table des Marchands

el Sol y la Luna se juntarán pronto

A unos 50 m al NE del Grand Menhir descansa el dolmen La Table des Marchands, ahora cubierto por un supuesto hito, reconstruido en 1991. Las imágenes más antiguas del lugar muestran la piedra ortogneis soportada en tres puntos por columnas, abierto y con el túmulo que le rodea de la mitad de altura del monumento. Dentro de la cámara, el techo es de unos 2,7 m de alto. Tiene unas tallas complejas que contienen un arado con la punta de hacha, un dibujo que recuerda a la vara de un obispo, una posible luna creciente y los pies del animal de Gavniris.

Una piedra blanca ojival erguida con tallas únicas 'La Diosa' forma el final de un pilar del techo (*ver también p. 83*). Al igual que el arco de Saint Louis, la base y la altura son la misma. Desafortunadamente, las tallas en la parte trasera no son ya visibles.

El pasillo tiene la misma orientación que Gavrinis, de manera que la salida de sol del solsticio de invierno ilumina la parte izquierda de La Diosa y el lunasticio mayor sur la izquierda. La piedra blanca, un tipo de piedra caliza, es rica en cuarzo y brilla incluso con la luz más débil.

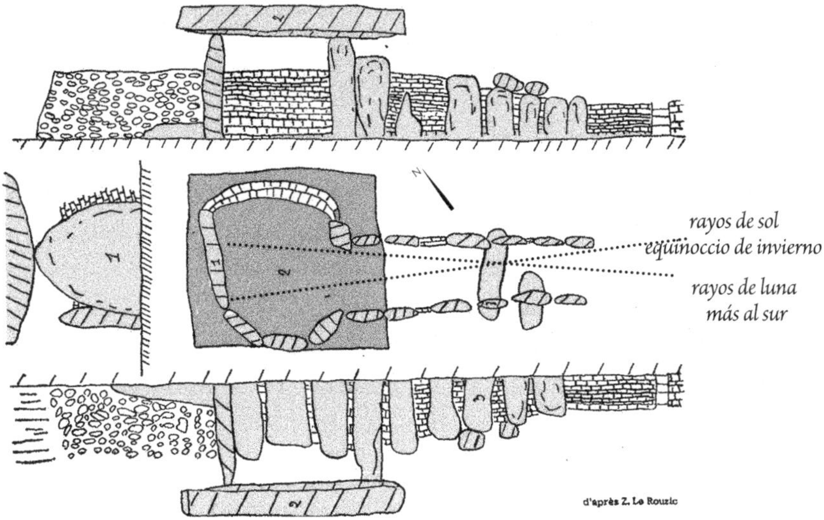

Arriba y página anterior: La Table des Marchands. El eje del pasillo se alinea con el túmulo de Mane Er Hroëck y el montículo Le Petit Mont al SE y los dólmenes de Kerran al NO (pág. 20).

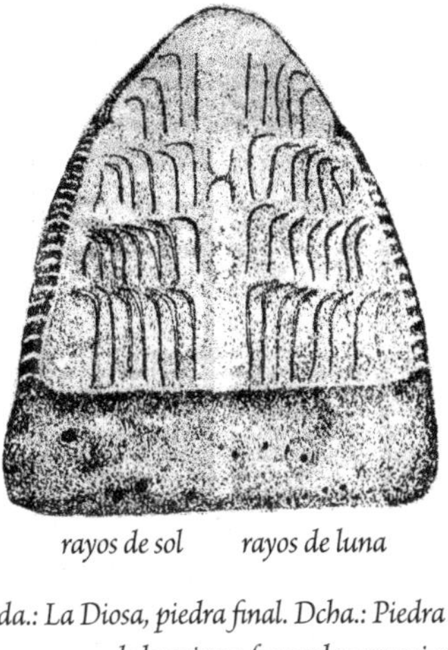

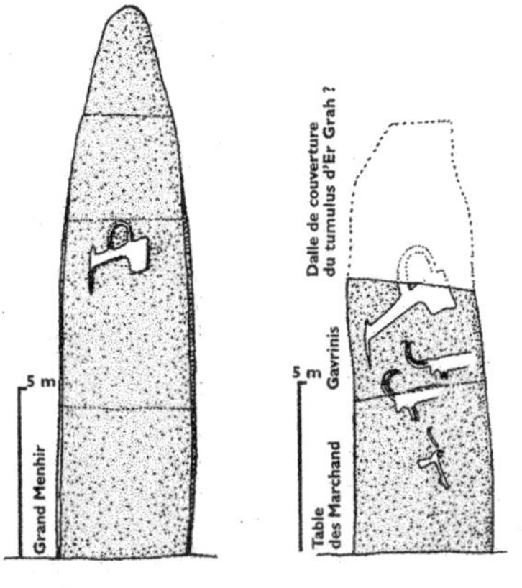

Izda.: La Diosa, piedra final. Dcha.: Piedra superior, parte de una anterior mayor, una segunda parte de la misma forma las superiores en Gavrinis (p. 22-23), a la misma latitud.

El Rectángulo de Crucuno

mirando desde el ángulo correcto

A unos 400 m al este de la aldea de Crucuno en Ploharnel descansa un rectángulo, construido sobre una llanura artificial y compuesto de 22 enormes menhires, uno inclinado. Lo restauró Felix Gaillard, que levantó 14 de ellos, aquellos que encontró las cuñas de piedra todavía en el suelo. Un plano hecho por Lukis y Dryden en 1874 muestra el estado del lugar antes de realizarse ningún trabajo. La línea en la parte oeste estaba casi intacta y orientada exactamente al norte geográfico. Esto significa que el rectángulo en su totalidad está perfectamente alineado con los puntos cardinales.

La diagonal de las esquinas NE y SO tiene un ángulo de 36.87° al sudeste (un triángulo 3-4-5). También era el ángulo del amanecer en el solsticio de invierno hace 7000 años en esa latitud. Hoy, está desplazado 0.8° al norte, un poco más que su propio tamaño en el horizonte.

Esta enorme construcción megalítica en Carnac y alrededores no pudo haber sido construida solamente por la población local. Esto podría indicar que esta latitud se eligió por sus características astrogeométricas únicas. También muestra la importancia del ángulo correcto.

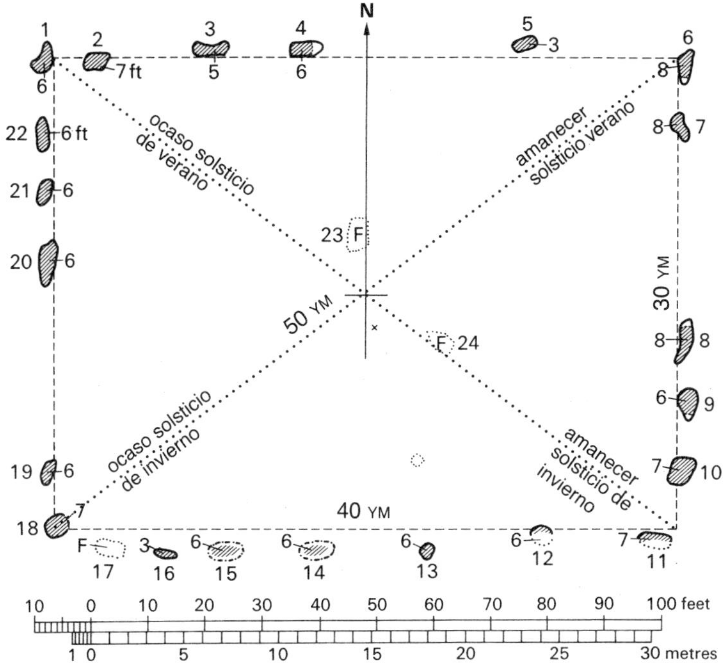

Arriba: Estudio de Thom del rectángulo de Crucuno, mostrando que es un rectángulo 3:4 alineado NSEO, con diagonales (long. 5) que muestran los amaneceres y ocasos del solsticio.

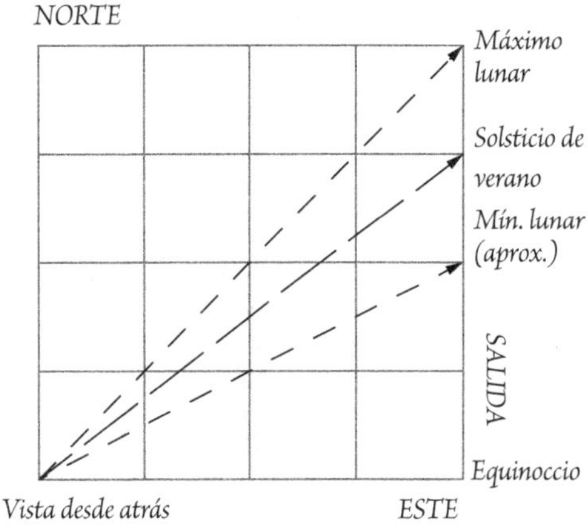

Izda.: En la latitud de Carnac, las posiciones de la salida del sol y la luna tienen relaciones geométricas extraordinarias. En 18,6 años, la salida de la luna se mueve al norte y al sur de la posición del solsticio de verano. Cuando la luna está más al norte (p. ej. en 2006), está a 45°, en la diagonal del cuadrado desde la posición del observador. 9½ años más tarde está en la diagonal de un cuadrado doble en su posición más al norte.

Astrogeometría de Carnac

Sol, Luna y el ángulo correcto

Alineado con el eje de Gavrinis está el menhir de 3 m de alto en Kermaillard. En 1989 una talla perfectamente preservada se descubrió en su parte inferior: un cuadrado con una luna creciente en la esquina superior derecha. La longitud de la luna creciente era igual a la diagonal del cuadrado. Alrededor del 4000 a. C, cada 18,6 años, la salida de la luna más al norte estaba precisamente en el noroeste, a 45°. Así, en un periodo de dos semanas, la luna trazaba un cuadrado en el horizonte que marcaba los puntos ordinales (NE, SE, SO, NO).

Siguiendo esta geometría, el pasillo de La Table des Marchands (*ver página 88*) alineaba el lunasticio mayor más meridional sobre los túmulos de Mane Er Hroech y Le Petit Mont. Entre estos diferentes monumentos, está trazado un cuadrado doble gigante cuyas diagonales (Grand Menhir – Kermaillard) marcan el eje menor de la luna (*abajo*).

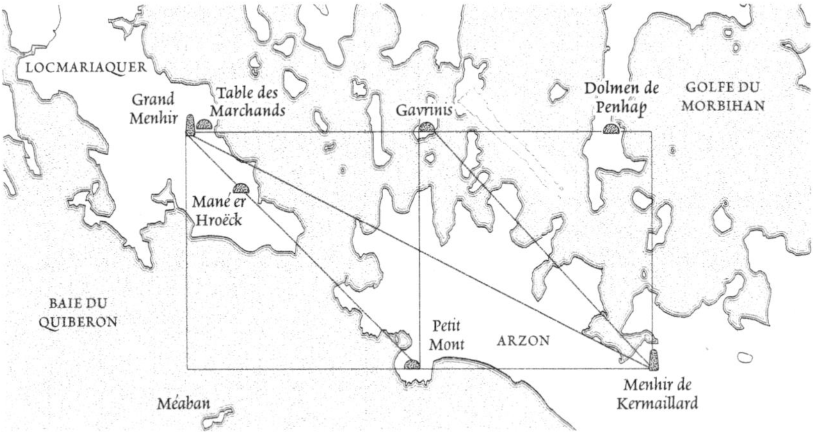

Izda. arriba: Otra luna creciente y cuadrado en la parte trasera (invisible) de la piedra ojival en el dolmen de Table des Marchands en Locmariaquer. Dcha.: Menhir de Kermillard.

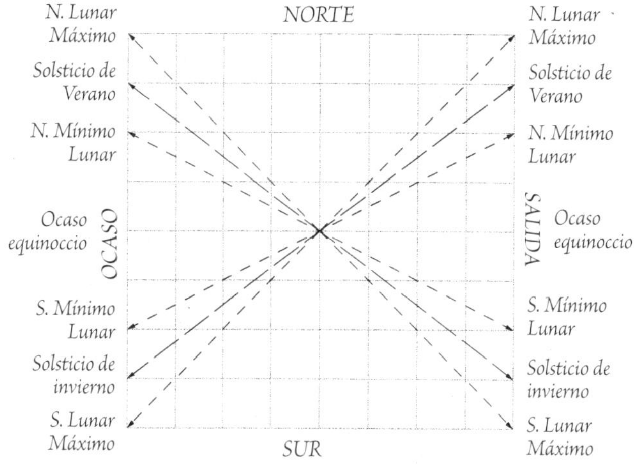

Izda.: Una extensión del diagrama de la página 29. En la latitud de Carnac, todas las posiciones extremas de puesta y salida de sol y luna ocurren o en la diagonal del cuadrado (luna) o en la diagonal del rectángulo 3-4 (sol), produciendo esta cuadrícula.

Los Alineamientos de Carnac

juntos pero diferentes

Los 4 km de alineamientos de Carnac se dividen en 3 secciones. De oeste a este son: Le Menec, Kermario y Kerlescan–Le Petit Menec. La primera sección la componen Le Menec Oeste y Le Menec Este. La tercera se divide en dos en la carretera y puentes de las ciudades de Auray a La Trinite. Hay espacios entre cada sección y las direcciones que toman son diferentes. Las piedras más grandes, algunas de más de 4 metros de altura, se encuentran al oeste de cada sección. Luego se van haciendo progresivamente más pequeñas hasta que desaparecen (hay excepciones a esta regla, una piedra «gigante» ocasional y piedras mayores al extremo este de las líneas de Le Menec).

En Le Menec y Kerlescan, una línea inicial está marcada por menhires perpendiculares, parte de un crómlech que rodea la llanura. No hay ninguna estructura similar al principio de los alineamientos de Kermario, mostrando que quizá tienen conexión con Le Menec.

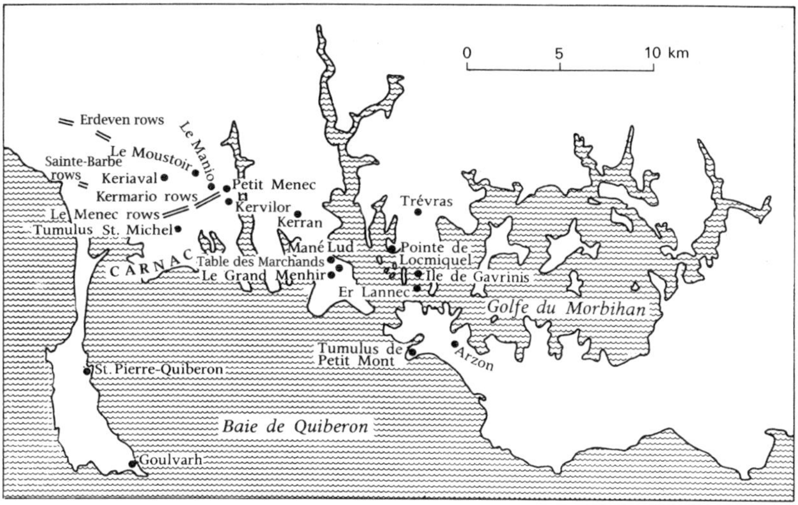
0 5 10 km
Erdeven rows
Le Manio
Le Moustoir
Sainte-Barbe rows
Keriaval
Petit Menec
Kermario rows
Kervilor
Trévras
Le Menec rows
Kerran
Tumulus St. Michel
Mané Lud
Pointe de Locmiquel
CARNAC
Table des Marchands
Le Grand Menhir
Ile de Gavrinis
Er Lannec
Golfe du Morbihan
Tumulus de Petit Mont
Arzon
St. Pierre-Quiberon
Baie de Quiberon
Goulvarh

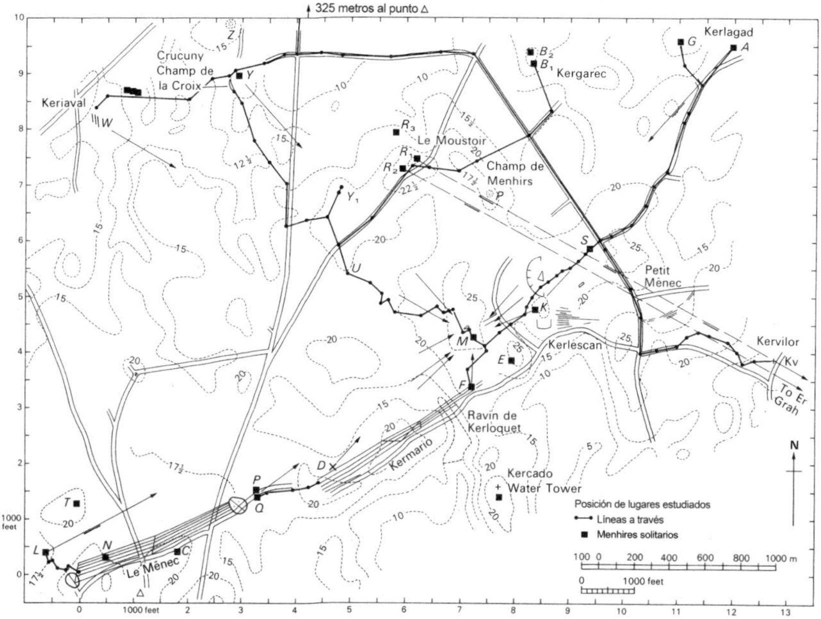
325 metros al punto △
Crucuny Champ de la Croix
Keriaval
Kerlagad
Kergarec
Le Moustoir
Champ de Menhirs
Petit Menec
Kerlescan
Kervilor
To Er Grah
Ravin de Kerloquet
Kermario
Kercado Water Tower
Le Menec
Posición de lugares estudiados
Líneas a través
Menhires solitarios
1000 feet
N

Características Geológicas

noticias de la base de piedras

Un área plana de tierra ligeramente mayor con cimientos visibles se puede encontrar al principio de las 3 series. Cada línea de piedras comienza en el límite más al este de la llanura y se dirige al oeste bajando una cuesta. Entonces suben por una ladera hasta una loma central, bajan por el otro lado y suben finalmente a la llanura.

Según el estudio geológico de Dominique Sellier muchos de los menhires fueron «cortados» de los cimientos de granito, ya que una cara de la piedra es más dura que la otra. La más dura se orienta sistemáticamente en la misma dirección. Todas las piedras están talladas toscamente, y aunque se repiten ciertas formas, ninguna es idéntica. Son similares a las de Avebury en Gran Bretaña.

El estudio de la erosión vertical en el granito sugiere que «El gigante de Le Menec» puede datar del 5000 a. C., 2000 años antes que sus vecinos. Esto mostraría una increíble continuidad en el emplazamiento.

Un importante descubrimiento sucedió en 1991: los alineamientos parecen seguir la fractura bajo la base de piedras.

Arriba: Una imagen semifantasiosa de 20 filas de los alineamientos de Erveden, c. 1780. Abajo: Un estudio realizado por la compañía francesa de electricidad EDF en 1991 utilizando técnicas aéreas fotogeológicas muestra que todas las alienaciones siguen las fracturas de los cimientos, invisibles a simple vista. También, en Le Menec Oeste, hay una intensa fractura norte-sur. Los experimentos magnetométricos han dado resultados demasiado anómalos para ser publicados.

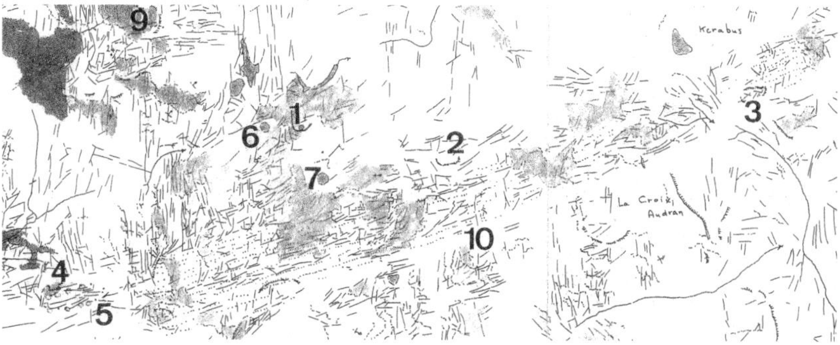

Túmulo de Saint Michell

3 + 2 = 1

Dominando la totalidad de la zona de Carnac, el túmulo de Saint Michell pesa unas 67.000 ton., coronado por una capilla del siglo XVII. Está en la cima de la colina natural más alta al sur de Carnac, y ofrece una vista de 360° hasta 40 km de distancia. Medida por Rene Galles en 1862 como 115 m de largo por 58 de ancho (una ratio 1:2), las dimensiones modernas son 125 x 60. Las excavaciones han descubierto muchas cabezas de hacha neolíticas de jadeíta pulida.

La orientación del túmulo es N18.5°E, la diagonal de un triple cuadrado cardinal. El camino que lleva hasta la cumbre recorre la diagonal del cuadrado y del doble cuadrado. Al extenderse, esta línea lleva a los alineamientos de Kerlescan, a más de 2 km. También corresponde con la salida de luna más al norte (*ver también p. 119*).

El túmulo Mane Lud (*ver p. 83*) en Locmariaquer, aunque de menor altura, sigue el mismo esquema y orientación.

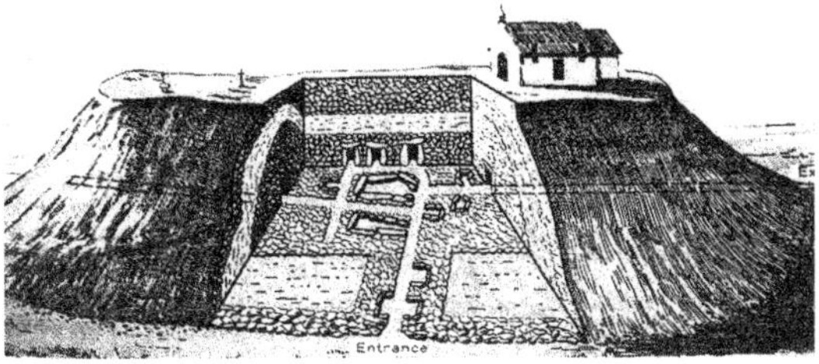

Excavaciones descubrieron una cámara central de 2,4x1.4 m y 1 m de alto, cubiertas por una piedra angular con 6 cazoletas grabadas en la parte baja. Un dolmen mayor se descubrió cerca del punto más al este del túmulo.

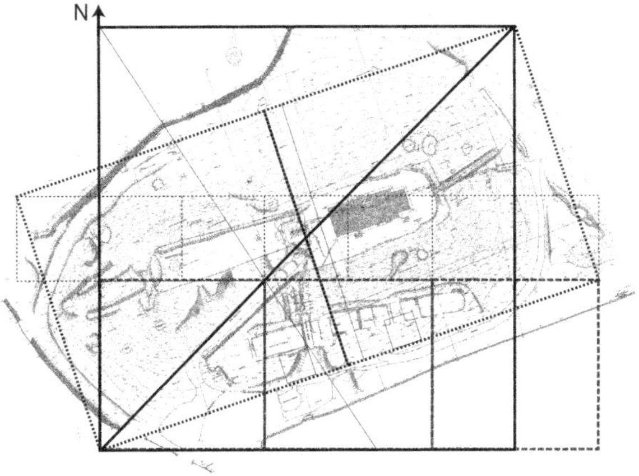

Izda.: La orientación del túmulo la da la diagonal de un cuadrado triple cardinal. Un cuadrado doble nacido del triple cuadrado rodea el túmulo, y entonces su diagonal se convierte en la diagonal de un cuadrado mayor: 18.435° + 26.565°= 45°. El ancho total de este plano es 7 unidades, el triple cuadrado mide 6x2 y el grande tiene lados de 5.

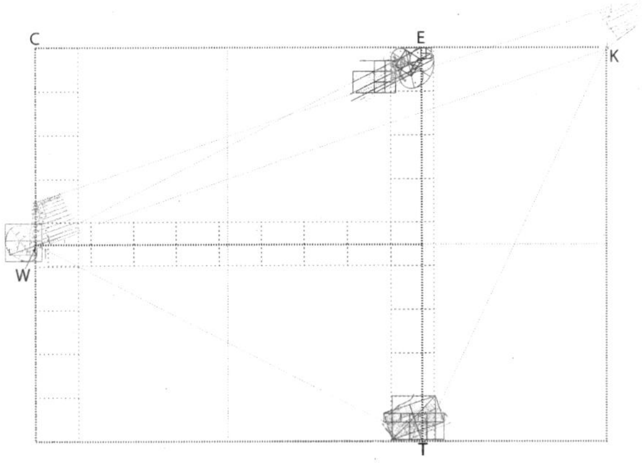

Tres dobles cuadrados, dos horizontales y uno vertical, cada uno de 450x900 m orientados NSEO, se combinan en un rectángulo 3 x 2 que posicionan el dolmen de Kermario (K), el Túmulo de Saint Michel (T), el comienzo de la línea 11 en Le Menec Oeste (W), el centro y final del ovalado Le Menec Este (E) y el menhir Crifol (C).

Le Menec Oeste

crómlech y alineamientos

El crómlech Le Menec Oeste está situado entre casas del pueblo de Le Menec. Permanecen 71 piedras, lo que revela la forma original, verificada en planos del siglo XIX de Blair, Ronalds y Gaillard.

Thom lo clasificó como ovalado tipo 1 basándose en los 2 triángulos 3-4-5 espalda contra espalda, también encontrados en algunos crómlech en Bretaña. Thom sugirió la yarda megalítica (0,829 m) como la principal medida de los constructores megalíticos, y la vara megalítica (mr) de 2.5 yardas megalíticas. Thom no se dio cuenta de que un lado de su triángulo superior 3-4-5 estaba orientado norte-sur. Un círculo dibujado alrededor de los dos triángulos tenía un pozo en el centro.

Otro triángulo pitagórico se esconde dentro del plano de Thom, el 7-24-25. Los dos ángulos menores del triángulo 3-4-5 (36,87°) sumados dan 73,74°. Si se resta a 90°, obtenemos 16.26° que es el ángulo de un triángulo 7-24-25. El lado de 25 mide 25 mr, mostrando como a este triángulo se le dio las dimensiones del crómlech.

Once líneas salen del crómlech y forman los alineamientos de Le Menec Oeste (*ver página siguiente*).

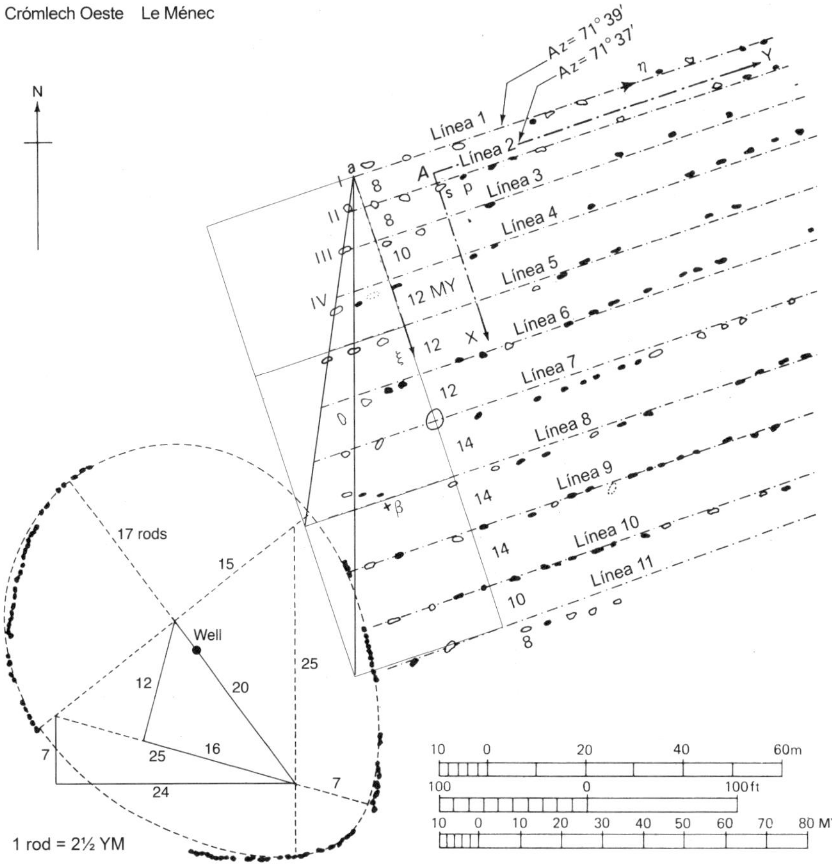

Arriba: Crómlech y alineamientos de Le Menec Oeste. Thom se dio cuenta de cómo los menhires más al norte (filas de 1 al 5) tienen un ángulo 1:2, o 63,435°, con respecto a las mismas filas, la diagonal de un cuadrado doble, un alineamiento repetido conforme progresan las filas. El doble cuadrado también muestra como la suma de los 4 espacios entre las filas 1-5 (38 yardas megalíticas, 8+8+10+12) es el mismo que la suma de los tres espacios entre las filas 5-8 (12+12-12 YM). Las filas 8-11 también suman 38 YM (14+14+10) creando un cuadrado triple cuya diagonal está orientada precisamente norte-sur. Así que los alineamientos de Le Menec siguen la dirección de la diagonal de un triple cuadrado este-oeste durante 400 m hasta que llega a la loma central, donde gira misteriosamente hacia el norte.

LE MENEC ESTE

de un cuadrado triple a uno doble

Los alineamientos de Le Menec Este tienen las piedras mayores al este, así que parecen dirigirse al sudeste (el camino opuesto de los otros alineamientos). La línea del plano de Thom que atraviesa la mayoría de piedras es la 7, por lo que da un ángulo de 26.55° al norte del este, el ángulo de la diagonal de un cuadrado doble. Sin embargo, la interpretación global de Thom de los alineamientos de Menec (*mostrada abajo*) no tuvo mucho éxito. Por primera vez, un emplazamiento megalítico le derrotó parcialmente.

De hecho, las líneas de Le Menec Este siguen los mismos principios que Le Menec Oeste: la distancia entre las filas 1-5 es 27 YM (6+7+7+7), al igual que entre las 5-8 (9+9+9). Como en el oeste, la suma de los 4 primeros intervalos es igual a las siguientes 3. La parte más baja de este lugar ha sido desafortunadamente destruida por la carretera.

Como el ángulo de las filas es la diagonal de un cuadrado doble alineado hacia el norte, las 27 YM se muestran en la página siguiente como la diagonal de un cuadrado doble. Las filas 1, 5, 7 y 8, al extenderse, llegan a las piedras de la parte noreste del crómlech. El lado del cuadrado tiene orientación norte-sur, alineado con el meridiano.

Hasta hace poco, el túmulo de Saint Michel era claramente visible justo al sur del comienzo de estos alineamientos.

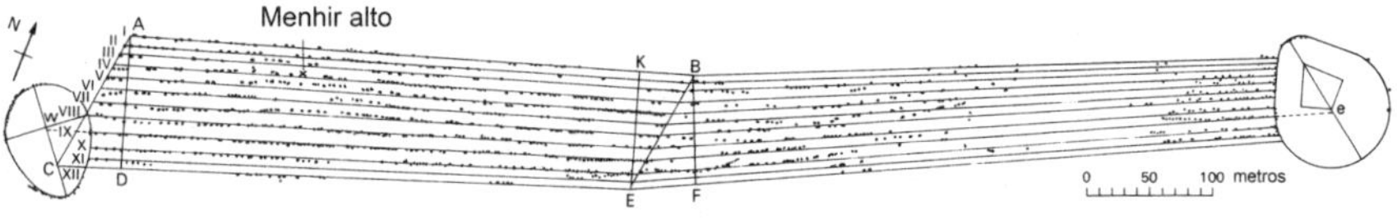

Abajo: Crómlech y alineamientos de Le Menec Oeste, mostrando el ángulo de las filas definidas por la diagonal de un cuadrado triple.

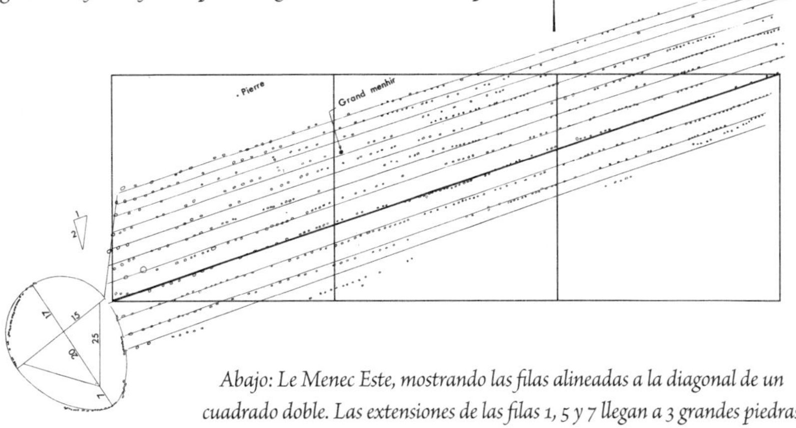

Abajo: Le Menec Este, mostrando las filas alineadas a la diagonal de un cuadrado doble. Las extensiones de las filas 1, 5 y 7 llegan a 3 grandes piedras en la parte este del crómlech. Se muestra un análisis geométrico de 3 círculos.

P. anterior: Dibujo de Thom de Le Menec, mostrando también el análisis de la forma ovalada de Le Menec Este.

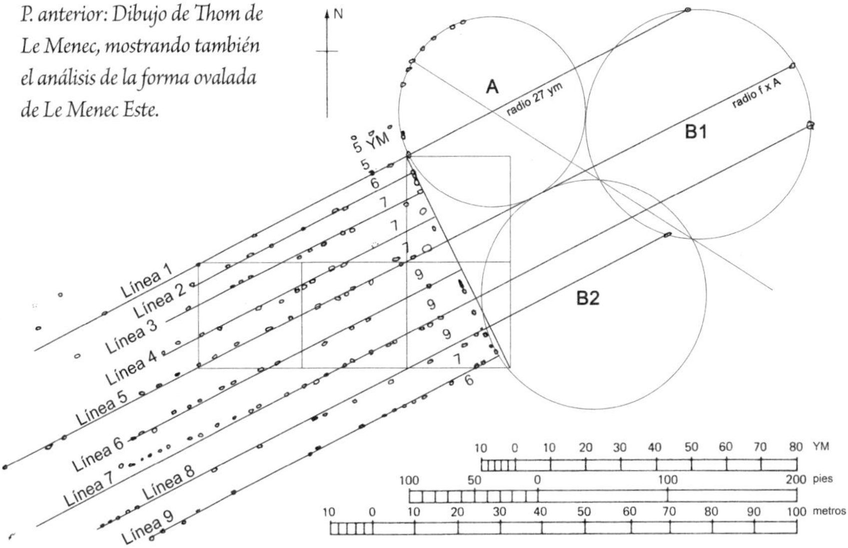

Un Sistema de Cuadrados

bloques que dan paso a números irracionales

Se puede encontrar un interesante resumen de la geometría en Le Menec. Las dos principales direcciones de las líneas se dan por un cuadrado séptuple. La sección oeste transcurre por sus lados mientras que la diagonal posiciona la orientación de las filas orientales.

Está situada exactamente entre los dos crómlech y su diagonal mide precisamente 950 m. Esto da a cada lado del cuadrado una longitud de $950/\sqrt{50} = 134{,}35$ m, una medida utilizada en el túmulo de Saint Michel. Un menhir solitario rodeado en lo más alto del primer cuadrado de la izquierda bien podría ser un indicador de esta geometría.

Este método aritmético da resultados angulares exactos. El ángulo de la diagonal de un cuadrado séptuple es 8,130°. En Le Menec vemos cómo las diagonales de un cuadrado triple y otro séptuple producen el cuadrado doble: $18{,}435° + 8{,}130° = 26{,}565°$

Es también interesante que el hecho de que al doblar el ángulo de un cuadro séptuple da el ángulo de un triángulo 7-24-25, que parece haber sido la base del crómlech de Le Menec Oeste: $8{,}130° \times 2 = 16{,}260°$

El ángulo de un cuadrado séptuple también se relaciona con el triángulo 3-4-5 y el cuadrado: $36{,}87° + 8{,}13° = 45°$

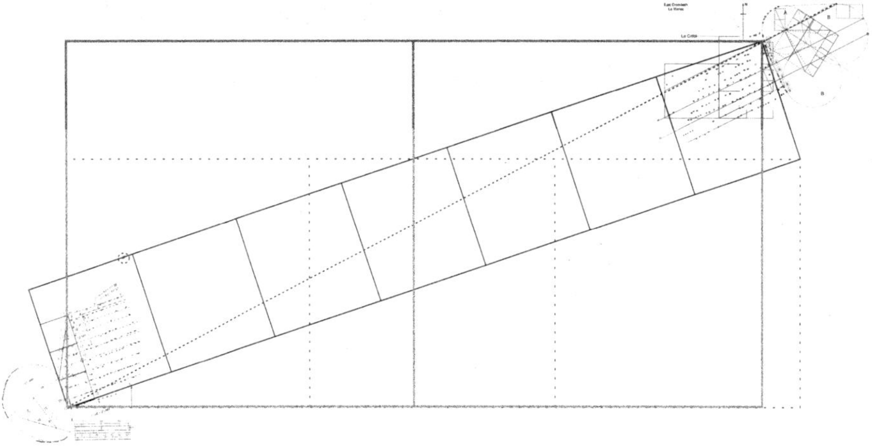

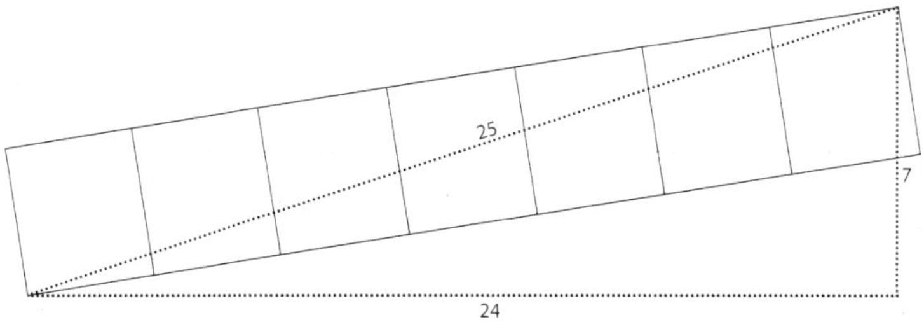

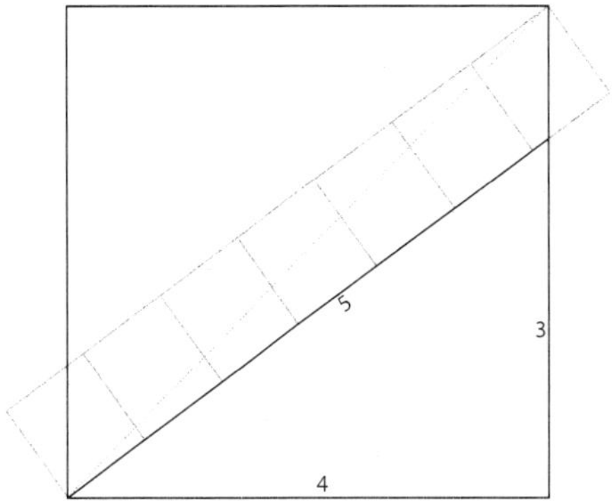

Arriba: Una composición geométrica de los alineamientos de Le Menec. Los constructores de Carnac estaban fascinados por cuadrículas de cuadrados simples. Dobles cuadrados, triples e incluso séptuples están escondidos en mucha parte de su trabajo.

Centro: Un cuadrado séptuple doble produce un rectángulo 7-24-25.

Izda.: Un cuadrado séptuple conecta un cuadrado y un rectángulo 3-4-5.

De Le Menec a Kermario

los alineamientos del medio

Al este de Le Menec se encuentran los alineamientos de Kermario. Parecen ser inicialmente curvos, pero son de hecho una sucesión de líneas rectas con pequeños cambios de dirección en algunos puntos. Su comienzo es una extensión de los alineamientos de Le Menec Oeste, a 1,4 km (la diagonal de un cuadrado triple, 18,435° al norte del este), con la línea más meridional (11) de Le Menec Oeste yendo hacia el dolmen de Kermario y a otras líneas de Le Menec Oeste juntándose todas al principio de Kermario. La línea más al norte, la 1, continúa antes de cambiar de dirección hacia el dolmen; al sur, el cambio de dirección es inmediato. El plano completo se muestra en dos diagramas (*p. siguiente*).

Hay 11 líneas en Kermario y finalmente van a un ángulo de 33,7° al norte del este, la diagonal de un rectángulo 2x3 (*mostrado en p. 109*).

Fig. 40. — KERMARIO (Propriété de l'État). Vue prise de l'Est avant la restauration
Ensemble d'une avenue des alignements du commencement de Kermario. — Dix alignements.

Abajo: Un triángulo 3-4-5 orienta el comienzo de las líneas en Kermario, igual que en Le Menec Oeste. El lado 5 del triángulo situado en el eje norte-sur posiciona el centro del dolmen y la entrada a la cámara.

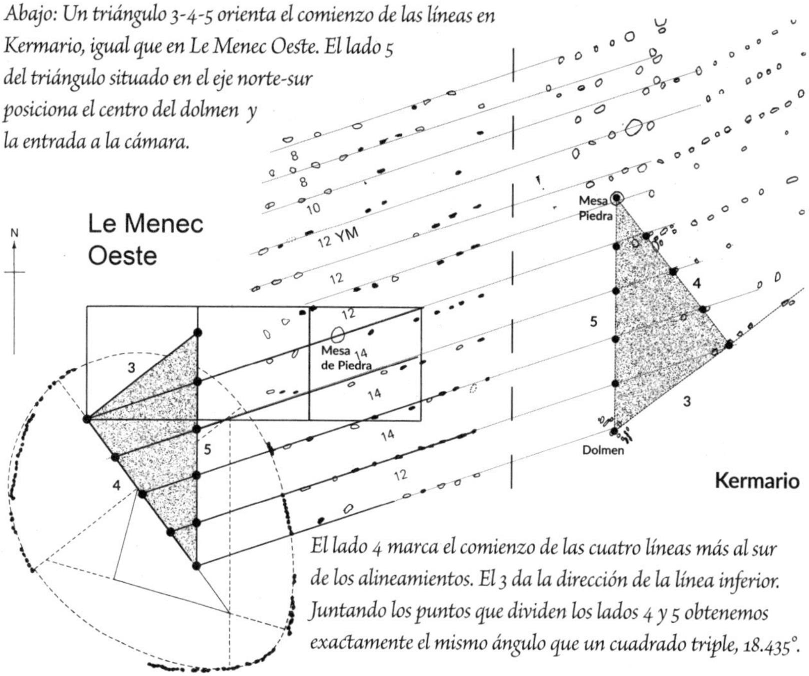

El lado 4 marca el comienzo de las cuatro líneas más al sur de los alineamientos. El 3 da la dirección de la línea inferior. Juntando los puntos que dividen los lados 4 y 5 obtenemos exactamente el mismo ángulo que un cuadrado triple, 18.435°.

La unidad básica mide 13,43 m, 1/10 del lado del cuadrado séptuple que contiene las líneas de Le Menec. Es igual espaciado entre las líneas de la parte más meridional de Kermario se da también para las líneas 7 a 10 de Le Menec Oeste y pueden explicar por qué 5 menhires en la línea 11 están más al sur que los del principio. En Kermario, las líneas 6 a 10 miden 64,8 ym comparadas con las 64 ym de Le Menec Oeste (12+14+14+14).

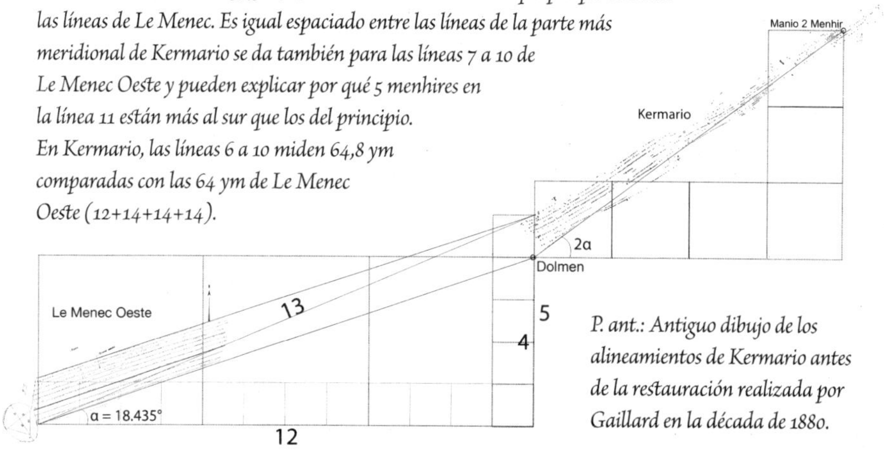

P. ant.: Antiguo dibujo de los alineamientos de Kermario antes de la restauración realizada por Gaillard en la década de 1880.

Kermario

estaría bien que las líneas tuvieran otro nombre

Una increíble geometría global aparece en el complejo sistema de Kermario. El eje mayor de los alineamientos está a 33,69° al norte del este. Se puede medir exactamente entre el dolmen y los dos menhires Le Manio 2 de 4 m de altura cerca del punto más al este. Este es el ángulo preciso de la diagonal de un rectángulo 2 x 3.

Entre la entrada a la cámara y Le Manio 2 hay una línea, marcada por la línea de piedras más al sur y ciertas piedras cerca del centro de los alineamientos, que tiene un ángulo de N53.13°E, el ángulo de un triángulo 3-4-5. Al extenderla, llega hasta la esquina del crómlech de Kerlescan. El lado 4 está en la línea E-O que lleva al túmulo de Kercado. La Mesa de Piedra y el dolmen están en una perfecta relación N-S.

El lado 4 está en la línea E-O que lleva al túmulo de Kercado. El rectágulo 2x3 y el triángulo 3-4-5 comparten por tanto las mismas medidas E-O. Si dividimos este lado en 12 unidades, nuestro triángulo 3-4-5 se convierte en 9-12-15 y el rectángulo 2x3 en un 8x12. Así el rectángulo tiene 8 unidades en el eje N-S y el triángulo 9. La distancia entre la Mesa de Piedra y el dolmen es por tanto 1 unidad. Un GPS con 1 cm de precisión da las medidas entre los diferentes puntos.

La diagonal de un rectángulo 2x3 es $\sqrt{(2^2+3^2)} = \sqrt{13}$. Por tanto, la distancia entre el dolmen y Le Manio 2 es $15 \times 1000 / (\sqrt{13} \times 4) = 1040.06$

Podemos concluir que la geometría se implementó perfectamente, utilizando ángulos exactos respecto a los puntos cardinales precisos.

Arriba: Algunas de las piedras de Kermario como las dibujaron Blair y Ronalds en 1832.
Abajo: Diagrama mostrando la geometría precisa y metrología de los alineamientos de Kermario.

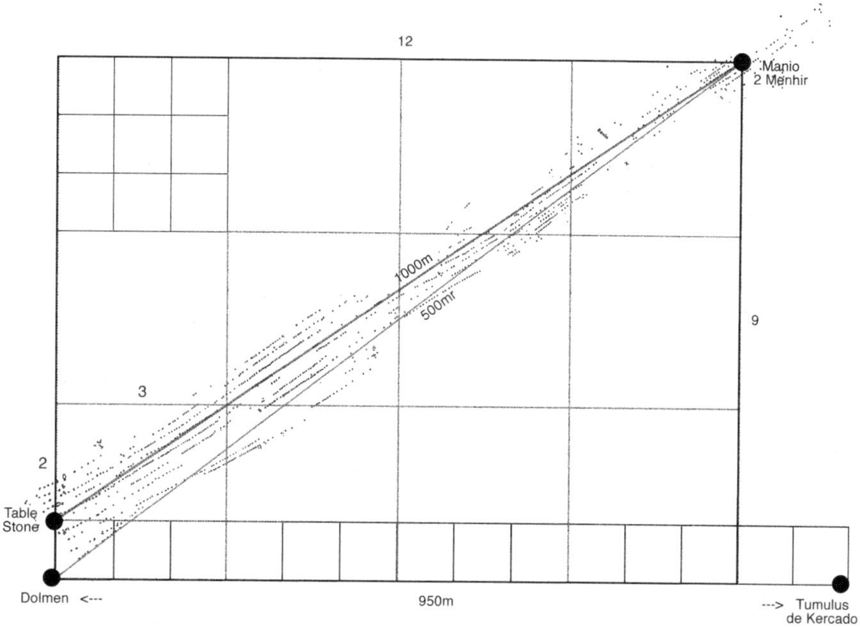

El Túmulo de Kercado

balanzas o ballenas

Justo a 950 m del este del dolmen de Kermario, en el punto más alto del área, descansa el mágico túmulo Kercado del 4680 a. C., posiblemente uno de los monumentos más antiguos de la zona (el menhir en su cima es una adición posterior). Está increíblemente bien conservado. Alrededor de su base están los 27 menhires conservados del crómlech, y el más alto de ellos (1,6 m) marca el eje del pasaje. Otros muestran un desgaste que confirma su gran antigüedad.

Dentro, un pasaje de 6 m orientado junto a la diagonal de un triple cuadrado lleva a una cámara de 3 m de profundidad con una enorme piedra que la cubre y descansa sobre las piedras del montículo. Tiene unos impresionantes grabados de arados/balanzas/ballena (*p. siguiente, y ver grabados similares en el dolmen de Mane Ruthual y Locmariaquer, abajo*). Los grabados y varias piedras elevadas son de naturaleza geométrica, una en particular mostrando un cuadrado séptuple (*ver págs. 99 y 105*).

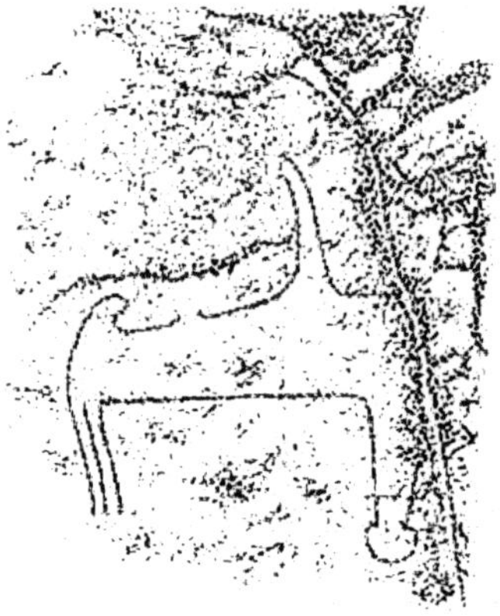

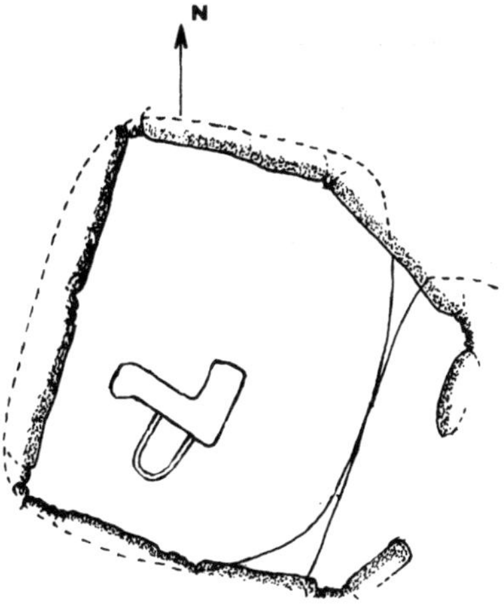

Izda: Cámara del dolmen y piedra que lo cubre dentro del túmulo de Kercado, mostrando grabados debajo. Una maqueta de cartón a tamaño real mostró estar equilibrado alrededor del centro del «asa», y la masa vertical de la derecha es un contrapeso exacto al lado izquierdo horizontal. Este diseño podría simbolizar el pesado de las almas, muy conocido en el antiguo Egipto, el balance entre las acciones materiales (horizontal) y espirituales (vertical).

Abajo: Plano general del túmulo de Kercado (de la AAK, Association Archéologique Kergal).

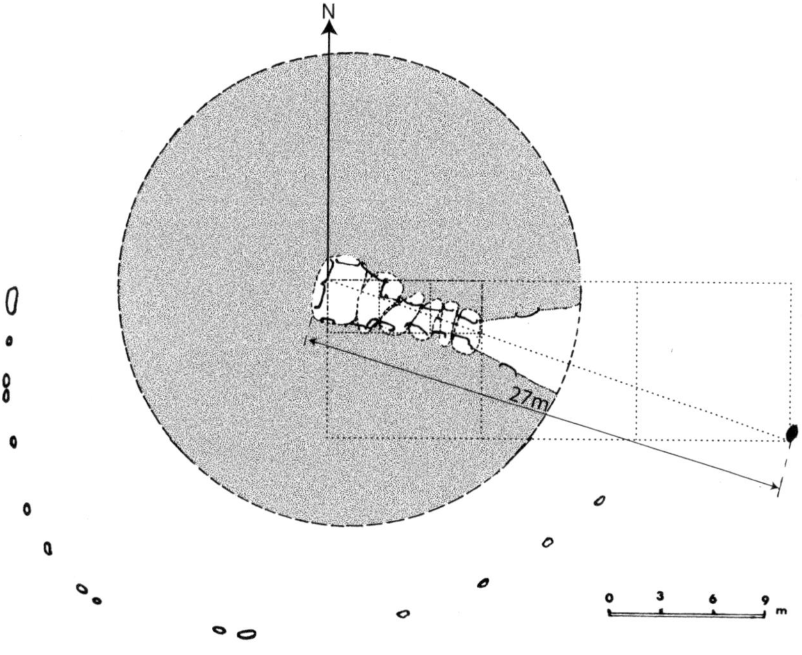

Crómlech de Kerlescan

el oeste es el oeste

Hay muchos monumentos en Kerlescan, algunos restaurados, pero los más conocidos son los alineamientos con un crómlech al oeste. Es crómlech descansa en una llanura y es un lugar perfecto para la observación astronómica, aunque ahora el bosque lo hace complicado. Tiene forma de cuadrado con un lado oeste curvo. Al norte no hay piedras, pero están los restos de un largo y bajo montículo aparentemente anterior. Varias piedras bajas se usaron para rodear el montículo, pero no son de ningún modo parte del crómlech. Este montículo tiene un menhir de 3,5 m a su parte más al oeste. 100 m más al norte, existen los restos de otro crómlech. Debe haber sido enorme y ovalado, pero desafortunadamente ahora está enterrado en el bosque.

La cara sur del crómlech ha resistido el paso de los milenios. Todos sus menhires estaban en pie en 1870. El alto y el ancho son iguales, así que es un cuadrado orientado N-S. Su diagonal apunta al túmulo de Saint Michel.

Muchas de las mayores piedras de la parte este de la llanura están tocándose unas a otras, pero 13 de las 20 han sigo levantadas de nuevo. Cinco piedras en el centro de esta línea seguían de pie de 1870, y se puede ver que están perfectamente alineadas con el eje N-S.

Crómlech y llanura de Kerlescan dibujados por Blair y Ronalds en 1832. En primer plano se puede ver las piedras caídas en el límite de la llanura. Estas son perpendiculares a las alineaciones.

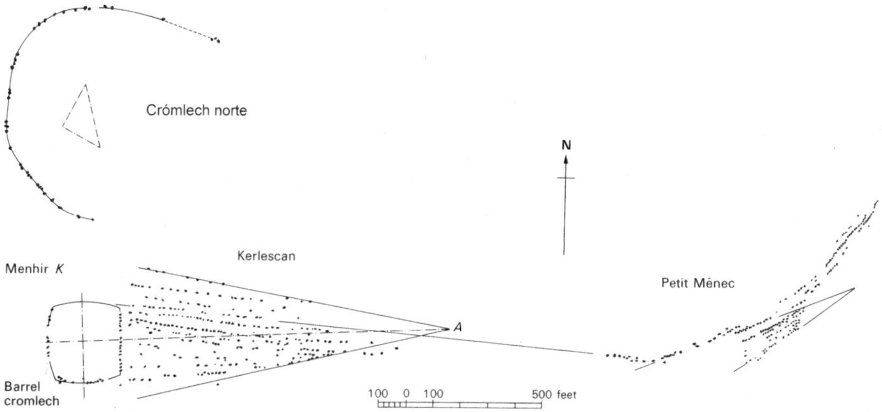

Plano general del complejo megalítico de Kerlescan. Al norte hay una enorme curva de piedras de 200 m. Al este, los alineamientos de Le Petit Menec forman el arco de un gran círculo.

Alineamientos de Kerlescan

el este es el este

Doce líneas bajan en dirección este por la colina desde la llanura y convergen en un punto a aproximadamente 370 m del crómlech, 180 MR de acuerdo con Thom, en lo alto de la siguiente colina. El punto de convergencia, O, está situado en el pueblo de Kerlescan.

Hay un eje E-O, perpendicular al lado del crómlech, que es la base para los ángulos de las líneas. Desde O, la línea E-O atraviesa muchos menhires, el primer grupo de ellos justo al sur del camino. Más tarde toca la cara norte de la piedra de referencia de Kerlescan, un enorme bloque de granito entre las líneas 7 y 8, mucho mayor que las que la rodean. Cuando se ve desde el oeste, tiene una curva en la parte superior izquierda. En la salida de sol de los equinoccios, el 21 de marzo y el 23 de septiembre, un observador posicionado en un montículo cerca de la parte oeste del crómlech ve el amanecer justo en el eje E-O y entonces, mientras el sol se eleva en el cielo, circula por una marca en la parte curva de la piedra de referencia durante unos 15 minutos hasta que «despega» del alto de la piedra. El uso del triángulo 3-4-5 y el cuadrado séptuple se puede ver en diseño de las líneas centrales.

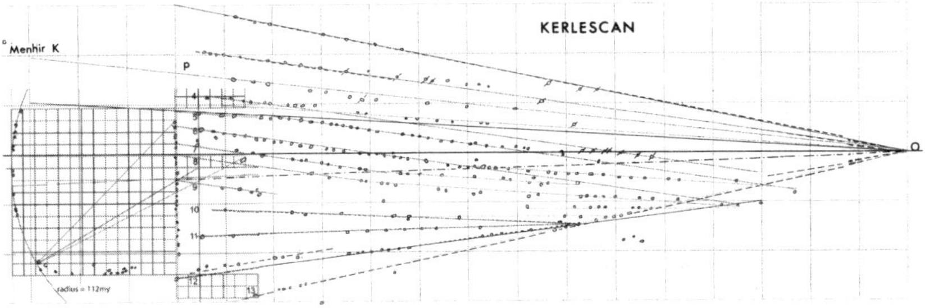

Plano en detalle de las piedras en Kerlescan (Thom) que muestra cómo las líneas convergen en un punto. Hay de todas maneras una geometría más compleja en la sección central (ver abajo).

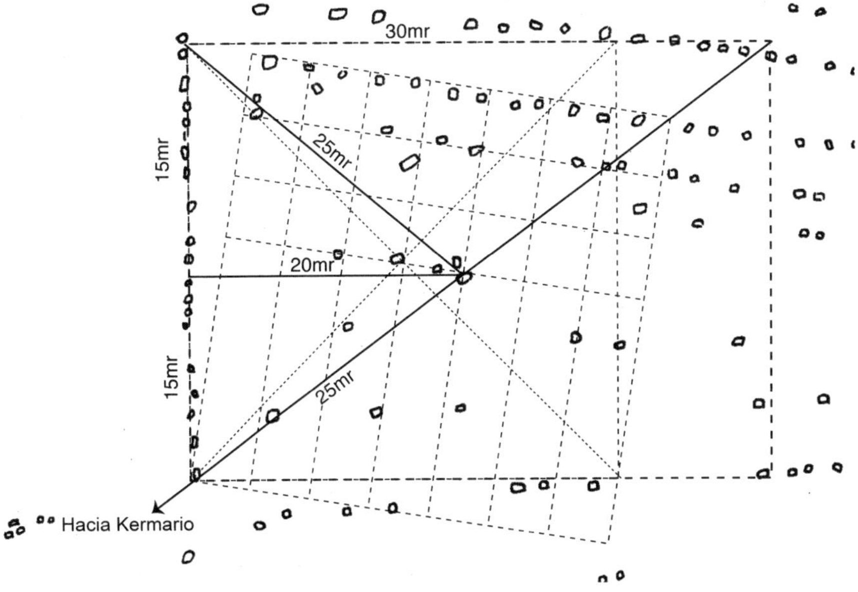

Plano y geometría de la parte central de los alineamientos de Kerlescan. Un cuadrado con un lado de 30 varas megalíticas, marcado por la línea N-S al este del crómlech con la piedra de referencia en el centro, parece haber sido dado la vuelta por el ángulo de un cuadrado séptuple para crear un nuevo cuadrado (marcado por la línea de puntos). La diagonal de este nuevo cuadrado indica el ángulo del solsticio y crea un rectángulo 3x4, cuyo centro también está marcado por una enorme piedra.

Le Petit Menec

curvas y tangentes

Un tranquilo sendero entre muros de piedra de piedra seca se dirige hacia el este desde el pueblo de Kerlescan, cruza la carretera principal desde Auray a La Trinite y nos lleva, justo al otro lado, a los alineamientos de Le Petit Menec. Aquí no se encuentran piedras enormes. No se parece en nada al comienzo de Le Menec, Kermario o Kerlescan. Por supuesto, la construcción de la carretera ha perturbado enormemente esta parte, pero incluso así, hay pocas dudas de que no es el comienzo de una serie de alineamientos sino la continuación del emplazamiento de Kerlescan. No están cerrados al público con vallas y ofrecen una muy agradable y sombría visita en una calurosa tarde de verano.

Las primeras piedras, en cualquier lado del sendero tras la carretera son más o menos E-O. Después, hay tres grandes secciones en este monumento que corresponden con tres diferentes orientaciones, dirigiéndose progresivamente al norte.

	Sección 1	Sección 2	Sección 3
Pendiente	1:3	4:7	1:1
Áng. desde Este	18.435°	29.75°	45°
Longitud E-O	63 m	98 m	77 m

El continuo proceso por el cual los alineamientos se dirigen hacia el norte puede sugerir la curva como un contorno general de estas líneas. Estos alineamientos trazan de hecho un círculo de 343 m de radio usando tangentes. Una sexta parte de este círculo se muestra aquí y corresponde exactamente con la longitud de los alineamientos.

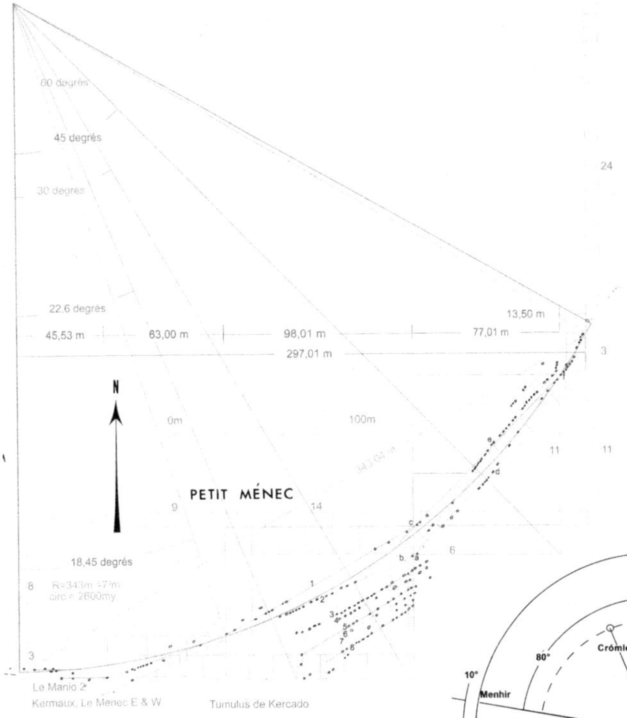

Izda.: Los alineamientos de Le Petit Menec consisten en una serie de alineamientos rectos. Estos giros sugieren un círculo de 343 m de radio, la misma distancia entre el comienzo y el final de los alineamientos, que indican la presencia de un triángulo equilátero.

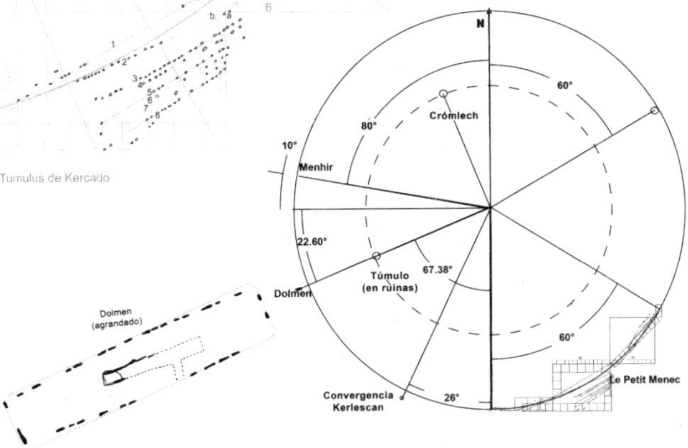

Dcha.: Muchas cosas interesantes descansan en la circunferencia del crómlech de Le Petit Menec, incluido el dolmen de Kerlescan, cuyo límite sur apunta directamente al centro del círculo en el ángulo de un triángulo NSEO 5-12-13. Un túmulo en ruinas indica la existencia de un círculo interior, cuya presencia se apoya en un montículo y un crómlech 90° en el sentido de las agujas del reloj alrededor del perímetro. Un menhir de unos 3 m de alto se encuentra cerca de la circunferencia norte del dolmen.

Un Plan General

geometría planetaria y mediciones

¿Existe un plan general tras la posición de estos masivos monumentos megalíticos? Si miramos la relación entre el túmulo de Saint Michel y Le Grand Menhir, los dos emplazamientos más importantes de la zona, descubrimos una relación basada en el cuadrado quíntuple (mostrado abajo), el ángulo exacto desde la cámara central en el túmulo hasta el menhir. La distancia exacta es 9444,4 m, lo que da una longitud a cada lado del cuadrado de 1851,2 m, el valor exacto de una milla náutica (un minuto del arco del meridiano de la Tierra; 1852,2 x 60 x 360 = 40.007.520 m). La distancia de este a oeste entre los dos monumentos es 5 millas náuticas o 9261 m. ¿Puede tal precisión ser una coincidencia?, y si no, ¿qué implica?

Le Menec y Kermario están unidos por un triple cuadrado, y Kermario y Kerlescan por un triángulo 3-4-5, así que ángulo con respecto al este es doble: 18,435° x 2 = 36,87°. El túmulo de Saint Michel está en centro de un grupo de monumentos situados conforme a las puestas y salidas mayores y menores de la Luna. Este plano increíble une a todas las cumbres de las colinas naturales.

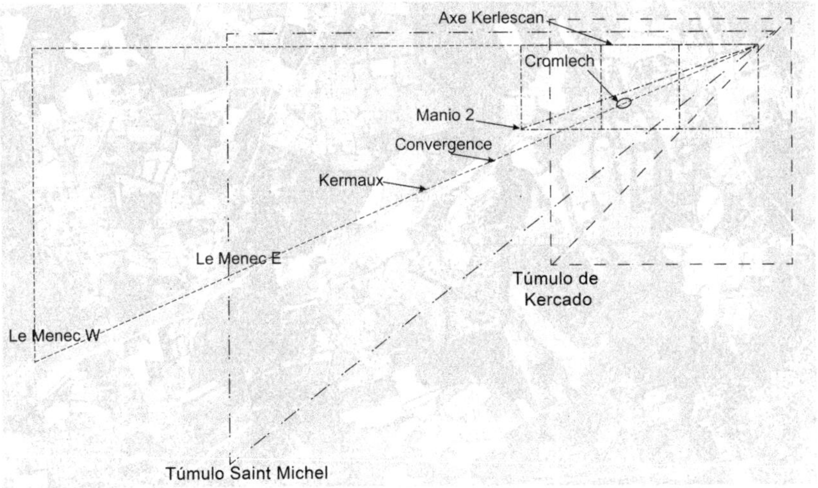

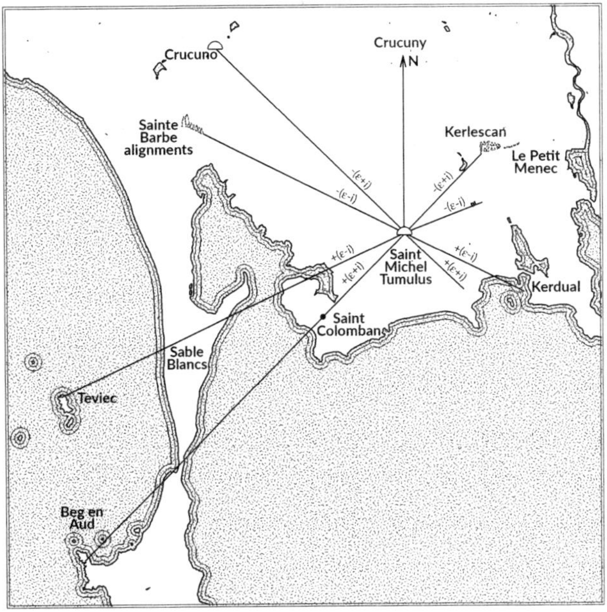

I. sup.: Al extender las líneas en las diferentes secciones de Le Petit Menec, encontramos los principales monumentos de Carnac.

Izda.: Monumentos en la salida y puesta de luna en sus posiciones más extremas alrededor del túmulo de Saint Michel (ilust. pág. 58)

P. anterior: La diagonal del cuadrado quíntuple conecta exactamente el túmulo de Saint Michel y el Grand Menhir.

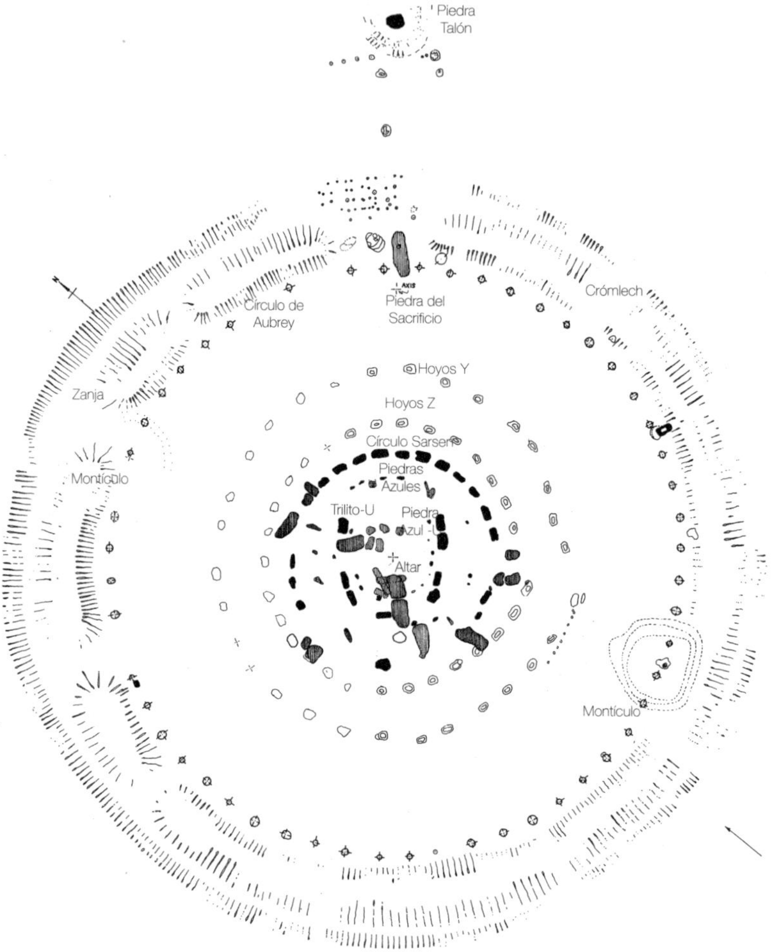

Estudio de 1973 de Stonehenge (Thom)

STONEHENGE

Robin Heath

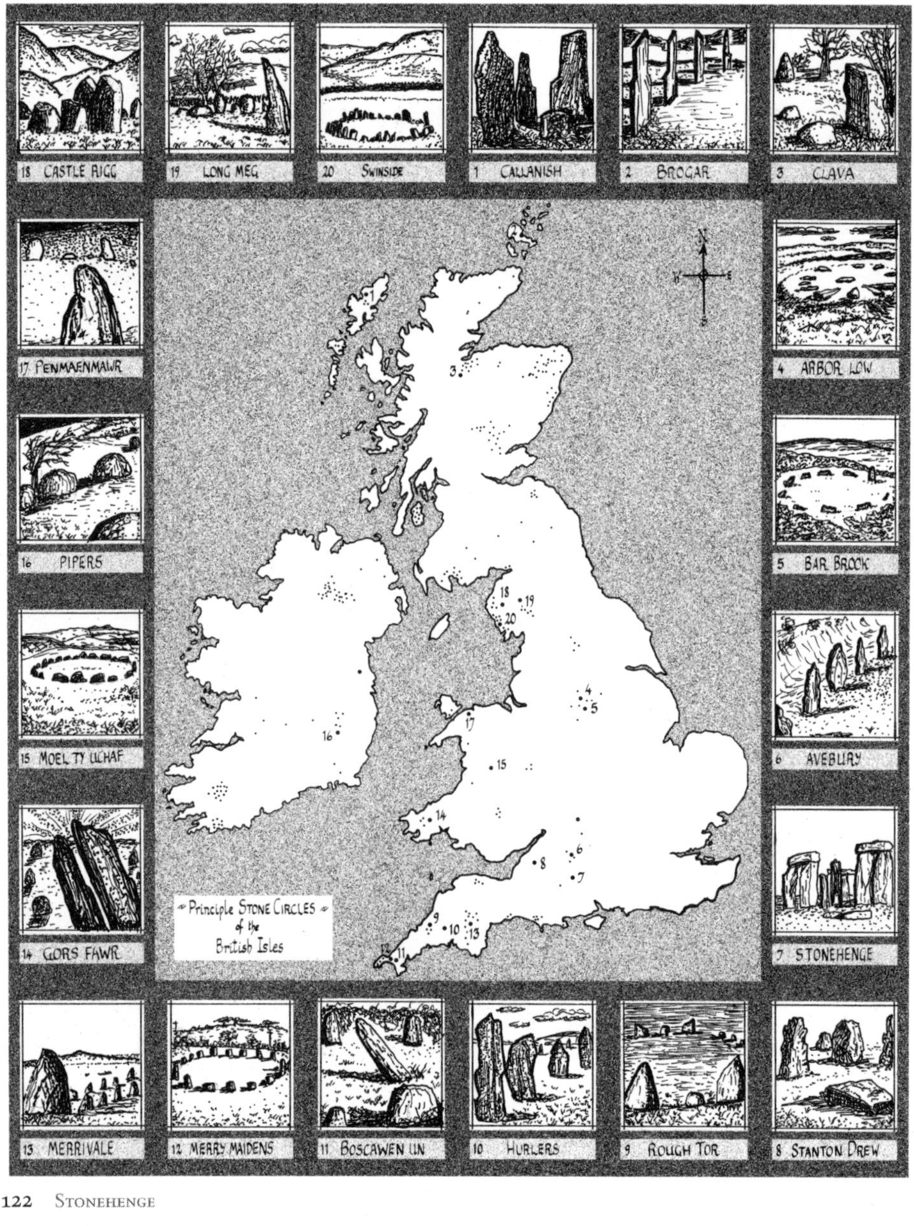
18 CASTLE RIGG
19 LONG MEG
20 SWINSIDE
1 CALLANISH
2 BROGAR
3 CLAVA
17 PENMAENMAWR
4 ARBOR LOW
16 PIPERS
5 BAR BROOK
15 MOEL TY UCHAF
6 AVEBURY
14 GORS FAWR
7 STONEHENGE
13 MERRIVALE
12 MERRY MAIDENS
11 BOSCAWEN UN
10 HURLERS
9 ROUGH TOR
8 STANTON DREW
Principle Stone Circles of the British Isles
N
W
E
S

INTRODUCCIÓN

Stonehenge es el templo nacional británico. Lugar patrimonio de la humanidad, es el lugar turístico más visitado del país (casi 1 millón de personas al año). Pese a su popularidad, este monumento prehistórico permanece rodeado por el misterio y provoca muchas preguntas tanto al hombre de la calle como a los especialistas: ¿Quién lo construyó y cuándo? ¿Con qué propósito? ¿Por qué se movieron estas piedras desde tan lejos para colocarlas de una forma tan precisa?

Estas preguntas permanecieron sin respuesta hasta hace poco, y este libro traza el surgimiento de Stonehenge en la mente colectiva moderna, desde las ingenuas especulaciones medievales hasta la metodología científica actual y las revelaciones New Age.

Cuando las precisas técnicas de datación por radiocarbono estuvieron disponibles a finales de los 60, la datación del monumento original se retrasó 1000 años, a antes del 3000 a. C. Esto marcó una embarazosa partición en el registro arqueológico, habiéndose iniciado la construcción de Stonehenge antes de la Gran Pirámide y casi cualquier otra construcción megalítica del mundo antiguo. La idea anterior de que la civilización y la cultura se había dispersado gradualmente desde el Oriente Medio se volvió indefendible. Un aparentemente seguro paradigma arqueológico, el difusionismo, colapsó.

Curiosamente, en ese preciso momento se estaba revelando la astronomía, metrología y geometría de Stonehenge y muchos otros crómlech, no siempre con la aprobación de arqueólogos ortodoxos. Un agitado debate entre arqueólogos y astrónomos, historiadores e ingenieros se inició a principios de los 70, un periodo enormemente creativo de reevaluación de Stonehenge y su propósito original.

Stonehenge es mucho más que una impresionante exhibición de piedras enormes. Si solo hubiera sido eso, no mantendría esta poderosa presencia en nuestra cultura. Cada año, llegan 40.000 personas esperando observar el amanecer del equinoccio de verano desde el monumento. Stonehenge es un símbolo o icono de Albión, la antigua sabiduría británica y de diferentes valores culturales de un tiempo ya desaparecido. Utilizando Stonehenge como unas lentes, podemos ver dentro de la mente del arquitecto neolítico y de esta manera volver a conectar con nuestros ancestros prehistóricos. ¿A qué aspiraban?

Mientras comenzamos un nuevo milenio, el sexto de Stonehenge, las aparentemente dispares materias de arqueología, astronomía, metrología y geometría sagrada se unen lentamente para revelar una ciencia holística megalítica.

Una vez parte de un impresionantemente grande conjunto de crómlech del noroeste de Europa, Stonehenge, con su elevado círculo de dinteles es diferente al resto. Único, y habiendo sobrevivido cinco milenios y varios cambios culturales, Stonehenge es una catedral de la Edad de Piedra, el eje central de una próspera y evidentemente instruida comunidad tribal. Su magnífico legado de piedra nos llama a leer su mensaje.

Cavando en la Oscuridad

el redescubrimiento de Stonehenge

Desde el Oscurantismo, las descripciones e ilustraciones de Stonehenge han estado entrelazadas con las fantasías culturales de la época. En 1655, Inigo Jones, arquitecto del Rey Jacobo I de Inglaterra, añadió un sexto trilito para unir Stonehenge a los estilos romanos (*ver abajo*). La Edad del Anticuarismo decayó en la década de 1670 con John Aubrey y posteriormente con William Stukeley; Stonehenge se había convertido ahora en un «templo de druidas».

Le siguió el saqueo de este y otros emplazamientos antiguos. Un famoso dúo, Richard Colt-Hoare y William Cunningham, practicaron alquimia inversa, reemplazando el oro que encontraron cerca de los túmulos funerarios con meras muestras de plomo. En aquellos días, la arqueología se practicaba con picos y palas, provocando daños irreparables y perdiendo evidencias irrecuperables de incontable valor.

Más recientemente, el coronel Hawley, William Flinders-Petrie, Norman Lockyer y los catedráticos Richard Atkinson, Gerald Hawkins y Alexander Thom han liderado nuevas formas de entender aquellos «inmemoriales pilares grises».

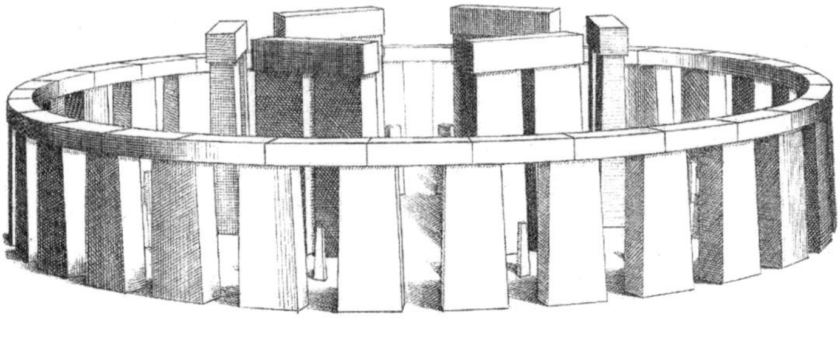

Un extraño y poco preciso grabado de Stonehenge de Britannia *de William Camden (1607), un popular estudio histórico y topográfico de Gran Bretaña e Irlanda que dio a conocer a Stonehenge a un público mucho más amplio.*

El Paisaje de Stonehenge
los restos en la llanura

Stonehenge es la parte central de una rica herencia en la llanura de Salisbury. A unas pocas millas del monumento se pueden encontrar hoyos megalíticos para colocar piedras del año 8000 a. C., dos inexplicables *cursus* (grandes montículos de piedra paralelos con zanjas externas, del 3600 y 3000 a. C.), varios túmulos alargados (c. 3500 a. C), Woodhenge (2400 a. C., *ver p. 160*), una avenida lineal (c. 2500 a. C) que lleva desde Stonehenge al río Avon, multitud de menhires aislados y diferentes tipos de túmulos atribuidos a los últimos años de la cultura Wessex (2000-1400 a. C., *señalado • en el mapa de la página siguiente)*

El impresionante cursus de Stonehenge mide más de 3 km de largo, y tiene una anchura media de 128 m, alrededor de más de 40 ha de tierra. Se ha descrito como una pista de despegue de OVNIS, la franja de un tornado o un palenque para justas. Probablemente no era ninguna de estas, aunque ¿por qué alguien querría construir este extraño alineamiento, especialmente tan cerca del mismo Stonehenge? Abajo se muestra un grabado de 1740 de Stukeley.

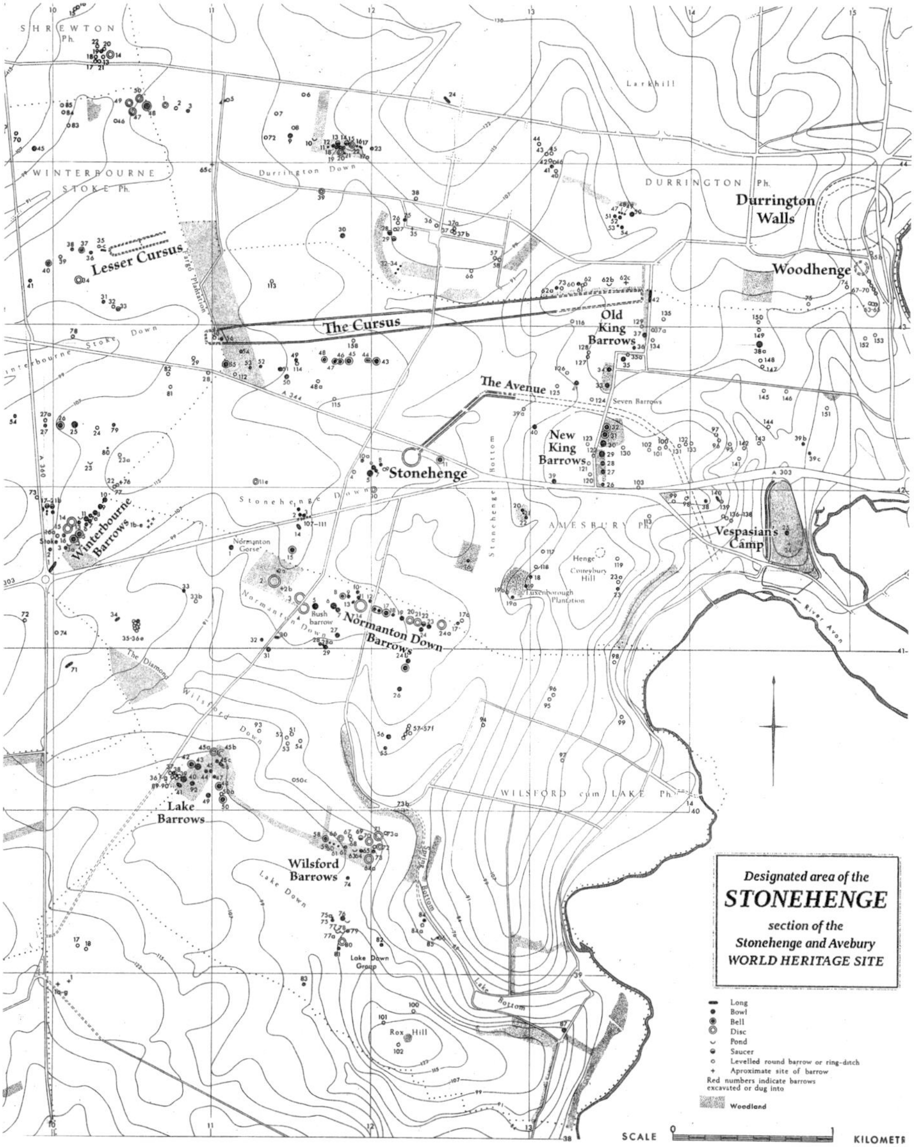
SHREWTON Ph.
WINTERBOURNE STOKE Ph.
DURRINGTON Ph.
Larkhill
Durrington Down
Durrington Walls
Woodhenge
Lesser Cursus
Fargo Plantation
The Cursus
Old King Barrows
The Avenue
Seven Barrows
New King Barrows
Stonehenge
Stonehenge Down
Stonehenge Bottom
A 344
A 360
A 303
AMESBURY Ph.
Vespasian's Camp
Henge
Coneybury Hill
Luxenborough Plantation
River Avon
Winterbourne Stoke Barrows
Normanton Gorse
Bush barrow
Normanton Down
Normanton Down Barrows
The Diamond
Wilsford Down
Lake Barrows
Wilsford Barrows
Lake Down
Lake Down Group
Lake Bottom
Spring Bottom
WILSFORD cum LAKE Ph.
Rox Hill
Designated area of the
STONEHENGE
section of the
Stonehenge and Avebury
WORLD HERITAGE SITE
Long
Bowl
Bell
Disc
Pond
Saucer
Levelled round barrow or ring-ditch
Aproximate site of barrow
Red numbers indicate barrows excavated or dug into
Woodland
SCALE
KILOMETR

Viajes al Otro Mundo

una cultura de vida después de la muerte

El paisaje de Stonehenge incluye muchos ejemplos de lo que se conoce como túmulos (*p. siguiente, Richard Colt Hoare, 1812*). Muchos de estos contienen restos de enterramientos o cremaciones. Los utensilios enterrados junto a los muertos han provisto a los arqueólogos con mucha información acerca de las costumbres sociales en la cultura Wessex. La posición fetal de muchos de los esqueletos sugiere un renacimiento desde el interior de la Madre Tierra. Muchas cámaras funerarias de toda la cultura megalítica están alineadas al amanecer o al ocaso apoyando esta teoría, simbolizando que en los días más cortos del solsticio de invierno, la «muerte» del sol lleva a su resurrección, al aumento de las horas de luz, la fuerza y la altura del mediodía, ya que cada amanecer y atardecer suceden más al norte.

Una excavación reciente en Stonehenge desenterró el esqueleto de un arquero con puntas de lanza incrustadas en sus vértebras. ¿Sacrificio ritual, ejecución o asesinato? Probablemente nunca lo sabremos.

1. LONG BARROW.

3. BELL BARROW.

2. BOWL BARROW.

4. DRUID BARROW.

Cultura de Stonehenge
utensilios del pasado

Lo poco que conocemos de los constructores de Stonehenge ha venido tradicionalmente de la arqueología. La precisa datación por radiocarbono ha ayudado enormemente a este proceso. Los museos de Salisbury y Devizes muestran magníficos tesoros desenterrados aquí. Bellos artículos de oro, mazas pulidas, empuñaduras de espadas, puntas de lanza de sílex y elegantes cerámicas contrastan con toscos martillos de piedra, huesos con artritis y una baja esperanza de vida.

Mazas y cabezas de hacha pulidos (*abajo*) datan del año 2500 a. C. y a menudo están hechas de piedras semipreciosas. Bellas tazas artesanas sin asas (c. 2300 a. C), puntas de flechas afiladas y una cabeza de hacha de bronce exquisitamente decorada del 2000 a. C. revelan una cultura cuyas prioridades funcionales eran igualadas por su pericia artística. ¡Estos pueblos no eran salvajes!

Merece la pena imaginar cómo esa gente pudo equipar, alimentar y organizar a los trabajadores que completaron los 12 millones de horas necesarias según el Dr. Gerald Hawkins para construir Stonehenge, su mejor producto.

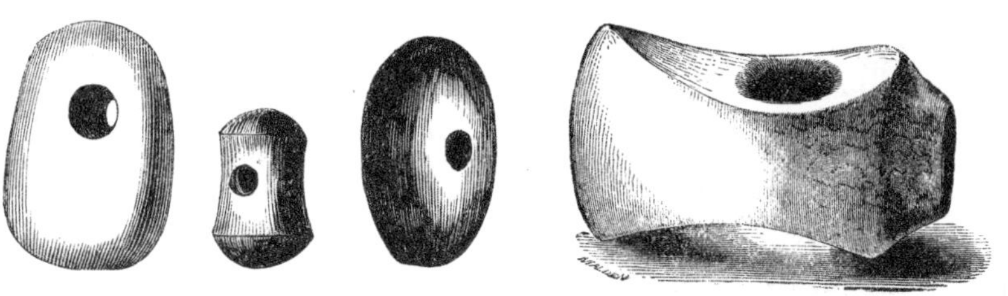

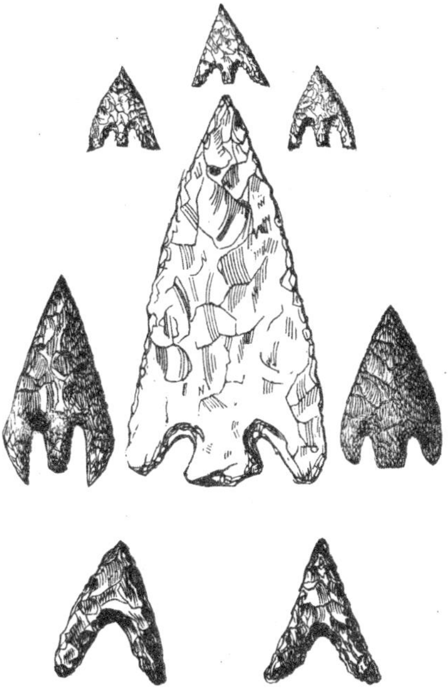

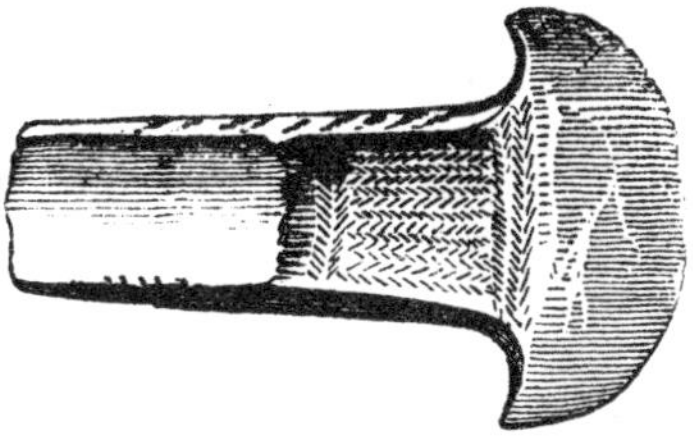

Esta página y la anterior: Una selección de objetos de tumbas cerca de Stonehenge, ilustradas por Richard Colt Hoare en su Historia del Antiguo Wiltshire, *publicado en 1812.*

Tumbas llenas de oro

un rombo astronómico nónuple

En Bush Barrow, un emplazamiento de la Edad de Bronce al sur de Stonehenge, Stukeley no encontró nada, mientras que Cunningham, en 1808, desvalijó su mayor tesoro: el «rombo» de Bush Barrow.

Bajo el pecho de un hombre alto, este exquisito utensilio hecho de oro estuvo una vez sobre una placa de madera, y mide 17 cm de largo. Los remaches de bronce mezclados con madera se enterraron cerca. El rombo se puede ver todavía en el Museo de Wiltshire.

Los ángulos internos del rombo eran de 82° y 98°. Keith Critchlow propuso una geometría nónuple (80° y 100°) apoyando los nueve triángulos a cada lado y el rombo central de nueve rombos menores. Una solución más precisa de Anthony Johnson requiere una solución hexagonal (*arriba a la dcha. de la imagen*). Excepcionalmente, en la latitud de Stonehenge, los rangos extremos de amaneceres y ocasos ocurren por encima de 81° sobre el horizonte, y los de la luna por encima de los 102° (*abajo izda. y dcha.*). Esto ha llevado a algunos investigadores a sugerir que el rombo era un artefacto de observación, y que el hombre era un sacerdote-astrónomo. Tenga importancia astronómica o no, el rombo evidencia avanzadas habilidades de artesanía y un fino conocimiento de la geometría en el área alrededor de Stonehenge.

El hombre también fue enterrado con dos dagas de metal, un hacha de bronce, una punta de lanza, un segundo rombo de oro más pequeño, una hebilla de cinturón, la cabeza de una maza de piedra y ornamentos de hueso decorados. ¡Nada que ver con el equipamiento de un astrónomo moderno!

ROMBO DE BUSHBARROW
NORMANTON DOWN
1900-1700 A. C.
0
5cm

Astronomía y Geometría

una cultura prehistórica de constructores de crómlech

En 1973 Alexander Thom comenzó el primer estudio preciso de Stonenge (*ver portada*). Tras haber estudiado más de 500 crómlech, confirmó que habían utilizado la yarda megalítica.

Una tercera parte de los crómlech estudiados por Thom no eran para nada circulares, y su geometría derivaba de triángulos pitagóricos, a menudo de números enteros de yardas megalíticas probablemente trazados con cuerdas y varas. Aquí se muestran algunos ejemplos; fíjese la gran cantidad de veces que los puntos clave están marcados por una piedra. Algunos crómlech como el de Castlerigg tienen su geometría alineada a posiciones clave de la salida y puesta del sol, la luna y estrellas, al igual que Stonehenge. A menudo, también se incorporaban hábilmente puntos en el paisaje. ¿Por qué los antiguos astrónomos aplicaban la geometría de Pitágoras 2000 años antes de su nacimiento?

Recientemente se descubrió un crómlech ovalado tipo 1 en Nabta, Sudán (*ver p. 50*) del 4500 a. C., situado en un tiempo y lugar muy lejos de las fronteras previamente supuestas de los constructores de crómlech megalíticos.

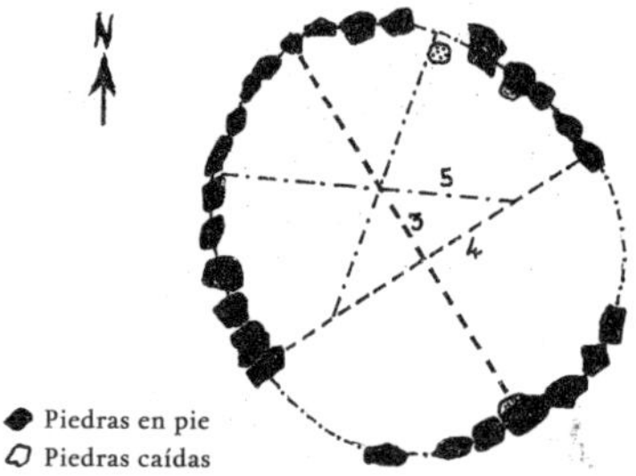

TIPO 'I' OVALADO

Templo Druida, Inverness

Triángulo resultante 3:4:5 (en YM)

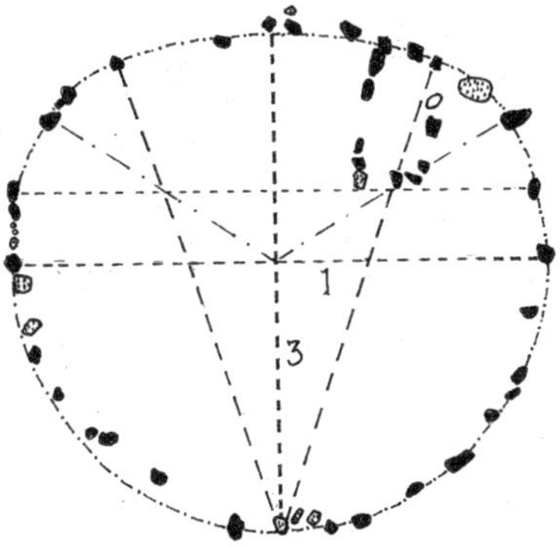

CÍRCULO APLANADO TIPO 'A'

CASTLERIGG, KESWICK, CUMBRIA

Triángulo resultante 1:3:$\sqrt{10}$

Diámetro: 40 YM

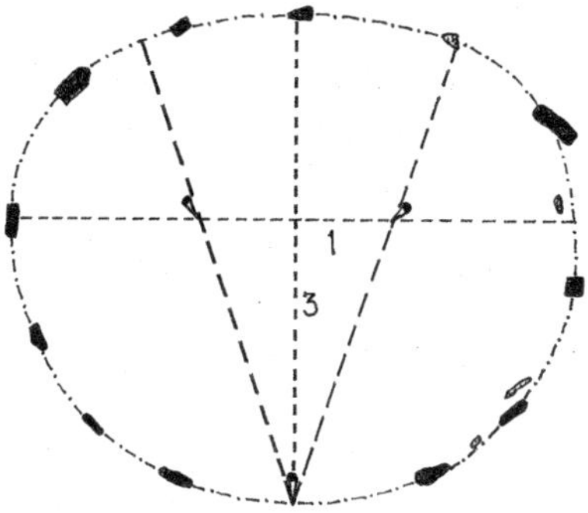

CÍRCULO APLANADO TIPO 'B'

BARBROOK, DERBYSHIRE

Triángulo resultante 1:3:$\sqrt{10}$

(en unidades de 3 YM)

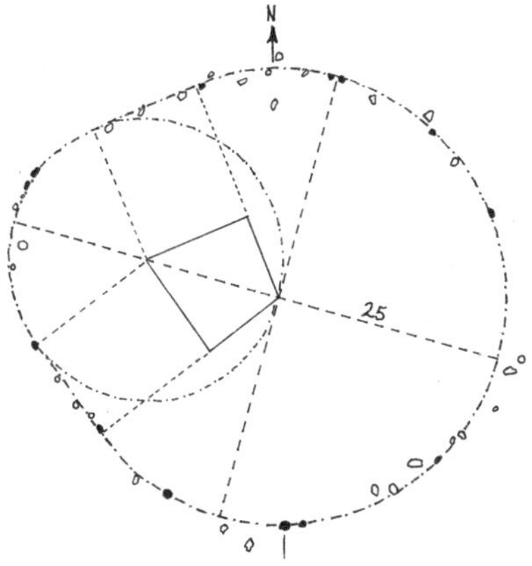

TIPO 'II' OVALADO

BORROWSTON RIG, FRONTERA ESCOCIA

Triángulo resultante 3:4:5

Diámetro 50 YM

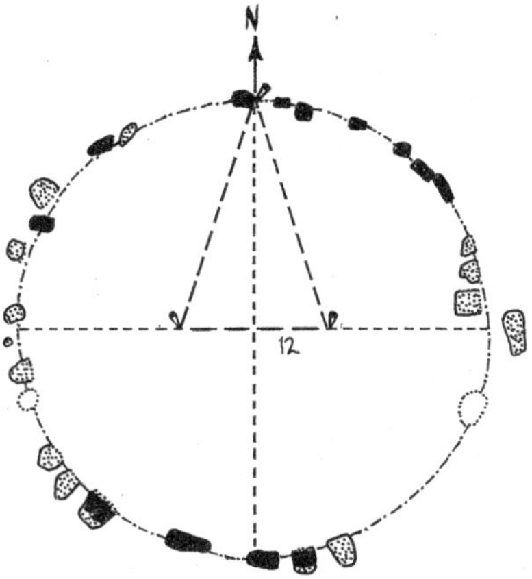

ELIPSE

DAVIOT 'B', ABERDEENSHIRE

Triángulo resultante 12:35:37

(en unidades de ¼ YM)

El Primer Stonehenge

una implosión durante 1500 años

Los círculos concéntricos de piedras e hitos de Stonehenge evolucionaron hacia dentro con el tiempo; al revés que una gota de lluvia cayendo en un charco. Esta implosión evolucionó durante 1500 años.

El foso circular exterior y su orilla, que llegó a tener 2 metros de altura, es de alrededor del 3150 a. C. (*i. superior)*. La entrada principal, flanqueada por la entonces en pie «piedra del sacrificio» y otra piedra desaparecida, estaba llena de postes, aparentemente para monitorizar las salidas más al norte de luna cada mes (*i. central*), en particular el lunasticio de invierno, que ocurre cada 18 años y siete meses.

Esta entrada fue ampliada posteriormente y el ángulo cambió al del amanecer del solsticio de verano (*i. inferior*). La Piedra Talón, situada dentro un foso circular marca el comienzo de una avenida de 550 m como se muestra a la derecha de la imagen superior. Stonehenge, principalmente un observatorio lunar en sus primeras fases, se convirtió aparentemente en un observatorio solar al evolucionar. También existen evidencias de observaciones sol-lunares, predicciones de eclipses y el desarrollo de un preciso calendario.

'Piedra Talón' (*Heel*) deriva quizás de los nombres galeses o griegos del sol, haul y helios respectivamente. Su otro nombre popular, 'Friar's Heel' (talón del fraile), se piensa que tiene que ver con una marca en la piedra que recuerda una huella de talón. Sin embargo, *ffriw yr haul* es casi idéntico fonéticamente, y significa en galés antiguo 'llegada del sol', una explicación mucho más acertada.

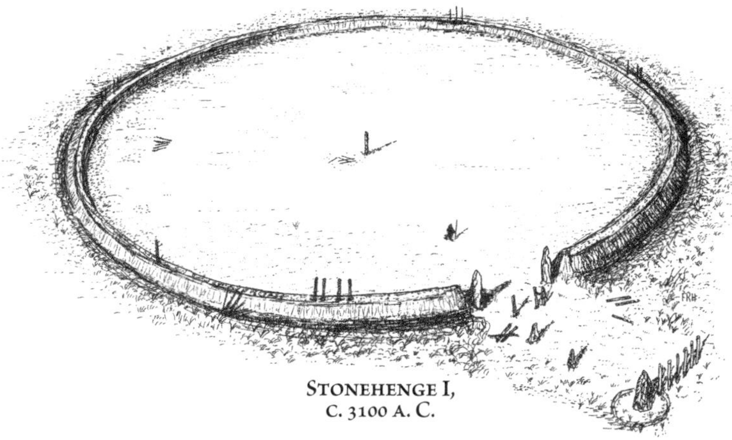

Stonehenge I,
c. 3100 a. C.

Salida de Luna más al Norte

Amanecer Equinoccio de Verano

El Círculo de Aubrey

el número es 56

Llamado así por el anticuario John Aubrey, que lo descubrió en 1676, el Círculo de Aubrey consisten en 56 hoyos que forman un círculo con un diámetro medio de 86,44 m. Estas dimensiones conectan con la geometría y la metrología de muchas de las posteriores construcciones en Stonehenge. Curiosamente, fueron excavados en el subsuelo de caliza alrededor del 3100 a. C., aunque no se llenaron hasta después de un siglo o dos. Hasta hace poco, no existían evidencias de por qué.

¿Fue un crómlech de madera lo que se colocó en los agujeros o fueron los que definieron el primer crómlech de piedra erigido en el lugar? Investigaciones recientes indican que puede que sostuvieran un crómlech de piedras azules. Los arqueólogos han encontrado más de 80 de estas piedras dentro de las estructuras posteriores en Stonehenge, más que suficientes para llenar estos hoyos.

En 1923, el geólogo H. H. Thomas descubrió que las piedras azules provenían de las montañas Preseli en Pembrokeshire, Gales, a... ¿217 km de Stonehenge? Cómo llegaron a la llanura de Salisbury no está claro, y algunos expertos prefieren hablar de un glaciar más que por la acción humana. ¡Si los arqueólogos pudieran descubrir los restos de un barco prehistórico, un trineo o rodillos!

Esto nos lleva a una pregunta más interesante. ¿Por qué las piedras azules eran tan importantes para este monumento, tanto que se emplearon en construcciones monumentales en todas las fases de la evolución de Stonehenge?

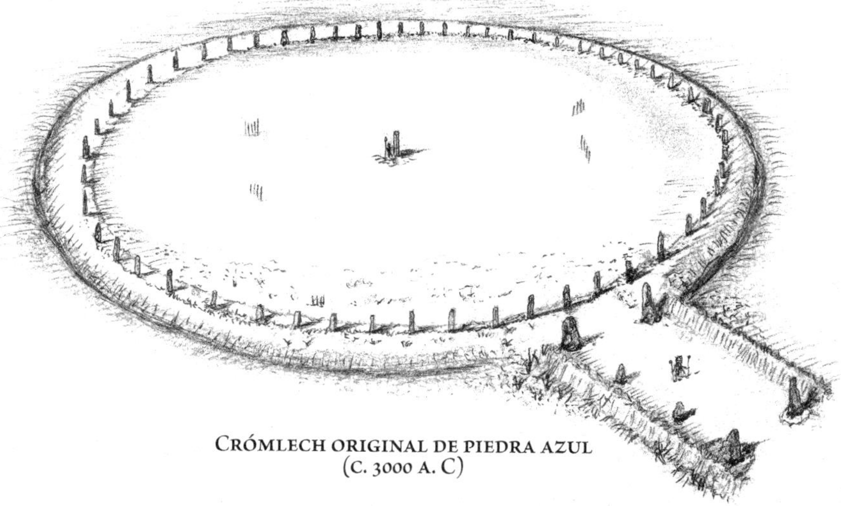

CRÓMLECH ORIGINAL DE PIEDRA AZUL
(C. 3000 A. C)

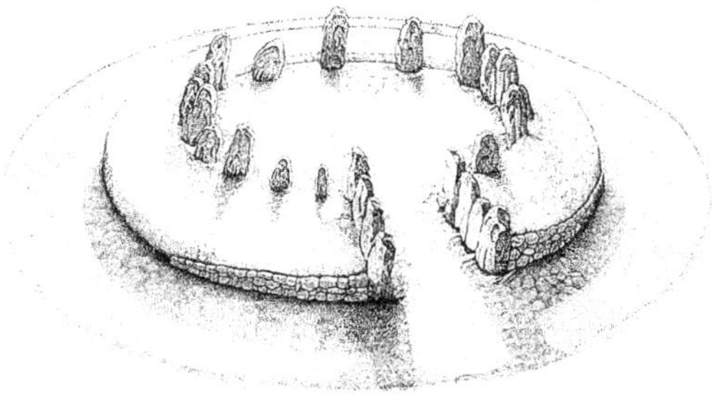

MEINI GWYR, PRESELI, GALES

El primo pequeño de Stonehenge. Las piedras azules de Meini Gwyr enmarcaban la entrada al amanecer del solsticio de verano. Datado en el 2300 a. C.

Dcha.: La piedra 68 es uno de los varios monolitos pulidos con marcas, espigas o cazoletas.

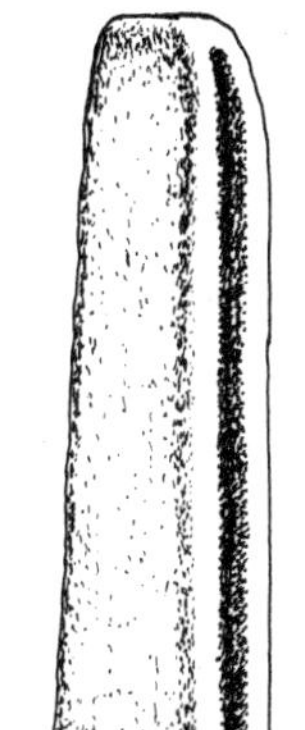

PIEDRA AZUL ESTRIADA

Piedras Estación

el comienzo de una nueva era

En algún momento alrededor del 2800 a. C. se erigió un prototipo de monumento de piedra azul en el centro del crómlech. Grandes hoyos sugieren que era una estructura semicircular doble, erigida como muestra la imagen superior. Más aún, dos piedras azules tienen marcas de agujeros, y muchas otras en Stonehenge tienen (o tuvieron) espigas grabadas en la parte superior o muescas en sus lados.

En la década de 1950, Richard Atkinson excavó una capa de piedra azul de gravilla en Stonehenge, y sugirió que las piedras azules y sus juntas se habían fabricado en ese lugar. Otros arqueólogos posteriores afirmaron que el crómlech fue enviado piedra a piedra desde las montañas de Preseli en el oeste de Gales y se adornaron y pulieron en el más tarde en el mismo emplazamiento.

Poco después, esta estructura fue desmantelada, y cuatro menhires de sarsen, conocidos como las Piedras Estación fueron colocadas en un preciso rectángulo 5:12 *dentro* del perímetro del círculo de Aubrey.

Rectángulo de las Piedras Estación
c. 2750 a. C.

I. superior.: Stonehenge c. 2750 a. C.

P. anterior: Dos de las piedras estación se colocaron en los montículos recién construidos. Uno es visible en este grabado de Richard Colt Hoare.

Dcha.: Las piedras estación forman un triángulo pitagórico 5:12:13 de dimensiones cercanas a 40,96 y 104 YM. El rectángulo de las Piedras de Estación y sus triángulos pitagóricos que lo componen tienen impresionantes propiedades relativas a la astronomía lunar y solar, pero solo cerca de la latitud de Stonehenge (para más detalles ver páginas 157 y 174-175).

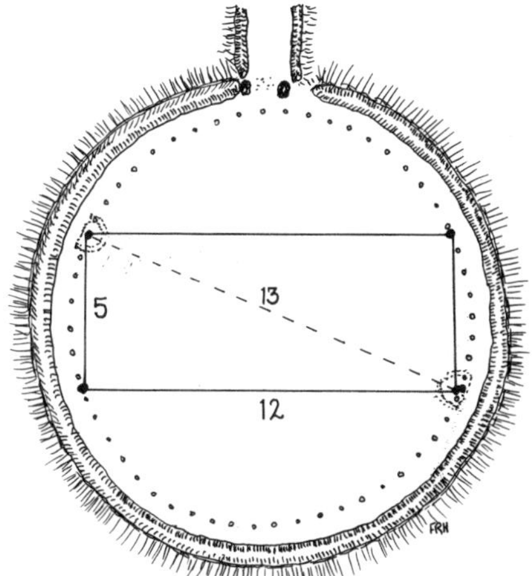

Triángulo Pitagórico 5-12-13
en unidades de 8 YM
c. 2750 a. C.

SARSENS Y TRILITOS

monstruos prehistóricos de un pasado neolítico

Alrededor del 2600 a. C. se construyó el famoso Círculo de Sarsen. Construido en una pendiente, 30 menhires sarsen se coronaron con un círculo de 30 dinteles continuos. También se erigieron 5 enormes trilitos interiores, de los cuales se conservan tres. Como los descomunales trilitos no caben a través de los huevos del anillo de Sarsen probablemente fueron colocados primero. Las piedras sarsen se trajeron de Fyfield Down, a 27 km al norte de Stonehenge.

Las caras interiores del Anillo de Sarsen estaban talladas y una vez soportaron un círculo completo de 30 dinteles de 4,5 m de altura. Los trilitos se grabaron con más detalle, pero curiosamente una de cada dos piedras erguidas se dejó sin tallar. Los cinco trilitos varían en altura, desde 5 a 7,6 m. El diámetro del Anillo de Sarsen a través de la línea central de los dinteles es de 30,7 m. El trilito elíptico «herradura» mide 12 x 21 m.

El sarsen es una piedra de arenisca bastantes veces más dura que el granito, y para tallarlo se utilizaron mazos de sarsen que pesaban hasta 28 km. Se han excavado más de 1800, muchos de ellos usados como relleno después de colocar las piedras. Antes de esta mastodóntica tarea se desmanteló el anterior crómlech de piedra azul, y siglos después, se volvió a colocar dentro del Círculo de Sarsen como una circunferencia interior de 59 o 60 piedras de un diámetro de 22,86 m, y una herradura de 12 m de diámetro de 19 finas y pulidas piedras azules, de una altura media de 2,7 m de alto. Completa el monumento el altar decorado de 13 m de altura. (*ver plano en p. 147*).

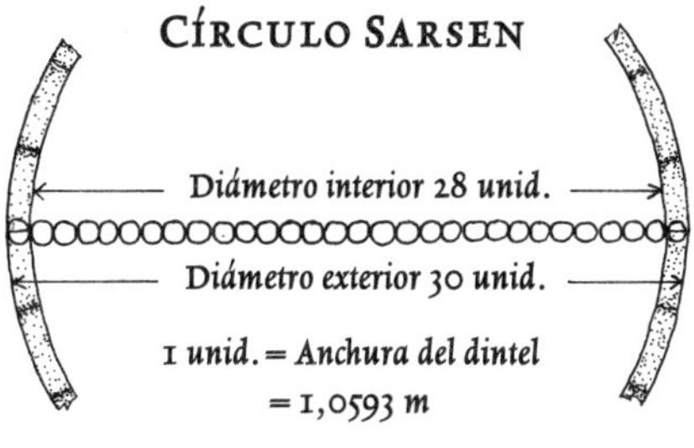

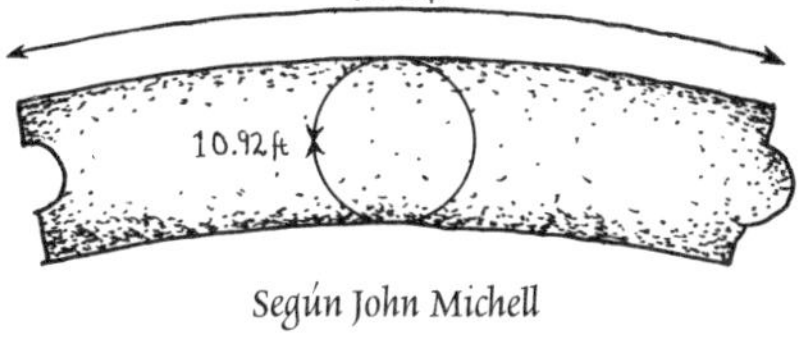

Según John Michell

Dimensiones:

'Vara sagrada 'Judía' = 1,0593 *m*
= Radio Polar / 6,000,000

Diámetro exterior = 30 *varas sagradas*
= 31,78 *m*
Circunferencia exterior = 99,84 *m*
Longitud dintel exterior = 327.6 / 30
= 3,32 *m*

Diámetro interior = 28 *varas sagradas*
= 29,66 *m*
Circunferencia interior = 93,19 *m*
Longitud dintel interior = 3,10 *m*
Anchura del dintel = 1,0593 *m*
= anchura del dintel exterior / π
= 3,32 / π

La Tierra Común
las piedras centrales

Con un millón de visitantes al año, Stonehenge es el emplazamiento megalítico más popular del mundo. Actualmente, para pasear por el área central se requiere un permiso especial del Patrimonio Inglés.

El plano de la página siguiente del área central es del libro de Edgar Barclay *Stonehenge y sus excavaciones*, publicado en 1895. Sin contar con el trilito caído (piedras 57, 58 y dintel 158) que fue puesto de nuevo en pie en 1958, es muy similar a lo que vemos hoy. Barclay utilizó un sistema numérico diseñado por Flinders Petri en la década de 1870, utilizado hoy en día. Son de especial interés: la piedra 11 con un sarsen elevado de la mitad de anchura; la 150, una piedra azul con huecos funerarios; y la piedra 68, azul estriada (*ver p. 141*).

También se muestra la piedra 156, un dintel de trilito encajado en ambos lados. ¿Fue un error de los constructores o había otra construcción sobre la plataforma más alta de Stonehenge? Quizás la estructura soportaba un techo de madera para mantener a los sacerdotes-astrónomos secos en noches lluviosas.

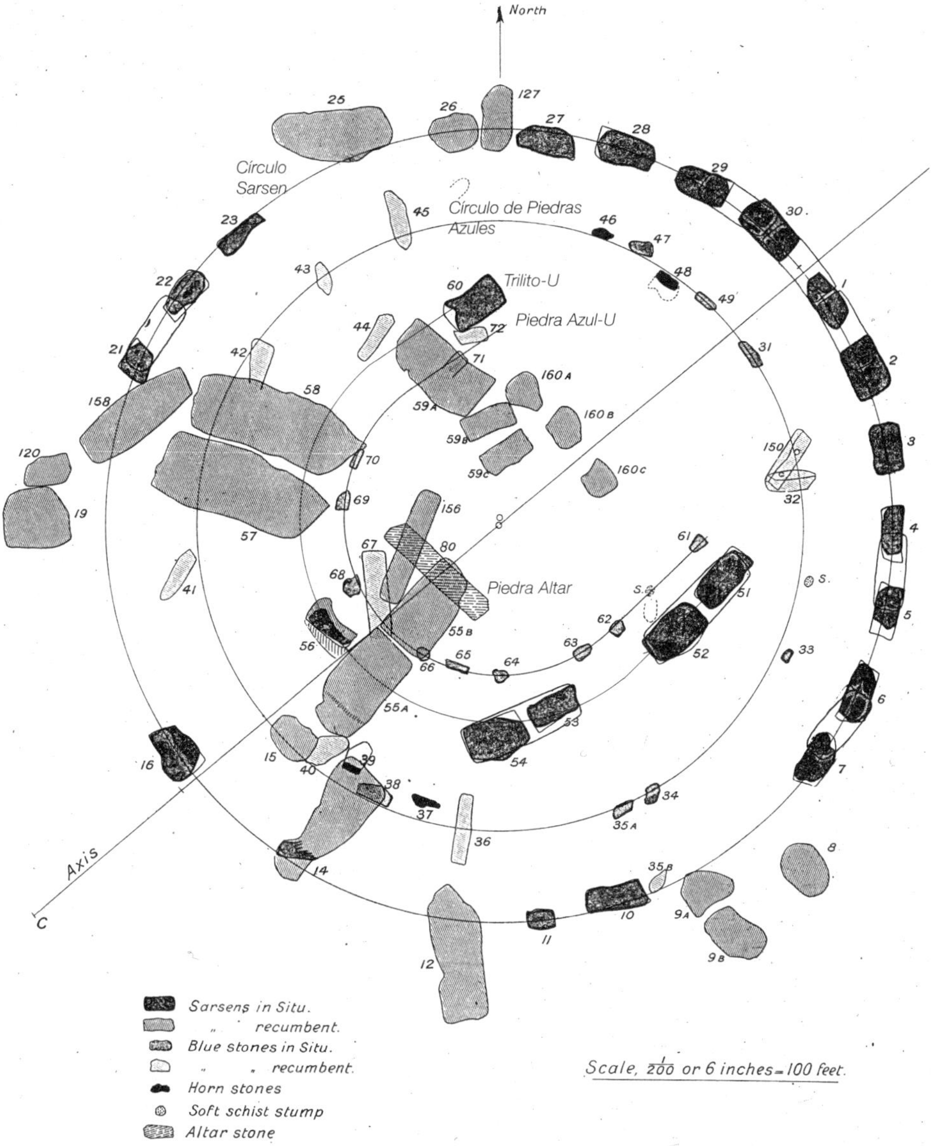
North
Círculo Sarsen
Círculo de Piedras Azules
Trilito-U
Piedra Azul-U
Piedra Altar
Axis
Sarsens in Situ.
„ recumbent.
Blue stones in Situ.
„ „ recumbent.
Horn stones
Soft schist stump
Altar stone
Scale, 1/200 or 6 inches = 100 feet.

Carpintería en Piedra

cómo unir megalitos

Para fijar los dinteles, se unían como piezas de un rompecabezas, utilizando lengüetas y ranuras. Además, cada piedra vertical tenía dos espigas que iban dentro de las correspondientes escopladuras de los dinteles (*i. inferior*). Los visitantes pueden observar las espigas en muchas piedras sarsen en las que el dintel ha caído. Estas técnicas derivan de las uniones existentes en carpintería y se aplicaron también a los dinteles de piedra azul que se cree que es parte de una estructura de trilito de piedra azul ahora derruida. Permanece visible una escopladura en la Piedra 150, mientras que aquellos en la parte inferior de la 36, vueltos a enterrar tras su estudio, permanecen escondidos bajo tierra.

En enorme trilito en pie tiene una sola espiga y sus dinteles estaban encajados toscamente. La piedra más alta (56) todavía tiene su espiga, mientras que su gemela (piedra 55) y el curioso dintel de doble escopladura (156) hace tiempo que cayeron.

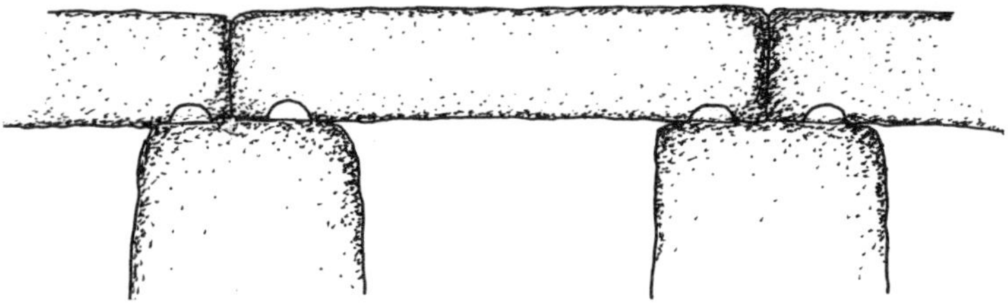

2000 a. C. – Una fantasiosa visión desde el sudeste muestra a hombres de una tribu y el sarsen partido. De Stonhenge, de Edgar Barclay, Londres 1895.

1900 d. C. - Stonehenge visto desde el mismo ángulo que arriba, pero antes de la restauración a principios del siglo XX*, mostrando una piedra azul silueteada (62)*

1900 d. C. – Vista desde el oeste, también antes de la restauración, mostrando el trilito inclinado (56). También se ven las espigas de las piedras 56 y 60.

PIEDRAS RODANTES
el arte de mover megalitos a grandes distancias

Las enormes piedras sarsen provenían de Fyfield Down, cerca de Avebury, y fueron arrastradas o trasladas sobre rodillos 27 km hasta Stonehenge. Algunas pesan 50 ton. Los intentos modernos de replicar esta hazaña han mostrado lo duro que debió de ser. Las piedras azules, de hasta 5 toneladas, fueron sin duda más fáciles, aunque mover 80 de ellas 240 km desde Gales tampoco debió de ser una tarea sencilla.

Es probable que las piedras azules fueran arrastradas hasta Milford Haven, y luego llevadas en balsa hasta el Bristol Avon y de ahí a Stonehenge o alrededor de la costa de Devon y Cornwall hasta Hengistbury, un próspero puesto puerto prehistórico en Hapshire Avon.

Las latitudes en que se recogieron las piedras azul y sarsen son precisamente un séptimo de 364° y 360° respectivamente. Estos números formaban el año en los calendarios antiguos, para años de 13 y 12 meses respectivamente. Geometría séptupla relaciona el Círculo de Aubrey con el Círculo de Sarsen (*ver p. 179*).

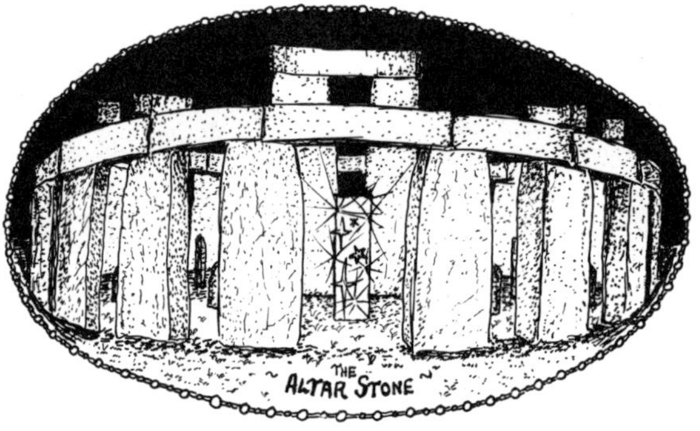

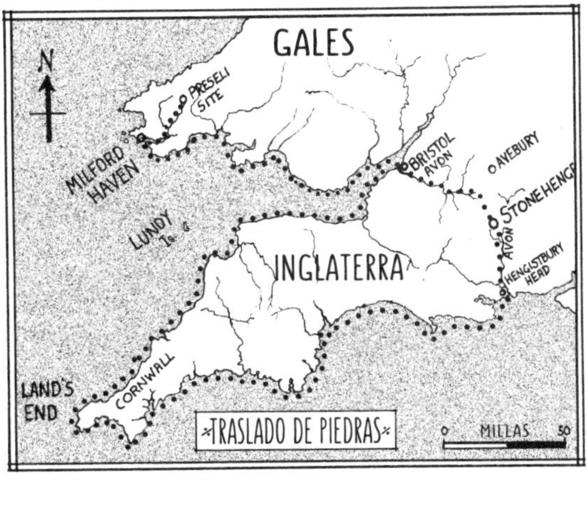

I. sup.: Balsa del 2000 a. C. Ferriby (Edward Wright). Una reconstrucción lleva una piedra azul.

P. ant.: La Piedra Altar, hecha de piedra de arenisca verde brillante encontrada junto a Milford Haven.

Izda.: Rutas propuestas para las piedras azules.

Levantando las Piedras

el arte de los dinteles elevados

Traer piedras de 50 toneladas desde Fyfield Down y piedras azules de 4 o 5 desde las montañas de Preseli en Gales debe haber supuesto poseer un buen conocimiento de cuerdas y palancas, rodillos y sujeciones... ¡Y mucho tiempo libre!

Las enormes piedras eran adornadas en el mismo emplazamiento, y arrastradas hasta la cavidad. Para erguirlas, se usó probablemente una estructura similar a una grúa. Quizá los agujeros 'Y' y 'Z' (*ver planos en páginas 120 y 157*) mantenían el soporte para este proceso, ya que nunca se colocaron piedras en ellos.

Se presupone, sin ninguna evidencia, que los dinteles se elevaron progresivamente hasta la altura de un soporte de madera mientras se subía el dintel con una palanca. Presumiblemente, el dintel se deslizaba hábilmente a lo ancho hasta llegar a las espigas de las sarsen. ¡No lo pruebes en casa! ¿Es inviable proponer que se usara una rampa de tierra o madera? ¿Levitación? ¿Alguna otra idea?

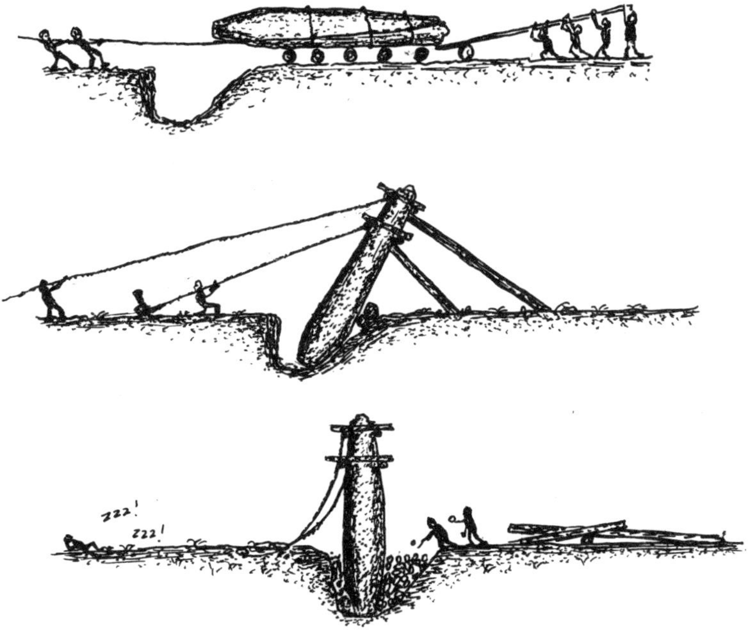

Arriba: Levantando las piedras. Las sarsens se decoraban in situ, prestando más atención a las caras interiores. Se cavaban hoyos y las piedras se movían con rodillos. Finalmente, utilizaban cuerdas, soportes y palancas para elevarlas verticalmente. I. inferior: Los dinteles puede que se elevaran progresivamente aumentando la altura del soporte de madera.

La Imagen Actual

nuestro semiderruido legado

La construcción de Stonehenge comenzó alrededor del 3150 a. C. y terminó en torno al 1500 a. C. A partir de ahí, fue víctima del cambiante clima y cultura británica (*ver obeliscos micénicos abajo*). En 1917, las autoridades presentaron una propuesta para demoler Stonehenge por «¡ser peligroso para los aviones que volaban a baja altura!».

La implacable erosión de la tierra sarsen debida al viento, lluvia y heladas ha producido algunos extraños nudos. En 1797 cayó el trilito 4, sacudiendo la tierra a kilómetros de distancia. En la última noche del siglo XIX, cayeron una piedra sarsen y su dintel (*piedras 22 y 122 del plano, p. 25*). En 1958 se volvieron a alzar, y en 1959 se enderezaron algunas piedras más. En 1963, la piedra 23, que había sido afectada por una restauración anterior, cayó y fue restaurada rápidamente. Algunas piedras caídas, con los años, han desaparecido del lugar, quizá para romperlas y utilizarlas en edificios menos interesantes. El grabado superior de la página siguiente muestra el enorme trilito erguido, la piedra 56, inclinado peligrosamente. La restauración lo enderezó, pero su compañera todavía descansa hecha pedazos en el suelo junto a su dintel.

· PIEDRA 53 ·

· PIEDRA 4 ·

I. sup.: Stonehenge bajo una tormenta, 1829 grabado de Robert Wallis, copia de un cuadro de 1827de J M W Turner. I. inf.: Recreación de Stonehenge del siglo XIX.

El Fantasma en la Máquina
leyendo las piedras

¿Qué tenemos en esta llanura de Salisbury? Sabemos que el lugar fue preparado, estudiado, medido y señalizado por personas idénticas a nosotros, aunque de una cultura muy diferente. Las piedras fueron transportadas, los hombres y animales alimentados, y el equipamiento traído y mantenido. Esto fue un proyecto colosal de gran importancia para este pueblo, y alguno debió haber visto la arquitectura de las diferentes fases, y sabido precisamente qué es lo que estaba haciendo.

En 1963, Peter Newham descubrió que la geometría de las Piedras Estación en Stonehenge se alineaba cerca de las posiciones del horizonte de los extremos de salida y puesta del sol y de la luna. Dos años más tarde esta revelación se trató en su éxito de ventas *Stonehenge Decoded*, del profesor de astronomía de Boston Gerald Hawkins. A pesar de recibir ataques de muchos arqueólogos, fue el precursor de la aparición de una nueva disciplina: la arqueoastronomía.

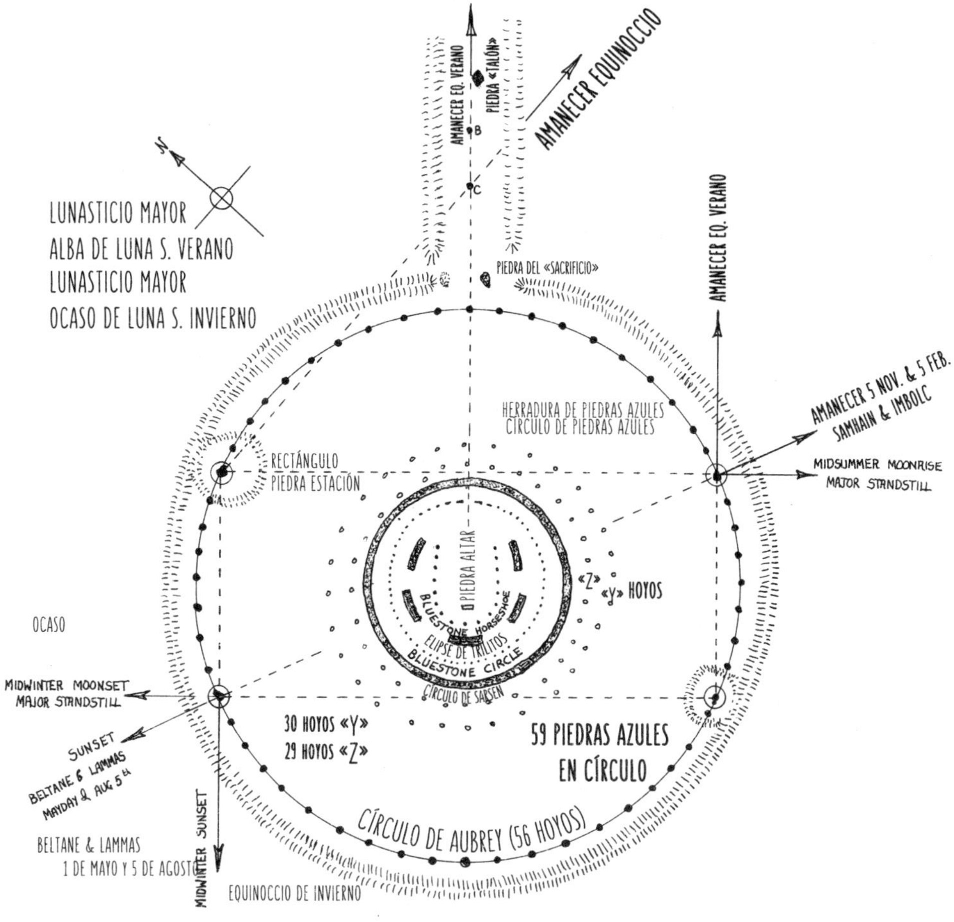

I. sup.: En marzo de 1963, C. A. Newham escribió un artículo para el Yorkshire Post que revelaba los alineamientos solares y lunares del rectángulo de las Piedras de Estación. Estos alineamientos se aplican solo alrededor de la latitud de Stonehenge, en cualquier otro lugar sería un paralelogramo. La geometría es aproximadamente octogonal (ver p. 179).

Ya Viene el Sol

el más largo y el más corto

En la latitud de Stonehenge, el ángulo de distancia entre amaneceres y ocasos oscila 40° a cada lado de la línea E-O. El rombo de Bush Barrow (*ver p. 135*) muestra estos mismos ángulos. El amanecer del solsticio de verano visto desde fuera del Círculo de Sarsen a través del gigantesco trilito aparece desde un punto en el horizonte a lo largo de la avenida.

Aunque el eje de Stonehenge estaba alineado al amanecer del solsticio de verano durante el periodo neolítico, ya no lo está. Una reducción de la oblicuidad de la eclíptica de la Tierra ha causado que el sol salga casi un grado más a la derecha. Sin embargo, ya que la Piedra Talón franquea la parte derecha del eje de Stonehenge (*ver p. 138–139*), el alineamiento del amanecer de la Piedra Talón es más convincente.

Desde la avenida de Stonehenge, el sol se pone en el solsticio de invierno en el mayor trilito, casi opuesto al del solsticio de invierno. De hecho, como un camino procesional, ¡la avenida es más apta para ver el ocaso del solsticio de invierno que el amanecer del de verano!

El amanecer del solsticio de verano sobre la Piedra Talón visto desde fuera del Círculo de Sarsen muestra el trilito enmarcando el evento. La alineación está fuera del centro. El amanecer del solsticio de verano no se elevaba sobre la piedra cuando se construyó Stonehenge sino a su izquierda, directamente en la avenida. Dibujo de Edgar Barclay.

El ocaso del solsticio de inverno ocurre justo en el punto opuesto al amanecer del solsticio de verano en el nivel del horizonte. Cada año sucedía un gran encuentro neolítico en Stonehenge en el solsticio de invierno. En esta imagen de 1812 de Richard Colt Hoare todas las piedras azules han sido eliminadas: ¡nada de piedras de Gales por favor, solo las de Wiltshire!

WOODHENGE

otro alineamiento del solsticio de verano

Cerca de 3 km al noroeste de Stonehenge hay un campo con 168 hitos de cemento dentro de un crómlech oval cuyos ejes miden 42 x 39 m. Los hitos marcan el emplazamiento original de los hoyos de los postes que fueron parte sustancial del monumento de madera. Algunos agujeros medían 2 m de profundidad y sostenían postes de hasta 8 m.

El lugar se identificó gracias a una fotografía aérea de 1923 y pronto lo excavó Maud Cunningham. En 1958, Alexander Thom reveló su geometría de seis elipsoidales concéntricas, con perímetros de 40, 60, 80, 100 y 140 yardas megalíticas, basadas en un triángulo de 12:35:37.

Stonehenge y Woodhenge son contemporáneos. Los dos están alineados con el amanecer del solsticio de verano y tienen su entrada principal orientada al noreste. Ambos emplean la yarda megalítica. Stonehenge puede haber soportado una estructura de madera y Woodhenge puede haber tenido piedras azules colocadas en los enormes hoyos del anillo III. Los actuales «pilares grises» son un recuerdo anodino de este abandonado pariente de Stonehenge, pero al menos muestra las posiciones originales de los hoyos.

Los centros de estos dos templos están situados a 10.033 pies, con un ángulo acimut de 67,38°, así que forman las dos esquinas de un triángulo 5:12:13, definiendo su lado '13'. Curiosamente, 10.033 pies es igual a 13 x 2722 x 283,53 pies, lo que se relaciona con la yarda megalítica de 2722 pies y el diámetro medio de Aubrey de 283,6 pies.

Woodhenge ha revelado su linaje: la hermana de Stonehenge.

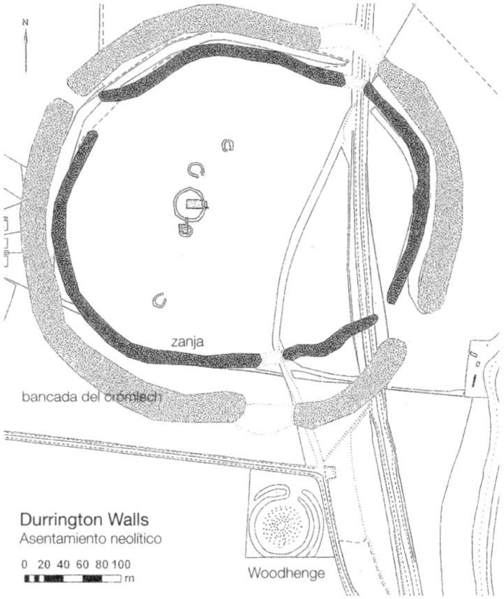

Izda: Durrington Walls, uno de los mayores pueblos del norte de Europa, c. 2500 a. C. Evidencias arqueológicas han revelado que la fiesta anual del solsticio de invierno se organizaba aquí, y que acudían personas de todo Gran Bretaña. Cualquier fiesta del solsticio de invierno seguro que se consideraba incompleta a menos que celebrara la puesta de sol en Stonehenge (ver p. 159). Estudio de Ordnance Survey, 2007.

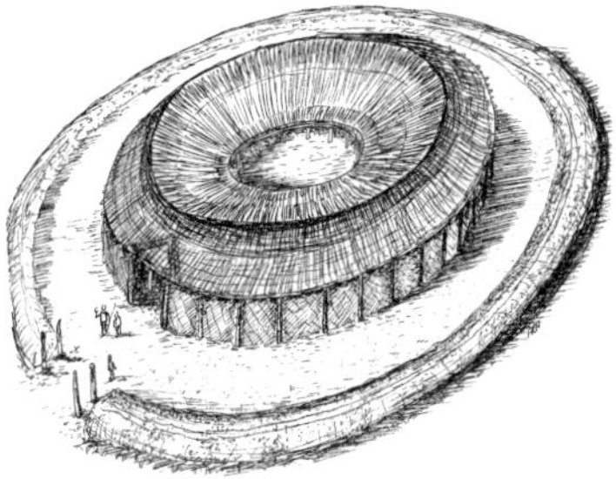

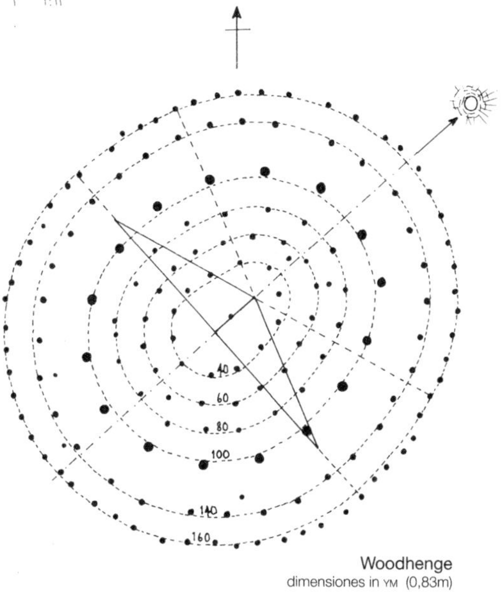

I. sup. y dcha.: Woodhenge, con techo o sin él, es de una muy complicada geometría. Los mayores hoyos puede que fueran una vez piedras donde habitar. Basado en un estudio de Alexander Thom.

SALTOS EN EL CALENDARIO

las razones de las estaciones

En Stonehenge se encuentran repetidamente los números del año solar y del mes lunar. En las páginas 15 y 57 hemos visto cómo en Stonehenge un rectángulo 5:12 define los ocho festivales solares. También se alinea con las posiciones extremas de la luna.

El Círculo de Aubrey de 56 hoyos sugiere un calendario de 13 meses de 28 días, (un año de 364 días). Los treinta gigantes del Círculo de Sarsen sugieren el calendario egipcio de 12 meses de 30 días (360 días). Sin embargo, una de estas piedras se hizo deliberadamente de media anchura (*piedra 11 página 147, e imagen superior p. 149, la quinta por la izquierda*). ¿Era un intento de representar en piedra el ciclo lugar de 29½ días (el tiempo entre dos lunas llenas, 29,53 días)? Los antiguos chinos alternaban meses de 29 y 30 días para producir la media de 29,5 días por la misma época. El doble de 29½ es 59, el número de hoyos 'Y' y 'Z' y el número de piedras del círculo de piedra azul.

La herradura de piedra azul contenía 19 piedras. ¿Por qué? En 19 años hay exactamente 235 lunaciones, una casi perfecta repetición de los ciclos del sol y de la luna, conocido como ciclo metónico. Otras repeticiones cercanas ocurren cada 3, 5 y 8 años.

235 dividido por 19 es 12 7/19, el número de lunas llenas en un año. Siete entre diecinueve es 0,368. La media del diámetro del círculo de Sarsen es 3 x 12,368 ym es 30,78 m y el radio entre el diámetro del Círculo de Aubrey y el diámetro exterior del Círculo de Sansen es también siete entre diecinueve. ¿Coincidencias curiosas?

El Sol y la Luna

Año Solar = 365,242 *días* Mes Lunar = 29,531 *días*;
=> *hay* 12,368 *lunas por año* = $12\frac{7}{19}$

1 Yarda Megalítica = 0,83 *metros* =	
1 *metro*	1 Codo Real Egipcio (0,52 *m*)

1 *mes lunar* = 29.531 *días* =	
$\frac{7}{19}$ *meses lunares*	$\frac{12}{19}$ *meses lunares*

12 *meses lunares*	Año Solar	13 *meses lunares*
354,367 *días*	365,242 *días*	383,898 *días*

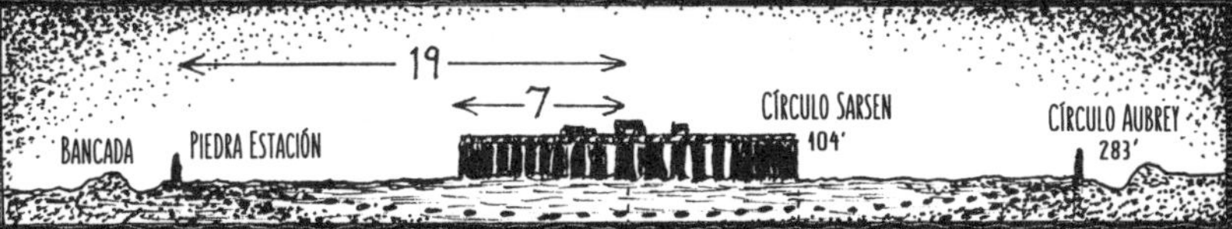

Ciclo Metónico de 19 Años

el matrimonio de la Luna y el Sol

Tras 19 años, y con dos horas de diferencia, el sol y la luna retornan a los mismos lugares en el cielo el mismo día. Este increíblemente preciso ciclo de repetición se llama así por Metón, astrónomo griego del siglo v a. C. No afecta a los nodos lunares y por tanto no produce eclipses. Otro ciclo importante similar es de 8 años o 99 lunaciones, y está sincronizado con los 5 sínodos de Venus, el famoso pentagrama de Venus: el anillo exterior de Avebury tuvo una vez 99 piedras.

El historiador Diodoro del siglo I a. C. sugirió que los celtas conocían el ciclo de 19 años. Es bastante posible que los celtas heredaran esta cultura de los constructores de crómlech y muchos de ellos, especialmente en el sudoeste de Gran Bretaña contenían 19 menhires. La herradura de piedra azul de Stonehenge constaba de 19 megalitos pulidos, traídos de las montañas de Preseli al oeste de Gales, a 217 km en línea recta. Algunos pesaban ¡más de 4 toneladas!

Hay 23,368 lunaciones en un año solar (de 365,242 días = 18,618 x 19,618 días). El año lunar de 354,367 días (12 lunaciones) tiene 11 días menos que el año solar, lo que tras 19 años son 7 lunaciones, haciendo un total de 12 x 19 más 7, o 235. De estos números se puede hallar el número anual de lunaciones: 235 ÷ 19 = 12 7/19, o 12,368, la fracción que mejor revela la astronomía que la sustenta.

19 años solares son 3969,60 días; 235 lunaciones son 6939,69 días. Así, el ciclo metónico se puede escribir como 19 x 18,618 x 19,618 días.

Ciclos del Calendario

Años	Lunaciones	Error	Ejemplo
3	37	3 días	
5	62	2 días	Calendario de Coligny
8	99	1½ días	Avebury Islam
19	235	2 horas	Stonehenge Boscawen-Un Merry Maidens

BOSCAWEN-UN

Los Nodos Lunares

el camino de la Luna se cruza con el del Sol

La órbita de la luna está inclinada con respecto a la de la Tierra en un ángulo de 5,14°. El efecto de esta diferencia entre los planos de sus dos órbitas es que la luna viaja ligeramente por encima de la eclíptica (el aparente camino del sol alrededor del zodiaco) durante la mitad del mes sideral y por debajo la otra mitad.

Los dos lugares en que la luna cruza la eclíptica cada mes se llaman nodos lugares y están siempre opuestos entre ellos. La pequeña ilustración de la página siguiente muestra estos puntos de cruce tal y como se observan en la Tierra, pero en realidad ¡son invisibles!

Los eclipses solo pueden suceder cuando una luna llena nueva está a menos de 12½° o 18½° respectivamente de los nodos lunares, y los eclipses totales cuando la alineación es casi exacta. Estos son los límites del eclipse para los eclipses lunares y solares.

Los ejes de los nodos se mueven hacia atrás alrededor del calendario, relativo al paso del sol y de la luna, y les lleva 18,618 años (6800 días) completar el circuito. Los nodos entonces se mueven 19,618 días por año. Para los antiguos, los nodos eran la cabeza y la cola de un gran dragón celestial, *Caput Draconis* y *Cauda Draconis*, quienes tragaban la luna y el sol durante un eclipse, y el periodo nodal se conoce todavía como año draconiano.

El sol se encuentra con un nodo cada 173,3 días (temporada de eclipses) y vuelve al otro después de que dos de estos periodos hayan pasado, definiendo estos dos el año eclíptico de 346,62 días.

¿No es la cosa más extraña que 346,62=18,618x18,618?

Caput Draconis, la cabeza del dragón o el nodo de la luna norte, donde el camino del sol cruza el camino de la luna en el hemisferio norte.

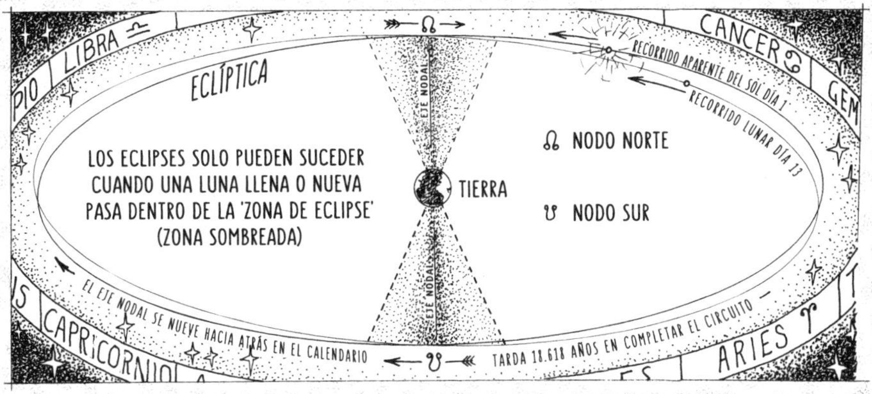

Los eclipses solo pueden ocurrir cuando el sol y la luna están opuestos o en conjunción y cerca el uno del otro de los nodos lunares al mismo tiempo.

Cauda Draconis, la cola del dragón o el nodo de la luna del sur, donde la trayectoria del sol cruza la trayectoria de la luna en el hemisferio sur.

El Aliento de la Luna

lunasticios mayores y menores

Las salidas y puestas mensuales más al norte y al sur de la luna «respiran» y «expiran» a cada lado de las posiciones extremas del solsticio del sol, y la «respiración» se completa en un periodo nodal de 18,6 años. Esto altera enormemente la posición máxima de salida y puesta de la luna cada mes respecto a las posiciones solsticiales del sol. Hay por tanto 8 posiciones limitadas de lunasticios, 4 para las salidas y 4 para las puestas.

La distancia de estas posiciones extremas de los lunasticios desde la posición del solsticio depende de la latitud de una localización. En el sur de Gran Bretaña ocurre a más de 8°a cada lado de las posiciones del solsticio. En el norte de Gran Bretaña, por ejemplo en Callanish (*ver pág. 312-213*), se incrementa hasta 17°. Estas estaciones extremas del sol y de la luna llamaron la atención de los astrónomos neolíticos que hacían los alineamientos de piedras en su honor.

En un lunasticio mayor, la luna describe su mayor oscilación mensual de salidas y ocasos, girando al punto más alto y más bajo a través del cielo, todo dentro de un mes sideral. Después, tras 9,3 años, en el lunasticio menor, la luna se calma y el rango siempre está dentro de las posiciones extremas del solsticio.

En contraste con el sol, la luna y los planetas, el telón de estrellas sale y se posa con cada estrella en su posición asignada durante años, sea cual sea la estación o el momento del día. En periodos más largos de tiempo, incluso ellas se mueven lentamente, y las salidas de estrellas se mueven un grado en el periodo de una vida humana debido a la precesión de los equinoccios.

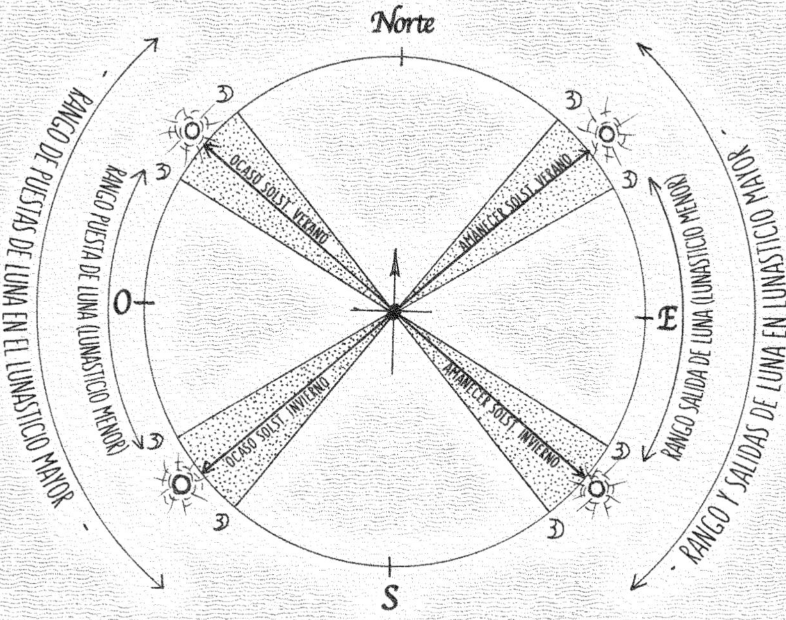

Cada mes la luna copia el baile de salida y puesta que el sol hace en un año, a la vez que respira dentro y fuera de las posiciones solares cada 18,618 años.

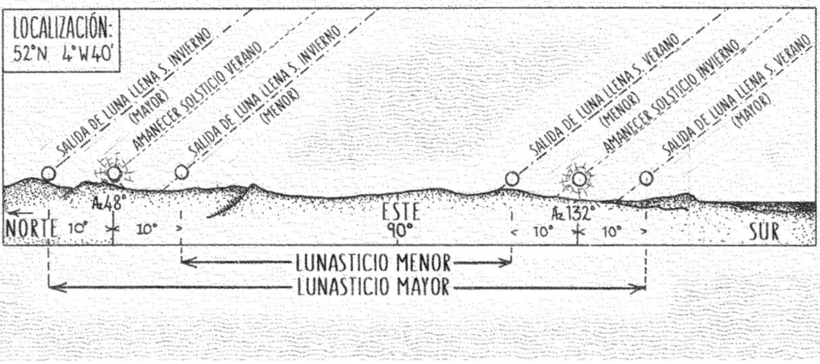

Prediciendo Eclipses

los nódulos tienen el poder

Cualquiera que haya intentado crear un modelo de cómo se mueven el sol y la luna alrededor del cielo terminará seguramente con un círculo de 28 marcadores alrededor del centro de la Tierra. Moviendo un 'Poste lunar' una posición por día y un 'Poste solar' cada 13 días, ambos en sentido contrario a las agujas del reloj, replica los movimientos de los dos alrededor del zodiaco, y puede proveer un calendario preciso.

Como hemos visto (*páginas 166-167*), dos veces al año durante unos 34 días, una luna llena o nueva atravesará el camino aparente del sol en el cielo (la eclíptica) para producir eclipses. Estas dos temporadas de eclipses, separadas por 173 días, se mueven hacia atrás alrededor del calendario, y les lleva 18,6 años completar una vuelta.

Los dos lugares donde el camino de la luna cruce el del sol se llaman nodos lunares, y doblando los 28 marcadores a 56, como se encuentra en el Círculo de Aubrey, el periodo de 18,6 años de los nodos lunares se puede también incorporar. Convenientemente, 18,6 x 3 es casi 56, y los eclipses se pueden predecir con precisión. Sir Fred Hoyle fue el primer astrónomo en comprender esta práctica función para los 56 hoyos del círculo de Aubrey. Una luna lleva o nueva dentro de la sombreada «zona del eclipse» predice un eclipse lunar o solar. Un eclipse lunar va a ser siempre visible en una localización dada si la luna se eleva en la media hora anterior al ocaso.

¿Por qué no construir una de estas en casa? Mueve los marcadores modales en sentido del reloj 3 veces al año, una por agujero. Los nodos coincidirán después con el eje de los solsticios de verano e invierno en junio de 2020, y cada 9 y 100 años a partir de entonces.

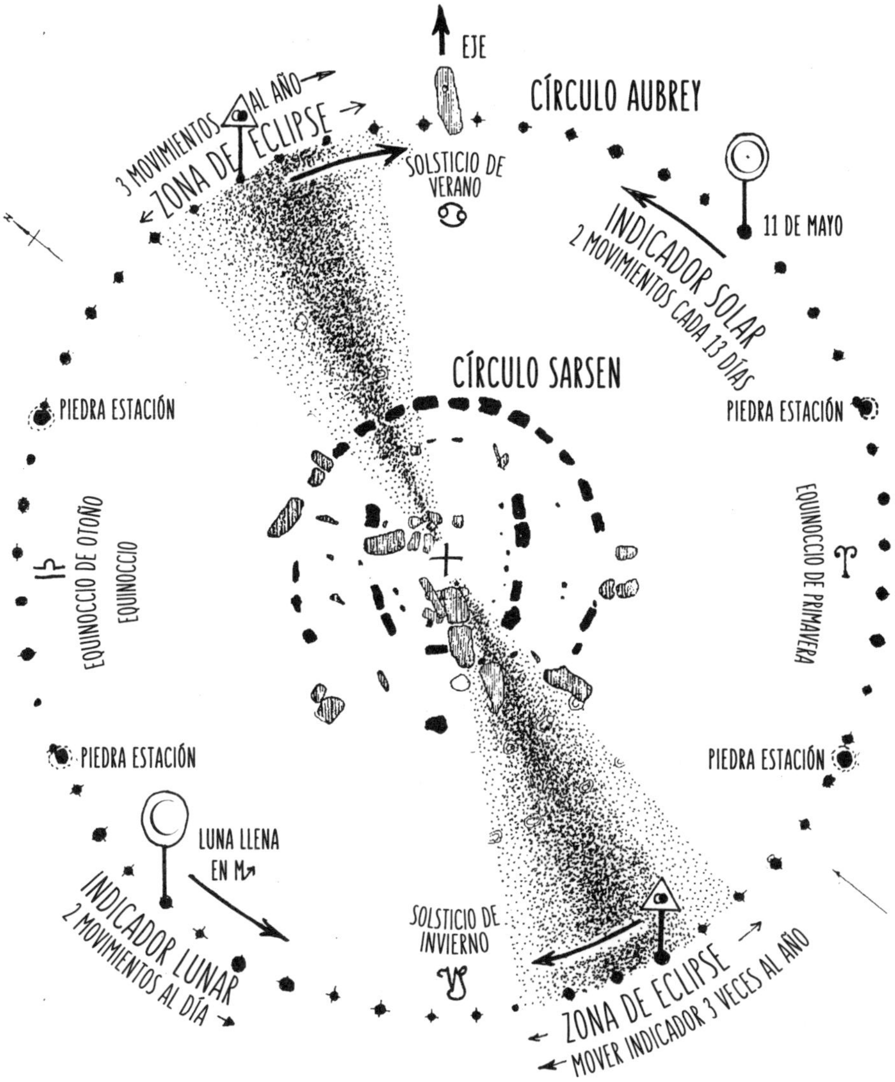
EJE
CÍRCULO AUBREY
3 MOVIMIENTOS AL AÑO
ZONA DE ECLIPSE
SOLSTICIO DE VERANO
11 DE MAYO
INDICADOR SOLAR
2 MOVIMIENTOS CADA 13 DÍAS
CÍRCULO SARSEN
PIEDRA ESTACIÓN
PIEDRA ESTACIÓN
EQUINOCCIO DE OTOÑO
EQUINOCCIO
EQUINOCCIO DE PRIMAVERA
PIEDRA ESTACIÓN
PIEDRA ESTACIÓN
LUNA LLENA EN ♏
INDICADOR LUNAR
2 MOVIMIENTOS AL DÍA
SOLSTICIO DE INVIERNO
ZONA DE ECLIPSE
MOVER INDICADOR 3 VECES AL AÑO

Stonehenge Completo

más que un montón de viejos dinteles

Desde que el eje del solsticio de verano fue descubierto por William Stukeley, ha estado claro que hay un componente astronómico y geométrico en Stonehenge. Esta clara alineación la midió con precisión Sir Norman Lockyer en 1901, pero la astronomía lunar tardó medio siglo en hacerlo porque los arqueólogos no habían reconocido la importancia de la luna en la cultura megalítica.

Como habían propuesto los arqueólogos Dr. Euan MacKie y Lord Renfrew, una élite de sacerdotes-astrónomos que parecían ser capaces de extinguir una luna llena u oscurecer el sol tendrían un enorme poder dentro de su tribu. ¡Los predictores de eclipses mandaban!

Muchos visitantes piensan que las construcciones de la piedra central, el 'logo' del monumento, es todo lo que existe en Stonehenge, y rara vez se dan cuenta de los 56 hoyos de Aubrey rellenos de cemento cuando pasan por encima. Pero, como mostró Hoyle, son perfectos numéricamente para predecir eclipses, y pueden también mostrar las posiciones del sol y de la luna, la fase lunar y el estado de las mareas.

Los griegos en el siglo IV a. C. enseñaban que el número 56 estaba conectado con eclipses y dragones. Los nodos lunares, que gobiernan sobre la ocurrencia de los eclipses, se llaman todavía *caput draconis* y *cauda draconis* en muchos libros de astronomía.

No afectaría para nada al monumento el tener el 'Calendario de Stonehenge' instalado hoy como una ayuda educativa para los visitantes. Imagina la descripción del puesto, pero ¡cuánto trabajo!

TRIÁNGULO DE LUNACIÓN
integrando el Sol y la Luna

Una técnica olvidada para integrar el crucial número de lunas llenas en un año solar (12,328) es simple y precisa, y Stonehenge ofrece su uso en el rectángulo de la Piedra Estación (*ver páginas 142-143 y 157*). Un rectángulo 5:12 tiene una diagonal de 13. Cualquier triángulo pitagórico 5:12:13 puede generar una segunda hipotenusa en punto 3:2 con una longitud de 12,368 unidades (*un año solar*).

Los 153 peces capturados por los discípulos en San Juan 21 sugieren el conocimiento esotérico de la triangulación de la lunación, ya que el cuadrado de la hipotenusa aquí es $12^2 + 3^2 = 12{,}369^2 = 153$.

El triángulo geodésico que se muestra en la página siguiente conecta Stonehenge con el lugar de las piedras azules, y es 2500 veces mayor que el rectángulo de la Piedra Estación. El ángulo derecho en la isla Lundy corresponde bien con el antiguo nombre galés para Lundy, *Ynys Elen*, (la isla del codo). En el mito galés, las antiguas sendas rectas estaban bajo la protección de Elen, la diosa del ocaso (el oeste). De la princesa romano-británica Helen, que vino de una isla del oeste, presumiblemente Anglesey, se dijo más tarde que había construido largos caminos rectos a través del reino. La isla de Caldey, en el punto 3:2, albergaba uno de los primeros y más importantes monasterios celtas, asociados con S. Illtud y S. Samson (siglo VI d. C.)

Las tres capitales del Reino Unido peninsular, Cardiff, Londres y Edimburgo también forman un preciso triángulo 5:12:13, 2,5 veces mayor a su vez. El gran círculo que conecta el lugar de la piedra azul con Stonehenge pasa también por el lugar de ¡las pirámides de Egipto!

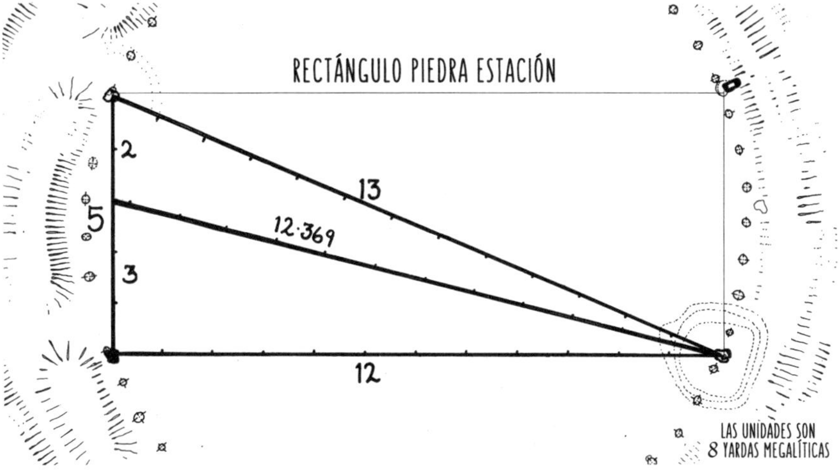

El triángulo pitagórico 5-12-13 en Stonehenge, mostrando el lado 5 dividido en 2:3

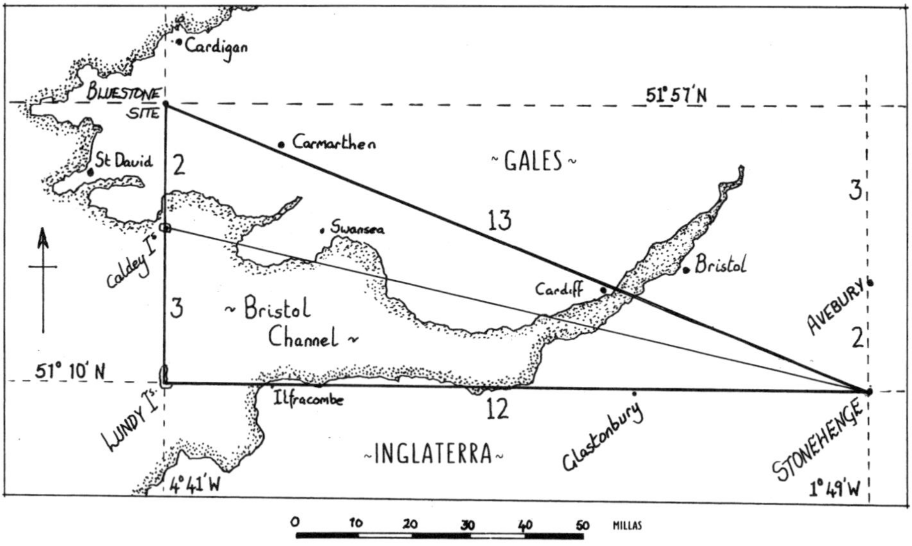

Triángulo de la Piedra Estación 5-12-13 aumentado 2500 veces, muestra las islas de Lundy y Caldey y el punto 2:3, y la cantera de piedra azul de Preseli arriba a la derecha.

Anotaciones en Piedra

efervescencia en el cielo estrellado

La frase *un tiempo muy largo* puede venir de una época en que la longitud de una regla, cuerda o medida representaba de hecho un periodo de tiempo, una técnica que se manifiesta en muchas estructuras megalíticas, las cuales recogen los periodos de tiempo del sol y la luna.

Por ejemplo, la circunferencia exterior del Círculo de Sarsen mide 327,71 pies, mientras que los doce periodos de órbita lunar duran 327,86 días (99,95%). Aquí, un día representa un pie.

El círculo de Aubrey define la frontera del templo de Stonehenge, y tiene un diámetro exterior de 3433 pulgadas. La circunferencia resultante está muy cercana a 10785,82 pulgadas, el producto del año solar y el mes lunar (365.24 x 29.53 días). ¿Solamente una coincidencia o producto de un diseño deliberado?

Mientras tanto, una línea dibujada entre Woodhenge y Stonehenge mide 10.033 pies, y su ángulo define el lado '13' de un triángulo 5:12:13 (*ver p. 175*). Ahora, 10.033 pies es 13 x 2,722 x 283,53 pies, invocando el número 13, la yarda megalítica (2,722 pies) y el diámetro medio del círculo de Aubrey (99,98%). Esta misma distancia convertida en remens (1,2 pies), se convierte en 8360,63 (remens) que es 8 meses lugares de trece (383,897 días), la yarda megalítica (99,99%). Una ciencia olvidada de los números se ha revelado.

Muchas unidades megalíticas derivan de la construcción vesica piscis *cuando los cuadrados son longitudes dadas de un remen 'geográfico' o 1,2165 pies, 6/50s del pie 'geográfico' o 1,01376 pies usado en navegación y cartografía.*

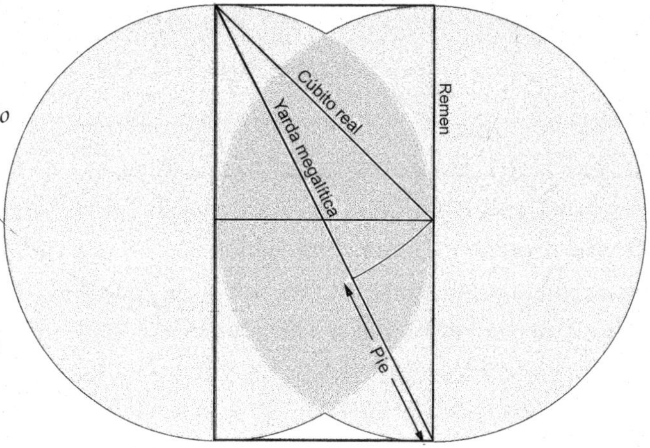

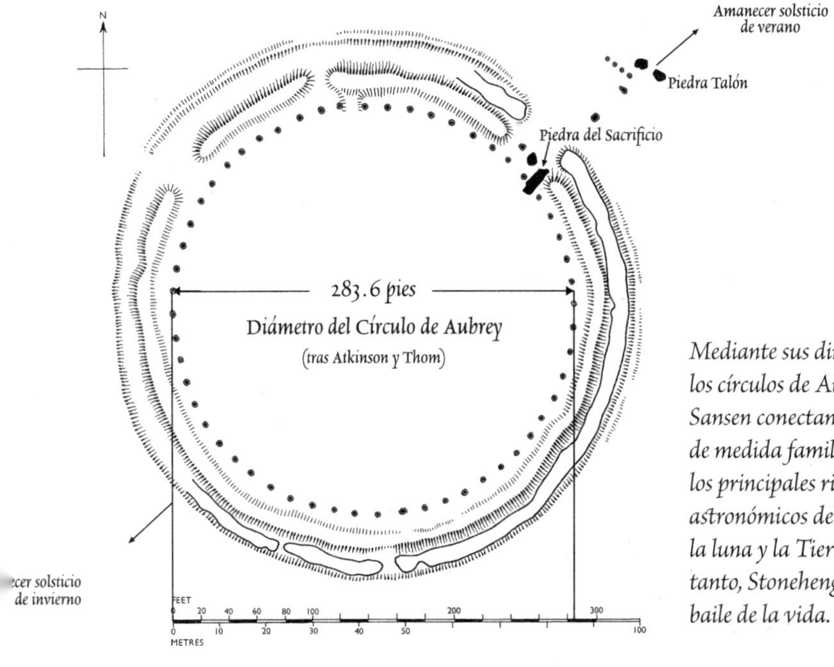

Mediante sus dimensiones, los círculos de Aubrey y Sansen conectan unidades de medida familiares con los principales ritmos astronómicos del sol, la luna y la Tierra. Por tanto, Stonehenge refleja el baile de la vida.

Geometría Sagrada

cómo construir un templo

La geometría de Stonehenge utiliza los números 7 y 8 para producir 7x8=56 hoyos necesarios para la predicción de los eclipses. John Martineau mostró recientemente cómo el Círculo Aubrey es definido exactamente por un octograma suspendido desde la 'Piedra Talón'. El círculo tiene el mismo radio que el lado más largo del rectángulo de la Piedra Estación, 96 YM. Además, si cada 8 hoyos de Aubrey se marcan y conectan como un heptograma, la forma define correctamente el diámetro medio del Círculo de Sansen de 100,9 pies (=37,1 YM o 3x12,368 YM, o 3 años).

También, si el Círculo de Aubrey representa la tierra, el rectángulo de la Piedra Estación representa los trópicos de Cáncer y Capricornio.

La geometría de las sarsens y las piedras azules también es atractiva. Inigo Jones propuso una trama hexagonal romana en 1655. John Mitchell mostró el círculo de piedra azul 'encuadrando' el Círculo de Sarsen y conectando la herradura de piedra azul con un hexagrama, y John Martineau ha propuesto otro octograma (*ver imág. inferiores*).

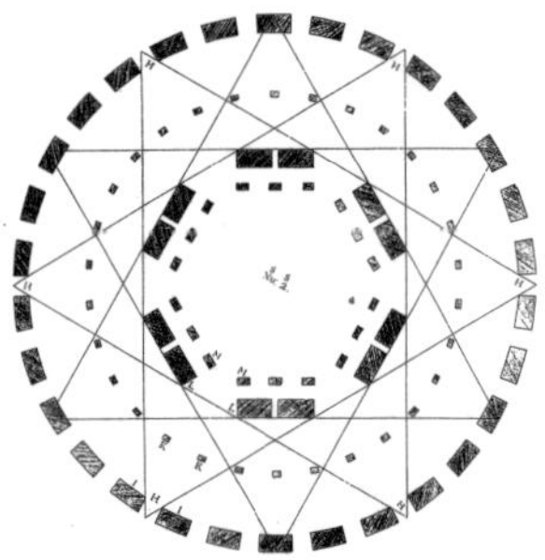

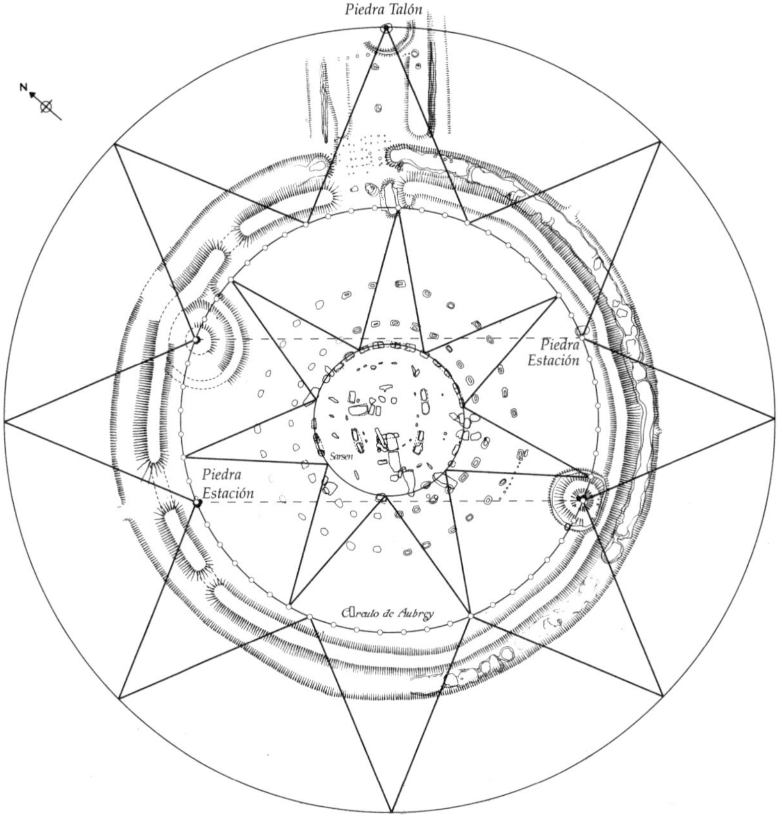
Piedra Talón
N
Piedra Estación
Piedra Estación
Sarsen
Círculo de Aubrey

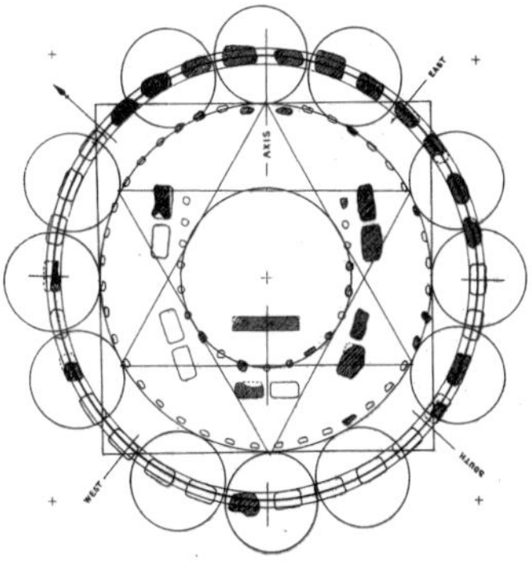
AXIS
EAST
WEST

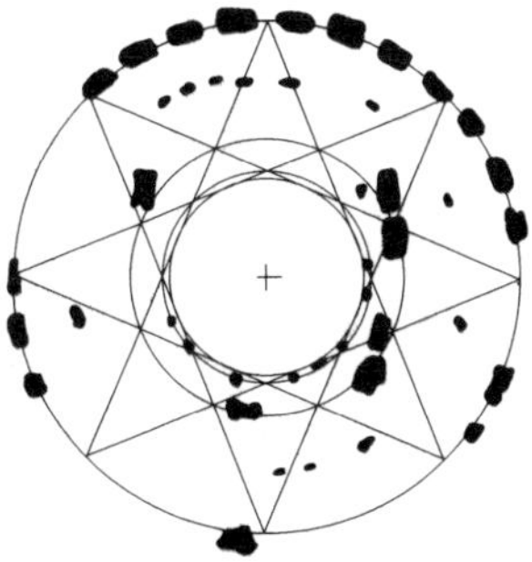

Un Marcador Geodésico

tres siglos de investigación

La geometría no solo se aplicó en Stonehenge, sino que se usó como un marcador geodésico que unía otros emplazamientos en una red geodésica. Una línea meridional que partía desde Stonehenge hacia el norte llegaba a Arbor Low (*mostrado abajo, dcha.*) cerca de Marlock, conocido popularmente como 'El Stonehenge del Norte', dos grados al norte de Stonehenge (99,5%). Más al norte la línea pasa a 3 millas del Templo de los Druidas cerca de Masham, con un extraño parecido a Stonehenge. Construido alrededor de 1800 por William Danby y basándose en el impreciso grabado de Candem en Britannia (*ver p. 127*), la estructura actual está localizada 3 grados al norte de Stonehenge. La línea sigue entonces hacia el norte hasta atravesar Holy Island en Lindisfarbe, lugar de un famoso monasterio, castillo y ¡una enorme veta de piedra azul! Luego se encuentra con la costa escocesa en Peterhead en dirección a Fair Isle y finalmente Papa Stour, en Shetland.

En dirección al oeste de Arbow Low está la famosa tumba Bryn Celli Ddu en Anglesey (*abajo izda., como estaría en el 4000 a. C.*). Esta forma un preciso rectángulo 3:4:5 con Stonehenge en unidades de 240/7 millas.

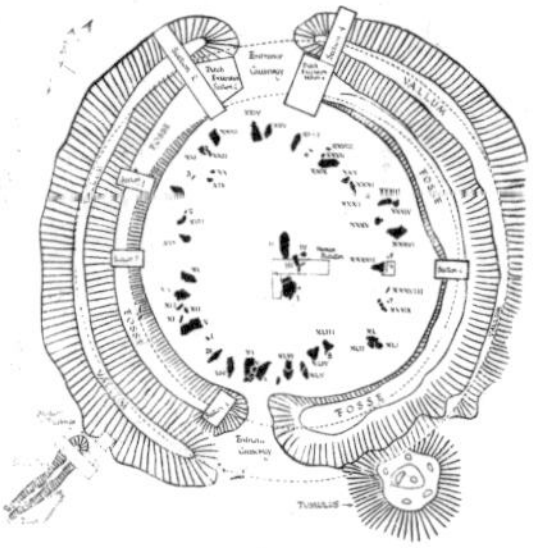

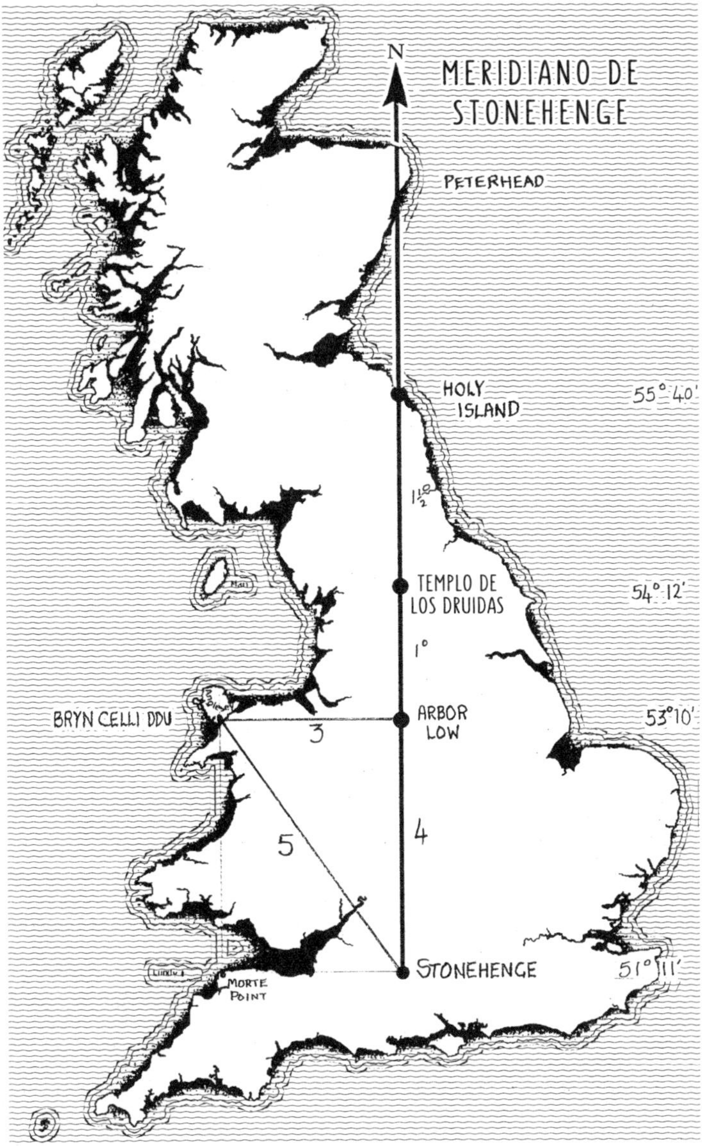
N
MERIDIANO DE STONEHENGE
PETERHEAD
HOLY ISLAND
55° 40'
1½°
TEMPLO DE LOS DRUIDAS
54° 12'
1°
BRYN CELLI DDU
ARBOR LOW
53°10'
3
5
4
STONEHENGE
51° 11'
MORTE POINT

SOL, LUNA Y TIERRA
la estructura del sistema revelada

El diagrama opuesto contiene una curiosa simetría. Tanto el año eclíptico (346,62 días) y 13 lunas llenas (383,89 días) están casi a la misma distancia, a 18,6 días, a cada lado del año solar de 365,242 días. Como el año eclíptico es el cuadrado del periodo del nódulo lunar expresado en días ($18{,}618^2$), podemos deducir que el año solar es (18,618 x 18,618) + 18,618, o 18,618 x 19,618. El número 18 añadido a 1/phi, phi o phi^2 nos da la extraordinaria fórmula siguiente (al 99.99%):

18,618 x 18,618 = 346,62 días (el año eclíptico)

18,618 x 19,618 = 365,242 días (el año solar)

18,618 x 20,618 = 383,89 días (13 Lunaciones)

La astronomía revela la estructura geométrica y numérica del sistema Sol–Luna–Tierra (*página siguiente*).

En el diagrama imagina un eclipse solar en (1). El sol entonces se mueve para encontrarse con el mismo nodo tras un año eclíptico (2), 346,62 días después. Pasando el punto del eclipse original (1) al final de un año, el sol y la luna se encuentran en la tercera lunación en (3) (pero sin eclipse).

Un triángulo isósceles, dibujado de acuerdo a los ángulos generados por la astronomía, también define los límites del eclipse solar, y tiene la extraordinaria propiedad de replicar los números mostrados arriba como ratios. Además, el lado más corto tiene una longitud de 12,368, la ratio de lunación anual. ¡Asombrosa revelación del orden cósmico!

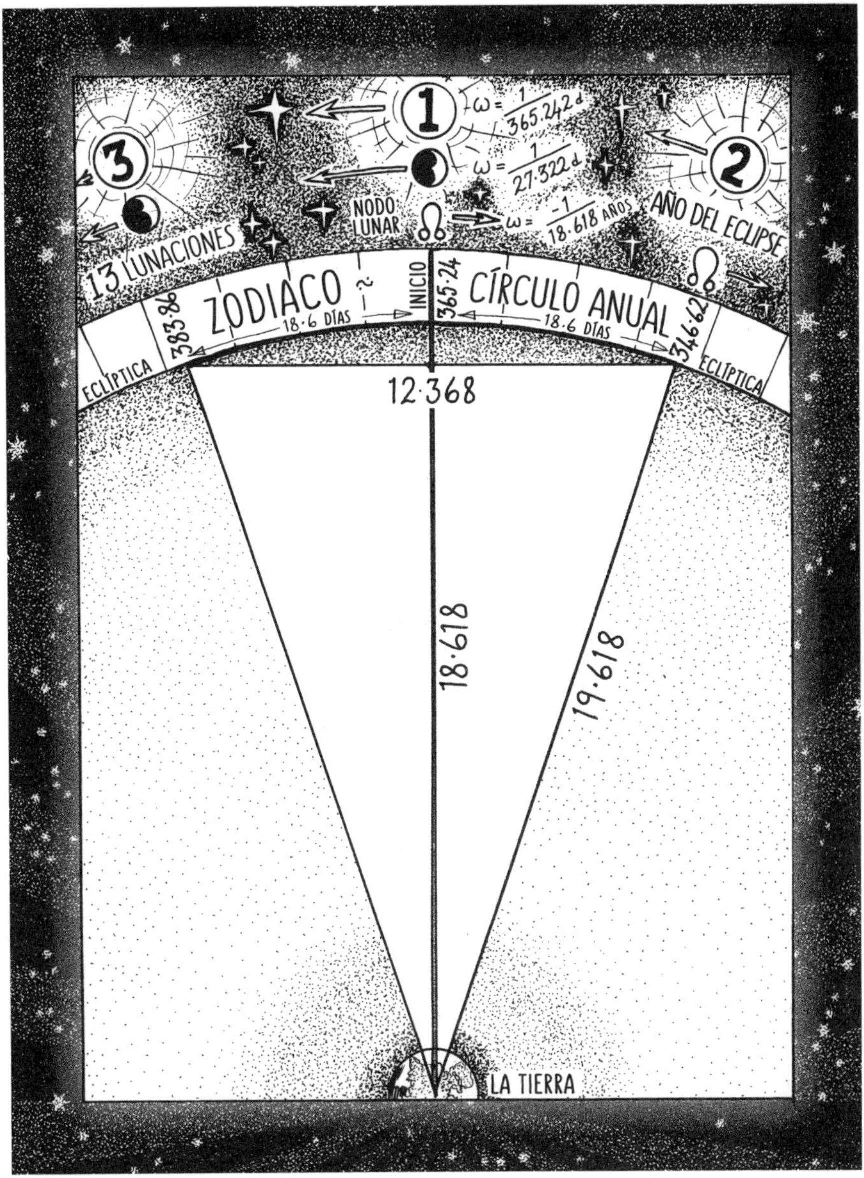

1
$\omega = \frac{1}{365.242\,d}$
2
$\omega = \frac{1}{27.322\,d}$
3
NODO LUNAR
$\omega = \frac{-1}{18.618\ \text{AÑOS}}$
AÑO DEL ECLIPSE
13 LUNACIONES
ZODIACO
INICIO
CÍRCULO ANUAL
383·86
365·24
346·62
18·6 DÍAS
18·6 DÍAS
ECLÍPTICA
ECLÍPTICA
12·368
18·618
19·618
LA TIERRA

Computadoras Megalíticas

la cosmología neolítica revelada

En remotos lugares de Gran Bretaña sobreviven muchos ejemplos de curiosos crómlech aplanados, construidos hace unos 4500 años y llamados de 'tipo A' y 'tipo B' por el profesor Thom, que descubrió la yarda megalítica (2,72 pies, 32,64 pulgadas, 0,83 m).

Ambos tipos de crómlech recuerdan a un símbolo cristiano, el *vesica piscis*, la forma de almendra entre dos círculos superpuestos, aplicados aquí 2500 años antes de Jesús. Las piedras se colocan normalmente de acuerdo a la geometría. Asombrosamente, este diseño ¡recuerda al mismo triángulo que acabamos de ver bajo la estructura del sistema Sol-Luna-Tierra!

El triángulo de la derecha tiene radios $1 : 3 : \sqrt{10}$. Una cuerda de cáñamo llevada del centro O al punto P, y de ahí a B y a A, tiene una longitud de $3 + \sqrt{10} + 2$, que es exactamente 8,16227, un cuarto de la yarda megalítica, en pulgadas. Si la longitud PB se considera que representa un periodo de lunación, entonces la intersección del círculo *vesica* la corta a 0,368 de su longitud (en X). Si consideramos que PB representa el año solar, entonces PO representa el año eclíptico, siendo la ratio $\sqrt{10} : 3$ o 19,618 : 18,618. Las ratios Pie: Cúbito real: Yarda megalítica, también se pueden «leer» en este bellísimo artefacto.

Esta bellísima analogía del sistema del Sol, Tierra y Luna almacena sus constantes esenciales y la antigua metrología dentro de ella, como ratios. Un impresionante acercamiento a una sabiduría antigua se revela ahora por fin.

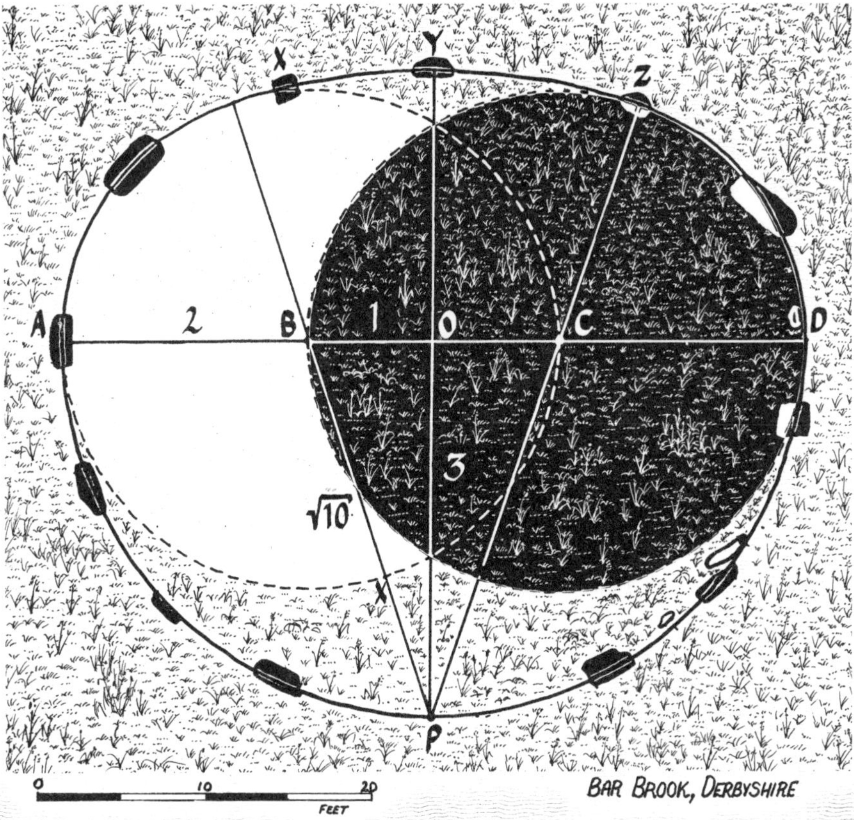

Pie : Cúbito Real : Yarda Megalítica = 1 : 1.72 : 2.72 $\frac{\sqrt{10}}{\sqrt{10}-2} = 2.72$ $\frac{\sqrt{10}}{\sqrt{10}-5} = 1.72$ $2 + 3 + \sqrt{10} = 8.1623$

El Cúbito Real es 1.72ft, 20.64" La Yarda Megalítica es 2.72ft, 32.64" (4 × 8.1623")

Exactamente el mismo triángulo que define el calendario del matrimonio del sol y la luna en la página anterior está misteriosamente representado en el centro de todos los crómlech aplanados de la antigua Inglaterra.

Stonehenge Inspirador

una fuente de asombro y sorpresa

Puede que Stonehenge nos evite, pero también nos inspira. El monumento se burla de nuestra pequeñez, aunque celebra nuestras habilidades. Nuestra cultura se cree superior mientras que aquellas piedras señalan a cosas que hemos olvidado y se ríen de nuestra arrogancia al hacerlo. Como el poeta Drayton escribió en 1612 en *Polyolbion*:

> *«Mal hicieron aquellos poderosos hombres en confiarte su historia,*
> *tú has olvidado los nombres, de quienes te criaron para su gloria»*

Y para regresar al punto de partida, el novelista norteamericano Henry James escribió:

> *«Hay algo en Stonehenge que es casi tranquilizador, y si estás dispuesto a pensar que la vida es una materia superficial, y que pronto llegaremos a la causa de las cosas, estos pilares grises inmemoriales puede que te recuerden el enorme trasfondo del tiempo»*

Muchos poetas y escritores han hundido sus plumas en la oscura tinta de los «pilares grises inmemoriales» de James, y Stonehenge también ha inspirado a brillantes artistas: Constable, Turner (*ver p. 155*), Blake y Henry Moore, todos se inspiraron en el monumento, al igual que otros artistas menores melodramáticos. Quizás, al igual que el monolito negro de Arthur C. Clarke en *2001, una odisea del espacio*, Stonehenge permite un proceso de conciencia aumentada, más concretamente de los verdaderos ritmos de la vida humana y los ciclos del sol y de la luna.

Nosotros hemos perdido mucho de aquello, y necesitamos con cierta urgencia reclamar nuestro legado perdido del pasado, que se muestra aquí congelado en el tiempo y el espacio de Stonehenge.

«¡Es verdad, Edgar, el solsticio fue ayer!»

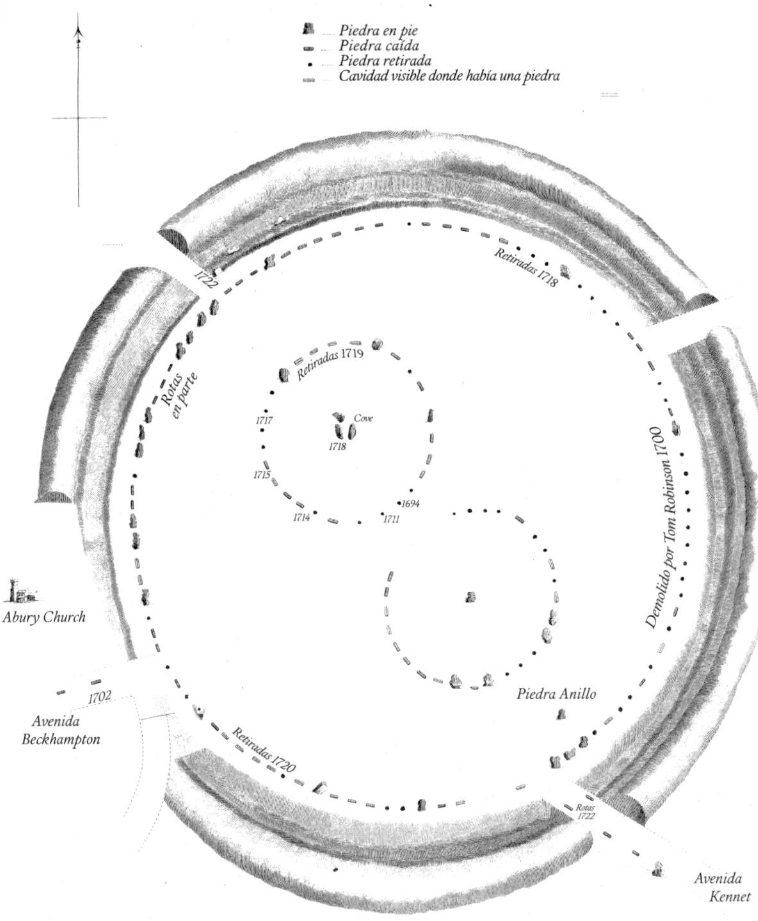

Piedra en pie
Piedra caída
Piedra retirada
Cavidad visible donde había una piedra
1722
Retiradas 1718
Rotas en parte
Retiradas 1719
Cove
1717
1718
1715
1714
1711
1694
Demolido por Tom Robinson 1700
Abury Church
1702
Avenida Beckhampton
Piedra Anillo
Retiradas 1720
Rotas 1722
Avenida Kennet

AVEBURY

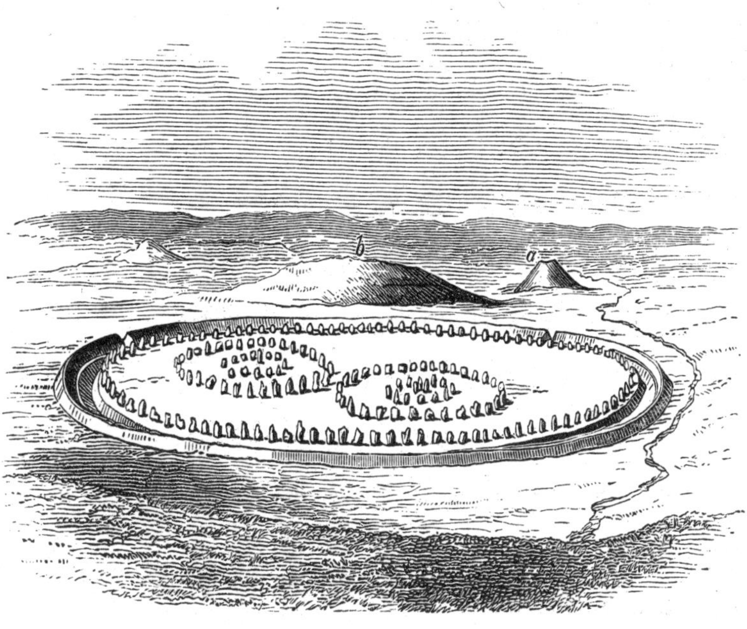

Evelyn Francis

Grabado del libro de Stukeley Abury, un templo de los druidas británicos, *publicado en 1743. Muestra una vista desde la parte más occidental del círculo interior mirando al sur, y las piedras de la entrada sur donde la avenida se une con el círculo exterior.*

Introducción

Avebury es el mayor crómlech del mundo. Construido entre el 3000 y el 2500 a. C. atrae a cerca de medio millón de visitantes al año.

He visitado los grandes círculos de Avebury desde pequeño, y en este libro he seleccionado las características más importantes del antiguo paisaje sagrado de su alrededor: las piedras, Silbury Hill, el Santuario, la Avenida, los túmulos, el túmulo alargado de West Kennet, el dolmen y el manantial de Swallowhead. Hay que visitar todos para entender el lugar verdaderamente. Los valles perdidos, los valles de hadas y los bosques de brujas los voy a dejar para los ágiles y con buen oído.

Los diagramas utilizados en estas páginas provienen en su mayoría del libro de William Stukeley de 1743; a mis ojos, expresan mejor la grandeza y belleza del lugar que las modernas fotografías.

Hoy, el crómlech de Avebury tiene una carretera con mucho tráfico que pasa por el centro que ensordece a los visitantes. Las casas dentro del círculo tienen circuitos eléctricos y por la noche las televisiones parpadean dentro de este antiguo lugar. Avebury es un lugar Patrimonio de la Humanidad, así que espero que algún día se cave en ella y se coloque césped encima, devolviendo a los círculos la paz y dignidad que merecen.

Estoy en deuda con John Martineau por su amable ayuda con la astronomía y la geometría de Avebury, y con Robin Heath y John Mitchell por otras observaciones importantes. Quiero agradecer también a Steve Marshall y Matt Tweed por su experta ayuda.

Te dejo a ti, querido lector, el explorar este extraordinario templo, seguro una de las más importantes maravillas del mundo antiguo.

Old Street [T]
Jennings Long Furlong [T]
Horse Leaze [T]
North Lains [T]
Yatesbury Lane
Popes Leaze [T]
Burtons Leaze [T]
Parsons Croft [E]
Long Wr Field
Gosbourn [E]
Rough Croft [E]
The Croft [E]
Pack Gate [L]
Hughes' Field [T]
Styles Land [T]
Great Mead [T]
Long Mead [T]
Broad way [T]
Birch Land [T]
Mow Lands [T]
Winding Furlong [T]
Great Ground [T]
Monkton Field [O]
West Field [E]
Mill Barrow [A]
The Croft [E]
Drove Furlong [E]
Ray Mead [T]
Parsons Field [T]
The Laggers [T]
Upper Slait [T]
Orchard Field [T]
Orbury [T]
Lower Slait [T]
Dead Lands [T]
Great Lains and Swim St. Mead [T]
Log Lands [T]
The Home Field [T]
Middle Field [E]
Home Field [E]
Cow Leaze [T]
Compton Bassett
Mere Lanes [T]
Manningstone [T]
Nolands F.
Townsend [L]
Butts Mead [T]
Elms Mead [T]
The Lains [E]
Monkton Field
Cutter Piece [E]
Windmill Hill Field [E]
New Leaze [T]
Burtons Close [T]
Home Field [T]
YATESBURY
The Middle and Hailstone Fields [T]
New Leaze [E]
Windmill Hill [O]
Little Jugglers [T]
Compton
Withey Penning [T]
Little London [L]
Jugglers [T]
Cherhill
Hill Lands
Sheep Lands
& White Ditch [T]
Great Field [T]
The Closes [T]
Mead End [T]
Dry Penning [T]
Middle Mead [T]
Little Mead [T]
Mead End [T]
Lower Mead [T]
Yatesbury Piece [T]
Freehold Allotment [T]
Yatesbury Field [O]
Barrow Field & London Ground [T]
Barrow Furlong [T]
Barrow Slade [T]
Bourn Mead [T]
North Field [T]
Abury Field [O]
The Breach [T]
Cherhill Field [T]
Barn
Bourn Mead Furlong [T]
Chalk Hill Furlong [T]
To Abury
Calneway Furlong [T]
North Field [T]
Cherhill Field [T]
Cherhill Field [T]
Field by Avebury Down [T]
From Yatesbury Lane
From Yatesbury Willow
Hill Furlong [T]
Cherhill Hill [A]
from Bath to London
Cherhill Field [T]
Head Land [T]
Caningborough Hill [A]
Sambourne Ground [T]
Cherhill White Horse
Avebury Field [O]
To Abury
Old Bath and London Road
Barn
Oldbury Camp [L]
Oldbury Hill [A]
Abury Field [O]
Penning Barn [O]
Long Stones [G]
Abury Trestle
Oldborough Castle [O] [A]
Cherhill Down [T]
Nolands Down [T]
Yatesbury Down [T]
Cheril Hill [S]
BECKHAMPTON
South Mead [T]
South Field [T]
Cherhill Down [T]
Abury Down
Well
Great Whiteland [T]
A Gibbet [A]
Cherill Hill [S]
Gorse Cover
Beckhampton Field [T]
Calston Down
Down Furlong [T]
Calston Down [T]
Upper Bottom [T]
Roman Road from Aquae Solis to Cunetio
Well
Doubtful Piece [T]
Beckhampton Field [O]
Shepherds Shore
Road
to London from Devizes
Plantations [T]
Gorse Cover
From Tow Hill to Beckhampton
Bishop Cannings Down [T]
Yatesbury Road
Well
Barn
Down North of Worrals [T]

Hackpinn Down [A]
Rough Down [T]
Piece against Temple [T]
Barwick Side Field [E]
Harepath [E]
Barn
Stone [T.M.]
Great Cow Leaze [T]
Temple F. [O]
The Temple [G]
Monkton Down [E]
Barwick Side Field [E]
Monkton Field [E]
Monkton Windmill [O]
Glory Ann [O]
Temple Down [T]
Little Cow Leaze [T]
Port Lorien [G]
Middle Field [E]
Middle Field [E]
Farm Down [E]
Monkton Down [O]
Temple Down Plantation [T]
Totterdown [O]
Manton Down Plantation
Monkton Penning [O]
WINTERBOURN MONKTON
Broad Mead [K]
Totter Down [O]
Brick kiln [O]
Wroughton Brick kiln [A]
Hackpen or Monkton Penning [E]
Hackpen Field [E]
Buckley Down [A]
Overton Delling [E]
South Field [E]
Second Field [E]
Middle Mead [E]
Lower Mead [E]
British Trackway
Track from Abury to Rockley
Track from Abury to
Wroughton Copse [O]
Abury Down [O]
Wroughton Mead [G]
Linchets [G]
Ray Down [A]
Overton North Farm Down [E]
Down Barn Piece [E]
Ray Down [A]
ABURY
AVEBURY
Bell Ditch [A]
Overton Down [O]
Rowden Mead [A]
Gallop Piece [E]
Bye Hill Down
New Forest [L]
White Hill Fields [L]
Fore Down [A]
Abury Bridge
New Barn [A]
Down Barn
Piggle Dean [O]
Fyfield Down [O]
Waydens Penning [E]
Kennet Avenue
Overton Down [A]
Old Barn
White Hill Field [E]
North Mead [T]
Weedon Hill [S]
Windmill Hill [S]
Waden Hill [O]
SILBURY
North Mead [T]
Kennet Down [L]
The Pennings [L]
Four Hill Field [F]
Fore Hill Field [L]
Kennet Down [L]
Catton Barrow and Fore Hill Fields [L]
North Overton F. [L]
Home Mead [E]
Roman Road
WEST KENNET
Seven Barrows Hill [H]
Bell Inn
The George Mead [E]
The George Cottages [L]
Broad Mead [L]
Waylands [E]
Swallow Head Spring
The Great Bank [T]
Lower Meadow [T]
from Bath to London
The Croft [E]
Kennet River
Lammas Meadow [E]
The Pennings [T]
Kennet Down [L]
Overton Mill [A]
Paddock [E]
Pound Field [E]
Stanley Copse [L]
West Field [T]
Kennet Down [L]
The Sanctuary [S]
West Overton F. [L]
Home Field [T]
Gammons Ground [I]
Mill Mead [L]
Drove Grounds [L]
Knights Close [E]
OVERTON
from Overton to Lockeridge
The Meadow [T]
from E. Kennet to Overton
The Drove [L]
Occupation Road
Saddleback Field [L]
West Kennet Down
Penning [T]
East Kennet Field [T]
Lower Close [T]
Upper Close [T]
Drove Grounds [L]
Windmill road [A]
Whiteway road [L]
Farm road
Ditham Barrow Field [L]
Whitefield Ten Acres [L]
Windmill Hill [L]
Drove Grounds [L]
West Kennet Longbarrow
EAST KENNET
Locket Meadow [T]

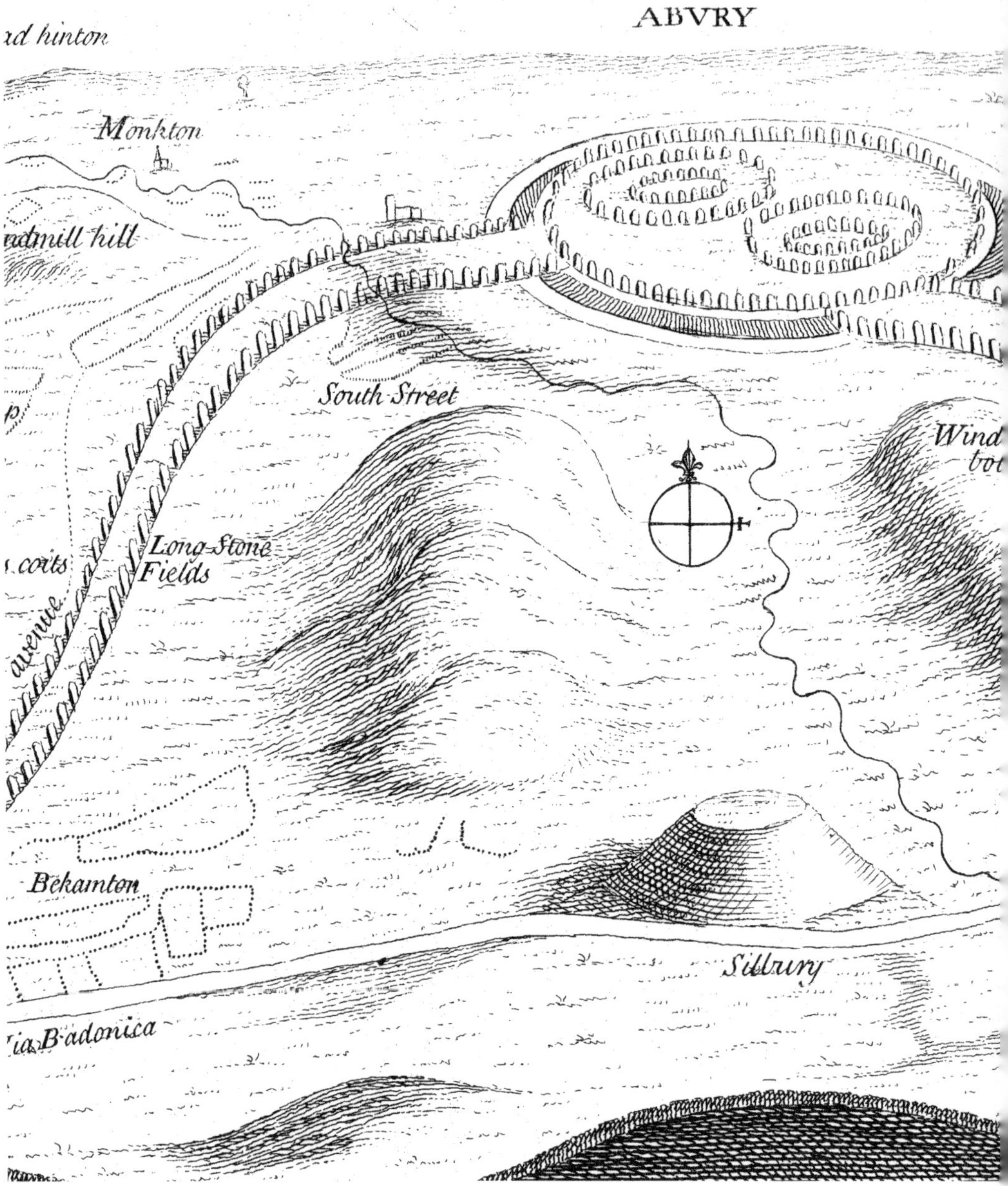
ABVRY
Monkton
South Street
Long-Stone
Fields
avenue
Bekamton
Silbury

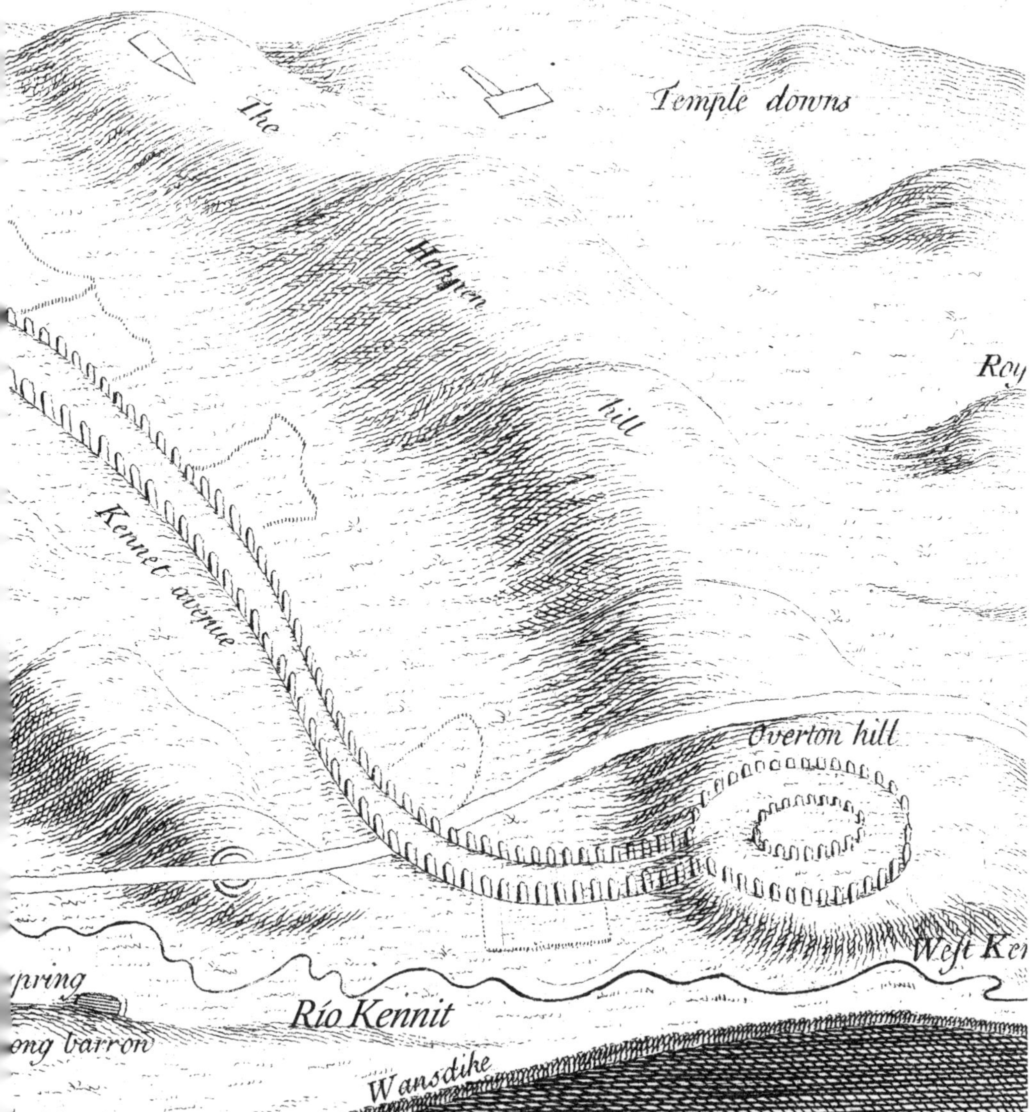
The
Temple downs
Hakpen
hill
Roy
Kennet avenue
Overton hill
West Ken
pring
Río Kennit
ong barron
Wansdike

El Centro de la Isla

Avebury como el centro de la línea 'Michael'

Si dibujas una línea desde el punto más al oeste de Inglaterra hasta el punto más al este descubrirás que Avebury está cerca del centro de esa línea. La línea (conocida como 'línea Michael') es la de amanecer del 1 de mayo y pasa por muchos emplazamientos sagrados antiguos. Marca el amanecer de Beltane (7 de mayo) y Lammas (6 de agosto) y el ocaso de Imbolc (5 de febrero) y Samhain (7 de noviembre). Estos festivales están a medio camino entre los solsticios y los equinoccios, los días de extremos y equilibrio. Así que, si ves el amanecer del 1 de mayo desde Glastonbury Tor, se elevará sobre Avebury.

Avebury está también en el centro de los tres puntos de inflexión del sur de Inglaterra de donde nacen ríos en todas direcciones.

Al sur de Avebury está Silbury Hill, el manantial de Swalowhead y el largo túmulo de West Kennet. Hacia el noreste, paralelo a la cresta de la montaña Hackpen está la antigua pista Ridgeway. Ridgeway comienza en los antiguos manantiales y el árbol hueco de tejo de Alton Priors, luego cruza otra antigua excavación, la de Wansdyke, en lo alto de los lugares de caliza cerca de St. Anne's Hill, pasa el Santuario (*cerca de la línea de 5 túmulos abajo a la dcha. en la imagen opuesta*), antes llegar al este de Avebury y salir hacia el enorme castro de Barbury Castle y más allá.

Caminar hacia el este desde Avebury en dirección a la antigua pista de Ridgeway ofrece un acceso sencillo a la mágica Fyfield Down, con sus enormes piedras de sarsen. Al oeste de Avebury encontramos dos grandes piedras, 'Adán' y 'Eva', todo lo que queda de una segunda avenida. Al norte está Windmill Hill, del 3500 a. C. Enormes túmulos puede que sean el hogar de los restos de los antiguos reyes y reinas de Avebury.

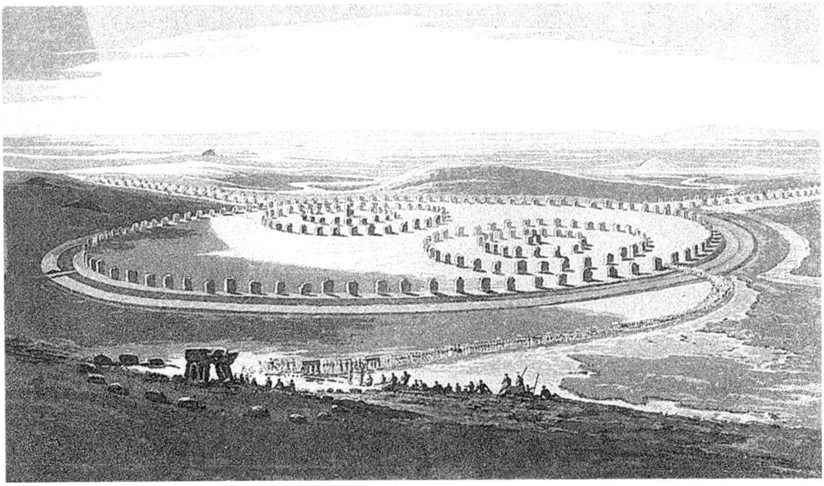

Una creativa vista de Avebury en el siglo XIX, *mirando al sur, basada en el grabado de Stukeley de la página anterior. Bajando la colina desde un dolmen gris en el fondo, un grupo de trabajadores descansan en la ladera de la colina, admirando la vista del enorme templo neolítico, revelado repentinamente por un rayo de sol, construido por sus nobles ancestros. Silbury Hill se puede ver en la distancia a la derecha.*

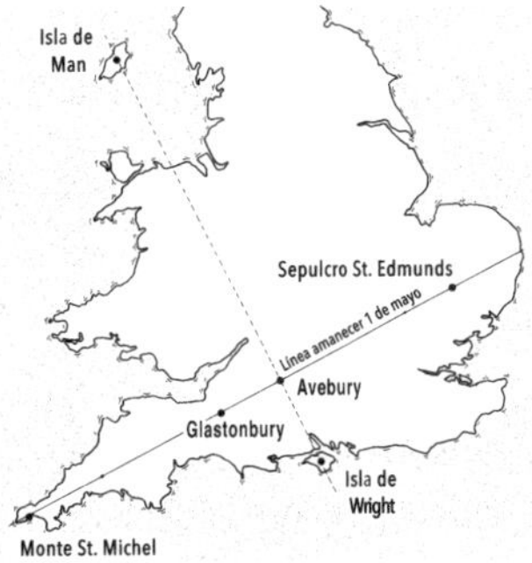

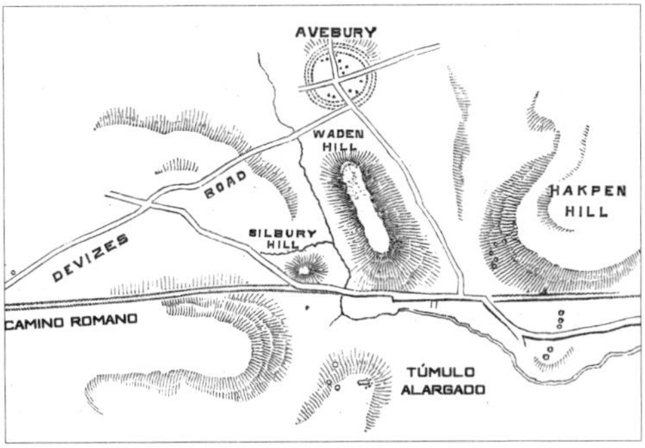

Izda.: Avebury está en el centro de los puntos más al este y al oeste de la isla, y también de la línea del 1 de mayo, que pasa a través del Monte de S Michael, los crómlech Hurlers de Cornwall y las dos mayores abadías de las Islas Británicas, en Glastonbury y Bury St. Edmunds. El antiguo camino Ridgeway, que sale hacia el NO desde Avebury, y el camino Icknield, hogar de la colina Ivinghoe Beacon y las colinas Gof Magog en el este, también forman parte de la línea. Dcha.: Mapa de Avebury y el área que la rodea.

LA EDAD DE HIELO

conociendo el paisaje

El complejo de Avebury es mucho mayor que sus crómlech, y cuando visitas Avebury, puede ser una buena idea vagar tranquilamente por la zona. A 1,6 km al norte descansan los mucho más antiguos túmulos de Windmill Hill, y a pocos kilómetros al sur descansan las excavaciones alrededor de Adam's Grave. Explorando la zona te puedes dar de bruces regularmente con una piedra perdida o un túmulo olvidado, e invariablemente experimentarás cambios de vista y perspectivas que enriquecerán tu entendimiento del enorme y poderoso paisaje sagrado donde se situaron los crómlech de Avebury.

Por ejemplo, para echar una ojeada al paisaje en tiempos pasados, visita el pequeño pueblo de Lockeridge (*p. sig. abajo*), al sur de Avebury, donde las enormes piedras de sarsen descansan todavía donde cayeron cuando el hielo se derritió hace 12.000 años. Y el encantador valle y la reserva de la naturaleza de Fyfield Down al este de Avebury también merece una visita por la misma razón. Fue desde este lugar principal de donde tomaron las piedras de Avebury y Stonehenge.

De hecho, se puede decir que la mejor manera de sentir cómo era Avebury en aquella época es pasar tan como tiempo ahí como sea posible, ya que los crómlech están muy afectados por los camiones y los circuitos eléctricos de las casas que los contaminan. Hay incluso baños públicos en medio de este lugar central y sagrado; un obispo seguramente no permitiría que se instalara un baño junto al altar de su catedral.

Ver el crómlech desde lejos es por tanto algo obligado; es bueno para las piernas y puede ofrecer una gran recompensa para el serio estudiante en el más extraordinario de los templos megalíticos.

La Vasija de Beckhampton

evidencia de fina artesanía de hace 5000 años

La vasija que se muestra en la página siguiente se encontró en uno de los enormes túmulos de Beckhampton al oeste de Avebury en el siglo XIX y está ilustrado en el libro de Richard Colt-Hoare. Es un buen ejemplo de lo que es conocido como «*grooveware* de base recta». Vasijas anteriores encontradas en la zona datan del principio del neolítico y la mayoría tienen bases redondeadas.

Vasijas posteriores, como las que se muestran aquí, se utilizaban como urnas funerarias, conteniendo las cenizas de individuos incinerados. Muchos se han encontrado en cámaras mortuorias y túmulos alrededor de Avebury durante generaciones de arqueólogos y ladrones de tumbas.

El Avebury de Aubrey

el primer boceto conocido de la zona

La primera referencia a Avebury aparece en la edición de 1610 de *Britannia* de William Candem, donde dice:

«A menos de una milla de Silbury está Abury… rodeada de una gran zanja, y tenía cuatro entradas, en dos de las cuales había dos enormes piedras como jambas»

Más tarde, en 1663, Carlos II oyó al anticuario John Aubrey mencionar que Avebury

«… supera a Stonehenge como una catedral a una iglesia parroquial»

El rey estaba tan fascinado que inmediatamente se propuso visitar las piedras con Aubrey, cuyo plano de Avebury es el primero que se conoce. 80 años más tarde, en 1743, William Stukeley produjo el primer libro del lugar. Pensó que había sido construido por habitantes de Atlantis:

«Cuando contemplamos la elegancia de esta campiña de Wiltshire, y sus enormes obras de la antigüedad, podemos creer que las dos islas atlánticas, y las islas de los bendecidos, que mencionaron Platón y otros escritores, eran en realidad Gran Bretaña e Irlanda. Aquellos que primero tomaron posesión de este país pensaron que merecía su cuidado, y construyeron esos nobles monumentos, que han sido admirados en todas las épocas»

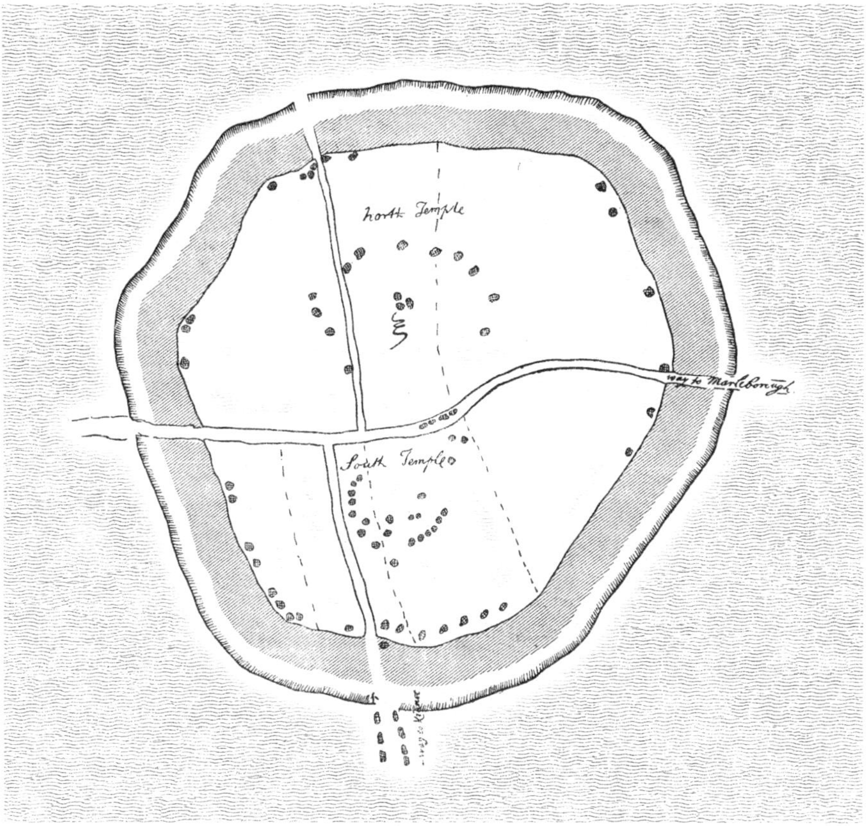

Mapa del siglo XVII de Avebury, obra de John Aubrey

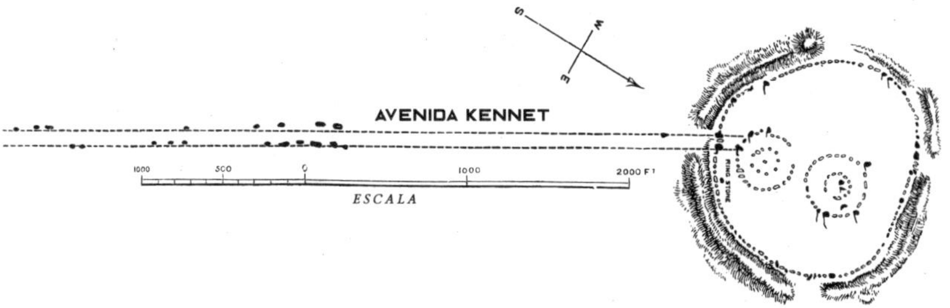

Un Poderoso Templo

el reimaginado esplendor del pasado

El famoso grabado de 1743 de del complejo de Avebury (*mostrado en las páginas 124-125*) mostraba un par de avenidas y múltiples círculos interiores. Era una visión imaginativa del lugar en ruinas copiado más tarde por numerosos ilustradores del siglo XIX. El grabado francés (*p. siguiente*) es un buen ejemplo, perpetuando los errores (*ver página 197*).

Hoy sobreviven tres círculos de piedra, un exterior y dos interiores, junto con la avenida sudeste y la enigmática montaña artificial de Silbury Hill al sur de los círculos y el crómlech. Más al sur se puede encontrar el impresionante y parcialmente restaurado túmulo alargado de West Kennet. Al este de Avebury está la pista neolítica Ridgeway, que atraviesa Hackpen Hill en la parte más a la derecha de la imagen de Stukeley, pasando el Santuario en Overton Hill al final de la avenida más al este. El Santuario tenía dos círculos de piedra en tiempos de Stukeley.

William Stukeley interpreta el complejo como un Templo-Serpiente, siendo la cabeza de la serpiente el santuario. Los arqueólogos han redescubierto recientemente la avenida hacia el oeste mientras destapaban hoyos de piedras previamente escondidos.

Herramientas de sílex del 7000 a. C. se han encontrado alrededor de Avebury, pero alrededor del 4000 a. C. comenzó a vivir gente en Windmill Hill y construyeron los túmulos y piedras centrales en Avebury alrededor del 3000 a. C. El círculo exterior y la zanja del crómlech, Silbury Hill y después la avenida son de alrededor del 2500 a. C. Algunos habitantes de Avebury fueron entonces al sur, arrastrando las masivas piedras de sarsen desde Fyfield Down y Lockeridge para crear los enormes trilitos que siguen en pie en Stonehenge hoy en día.

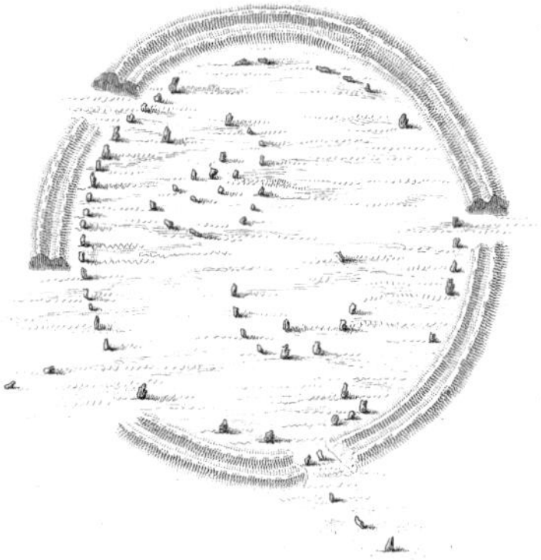

54. Plan en 1722.

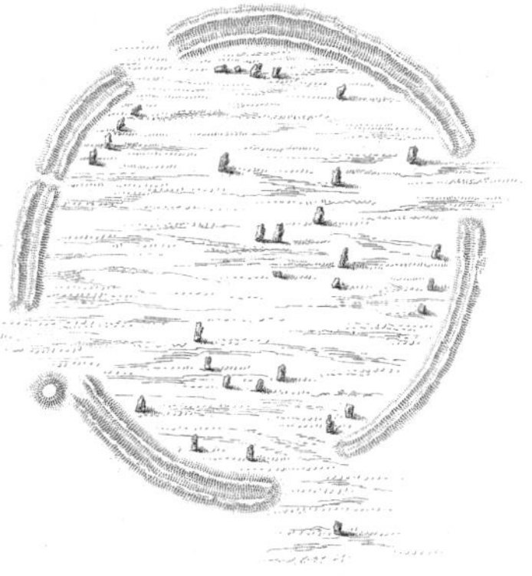

55. Plan dans l'état actuel.

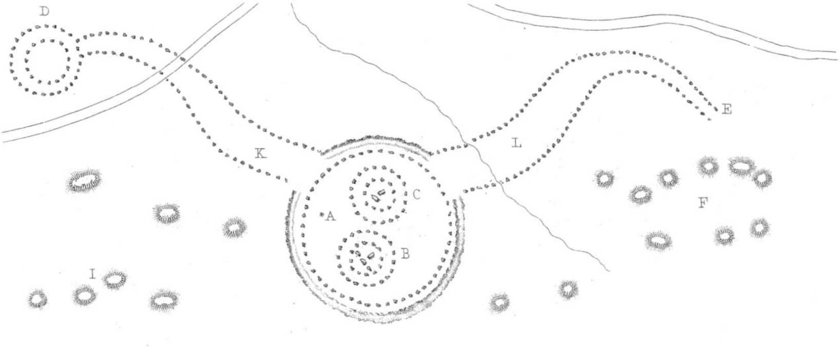

El Círculo Sur

lo que quedaba de él en tiempos de Stukeley

Hay dos círculos de piedra en Avebury dentro del «Gran Círculo» exterior. La parte del círculo sur que todavía está en pie se muestra en la siguiente página, y ha cambiado poco desde los tiempos de Stukeley. La impresionante entrada de piedras (dos de las cuales sobreviven) se puede ver al acercarte a Avebury desde la Avenida. Al igual que las sarsen de Stonehenge, las piedras fueron decoradas cuidadosamente en las caras que daban al centro, y se dejaron sin tallar en las caras exteriores. El círculo sur consistía originariamente de 29 piedras mientras que en el centro había una enorme piedra solitaria llamada el Obelisco. También se muestra la Piedra Anillo, cuyo tocón se puede ver entre el círculo exterior y el sur.

Hay evidencias de que los constructores de Avebury intentaron construir un tercer círculo al norte de los otros dos, pero desistieron y cavaron una zanja en su lugar.

Meeting house
1710
1709
Pasture VIII
Pasture IX
Pasture X
Ring stone
Pasture I
Broke 1722
Kennet Av
Bath Road

La Entrada Sur

el acercamiento desde la avenida

Avebury tiene cuatro entradas, norte, sur, este y oeste, donde la zanja tiene un puente y el crómlech tiene un hueco. Dos de las mayores piedras que sobrevivieron marcan la entrada al sur del círculo y cuando te acercas al sur por la avenida, estos guardianes gigantes del gran círculo exterior de Avebury se esconden de ti hasta el último momento.

La piedra de la entrada izquierda, desde fuera del círculo, tiene un lugar donde sentarse, y en una tormenta te mojarás por un agujero encima del asiento. La salida entre los dos menhires de la entrada se piensa que es muy especial ya que se dice que la cruzan líneas *ley*.

En tiempos de Stukeley había más piedras que ahora. Avebury estaba siendo demolida y la mayoría de las que vemos ahora las dispuso Alexander Keiller en los años 30, el gran restaurador de Avebury cuyo museo descansa junto a la iglesia.

El Obelisco
y el cuadrado en el círculo sur

En el centro del círculo sur, una enorme piedra que se cree que pesaba más de 100 toneladas solía sobrepasar a todas las demás de Avebury. Conocida como el Obelisco, se muestra caída en la imagen de Stulekey. Las 29 piedras del círculo sur rodeaban originalmente el obelisco. Estas estaban situadas precisamente a la misma distancia de media que el círculo exterior, una cada 36 pies, un considerable logro de investigación que demuestra que los constructores sabían cómo trabajar con *pi*.

Veintinueve más la central hacen treinta, el mismo número de piedras que el enorme Círculo Sarsen de Stonehenge, y como veremos, el mismo que el círculo norte. El círculo sur tenía 104 m de ancho.

Al oeste del obelisco (cuya posición la marca actualmente un hito de cemento en forma de gran cruz) encontramos una fila de pequeñas piedras en pie (*mostradas claramente en el estudio de las pág. 148-149*) que había sido excavado por el restaurador de Avebury, Alexander Keiller en los años 30. En 2017, nuevas excavaciones llevadas a cabo por Mark Gillings revelaron que eran la parte oeste de un cuadrado de 30 metros de piedras en pie, que ahora se piensa que son del 3000 a. C., convirtiéndola en una de las estructuras más antiguas del emplazamiento.

Los obeliscos enormes son raros en Reino Unido. Sin embargo, al otro lado del canal, en Bretaña, son bastante comunes. Por ejemplo, el Grand Menhir Brisc cerca de Carnac fue una vez el monolito prehistórico más alto de Europa. Un propósito del Grand Menhir parece que se utilizaba como un lugar de observación para realizar precisas predicciones acerca de la luna. ¿Quizá el obelisco se utilizaba de la misma manera?

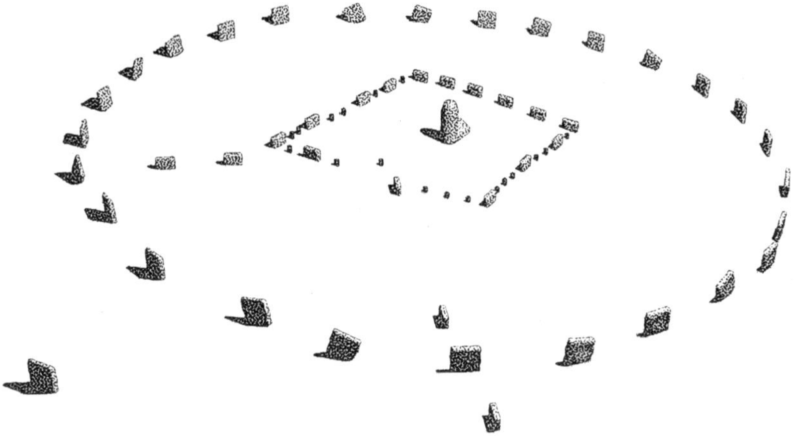

Imagen superior: El círculo sur de Avebury, mostrando el enorme obelisco que solía estar de pie en el centro, y el recientemente descubierto cuadrado de piedras que estaba alrededor. El obelisco fue partido posteriormente por granjeros locales para utilizar la piedra para construir. Imagen inferior: El obelisco tal y como lo recogió William Stukeley en su libro de 1743. Erguido, habría sido la mayor piedra de Avebury, visible desde lo alto de Silbury Hill.

Parte del templo sur desde el obelisco central, 10 de julio de 1723.

El Círculo Norte
mirando hacia el oeste

Del círculo norte solo quedan actualmente 4 piedras. Como el círculo sur se piensa que mide 103 m de ancho, aunque algunas fuentes dicen que es de cerca de 98. En el centro había un *cove* de tres piedras, dos de las cuales permanecen hoy en día. Todavía hay piedras caídas y enterra-

das en Avebury hoy en día, ya que la restauración de Alexander Keiller fue interrumpida por la Segunda Guerra Mundial y nunca se continuó.

Se piensa que se utilizaron veintisiete piedras en el círculo norte, más tres en el dolmen, de nuevo treinta en total. Una vez se pensó que había un círculo interior también, de doce piedras y 52 metros de ancho (*ver página 205*). La piedra caída en la imagen está todavía ahí, cerca de la entrada este que es hoy en día la más tranquila y la más atractiva, la antigua ruta que baja desde Ridgeway.

El Cove

una pista lunar en el centro del círculo norte

Dos enormes piedras todavía siguen en pie en el centro del círculo del corte. Antes eran tres, en forma de cazoleta abierta al noreste (la tercera cayó en 1973). El cove apunta al lugar sobre Hackoen Hill donde la luna

La Geometría de Avebury

el descubrimiento del profesor Thom

En el estudio reconstruido de la página siguiente, se puede ver claramente las tres piedras del cove señalando al noreste. Un cove en el cercano crómlech de Stanton Drew (*ver p. 260*) está alineado igualmente a la salida de luna más al norte; otro en el crómlech de Arbor Low en Derbyshire (*ver p. 31*) apunta a la puesta de sol más al sur. Se piensa que los coves son anteriores a los crómlech.

El profesor Alexander Thom, principal investigador de crómlech, publicó su explicación para la extraña forma de Avebury en su libro *Emplazamientos megalíticos en Gran Bretaña* en 1967.

Thom había descubierto una antigua unidad de medida, la yarda megalítica de 0,82 m en muchos crómlech antiguos, y Avebury confirmó su teoría. Se dio cuenta de que la compleja forma del círculo exterior consistía básicamente de siete curvas separadas y que cuatro de ellas, marcadas en la imagen como a, b, c, y d, tienen el mismo radio de 260 YM, mientras que las dos secciones lisas tienen radios 3 veces mayores, de 780 YM.

Especialmente interesante fue su descubrimiento de que 3 de los 4 centros de curvatura descansan en un preciso triángulo druida 3-4-5 (mostrado en la imagen), con lados de 75, 100 y 125 YM. El profesor Thom había descubierto muchos otros crómlech en las Islas Británicas y Francia cuyas formas dependían de un triángulo 3-4-5, y no le sorprendió ver uno en el centro de Avebury. Thom midió ambos círculos interiores, ambos de 125 YM de diámetro, con una distancia de 145 YM entre sus centros.

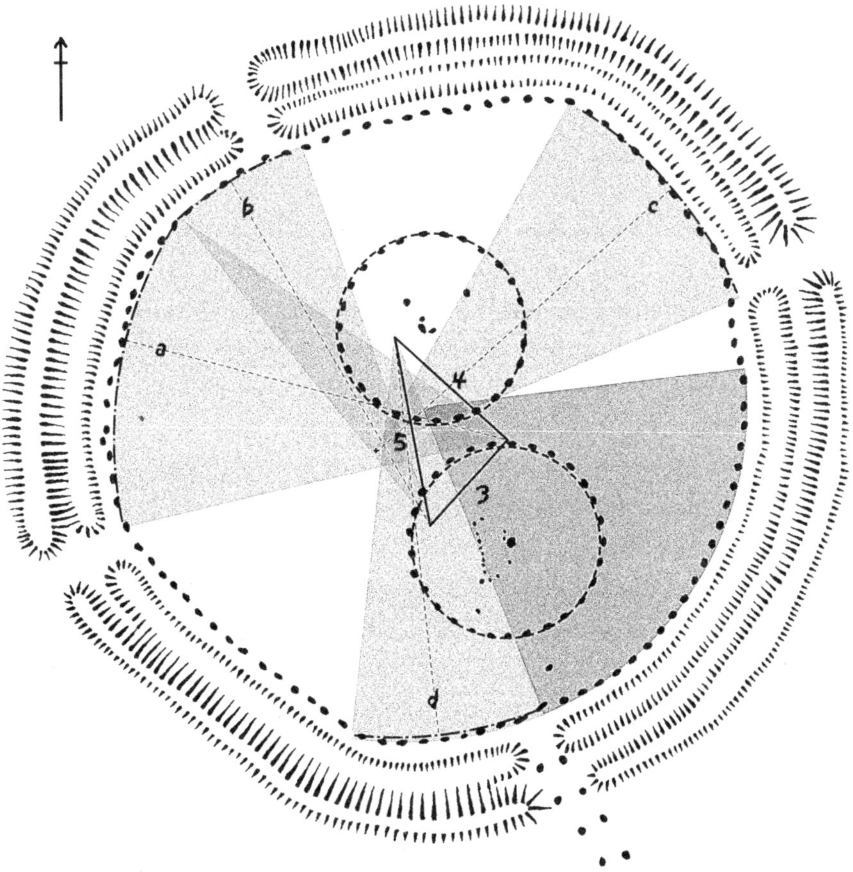

Solución del profesor Thom a la extraña forma de Avebury. Descubrió un triángulo pitagórico 3-4-5 con lados de 75, 100 y 125 YM en el centro de la geometría de Avebury. Más aún, cuatro de las siete diferentes secciones de la curvatura tienen un radio de 260 YM. Se muestra más geometría del emplazamiento de Avebury en la página 153.

Las Ciencias Celestiales

27, 29 y 99 piedras

La gente piensa a menudo en nuestros ancestros como toscos hombres de las cavernas, pero eran sofisticados astrónomos. Hay 99 piedras en el círculo exterior de Avebury. ¿Por qué 99?

Bueno, cada ocho años, Venus (nuestro planeta más cercano y diosa del amor), dibuja una increíble forma de flor quíntuple alrededor de la Tierra. Pero también, cada ocho años, hay exactamente 99 lunas llenas.

Los cálculos son: 2921,9 días en 8 años, 2920 días para el ciclo de Venus y 2923,5 días para 99 lunas llenas. Así, cada ocho años el sol, la luna y venus completan un ciclo. Quizás cada una de las 99 piedras del círculo exterior representan una luna del ciclo floral de venus.

El islam es una religión que enfatiza el sol, la luna y venus; a menudo se ve a Venus como una estrella al lado de la luna creciente en las banderas islámicas, simbolizando el ciclo de 8 años. Y para recordar a los creyentes, también hay 99 nombres de Alá, cada uno un reflejo, o una luna llena, según cómo lo mires.

Pero ¿qué hay de las 27 y 29 piedras en los círculos norte y sur? Bueno, para empezar, la luna tarda 27,3 días en volver a cualquier estrella, y hay ¡29,5 días entre lunas llenas! Estos son números lunares clave. Además, 27 y 29 suman 56, el número de los hoyos de Aubrey en Stonehenge, y el número secreto para la predicción de eclipses (*ver p. 170*).

La imagen opuesta muestra la precisa posición de Avebury a un séptimo de círculo por encima del ecuador (si llevas un GPS verás que la paralela pasa por el centro del cove, también una peculiar relación entre Avebury y la Gran Pirámide).

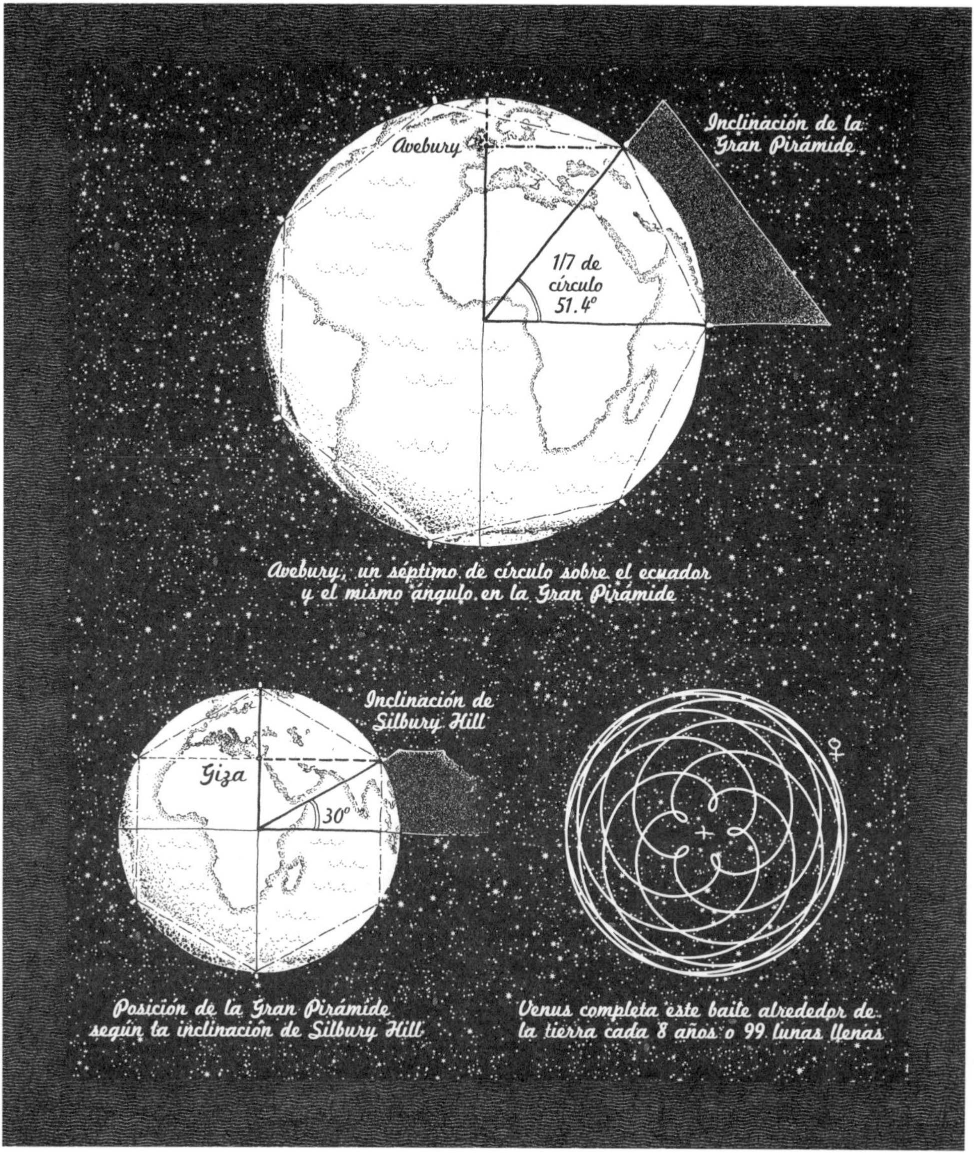
Inclinación de la Gran Pirámide
Avebury
1/7 de círculo 51.4°
Avebury, un séptimo de círculo sobre el ecuador y el mismo ángulo en la Gran Pirámide
Inclinación de Silbury Hill
Giza
30°
♀
+
Posición de la Gran Pirámide según la inclinación de Silbury Hill
Venus completa este baile alrededor de la tierra cada 8 años o 99 lunas llenas

Las Esquinas de Avebury

corredores y ángulos escondidos

Pocos crómlech son circulares, pero Avebury es más inusual por ¡tener dos esquinas puntiagudas! ¿Por qué? Las dos esquinas más ajustadas se alinean con los centros de los círculos interiores y forman dos corredores.

El corredor estrecho apunta a la cima de Silbury Hill y desde su cumbre el amanecer y el atardecer del solsticio de verano dividen el horizonte en dos séptimos de un círculo. Los puntos extremos del invierno hacen lo mismo, dejando una zona solar horizontal de tres séptimos de un círculo.

Esto es interesante, ya que el radio interior de los círculos interiores de Avebury es 3, y la distancia entre sus centros es 7. Avebury está a 3/7 de camino entre el polo y el ecuador, y el paralelo preciso pasa por el cove.

El ángulo entre el ancho corredor y la línea que conecta los dos círculos es de nuevo 1/7 de un círculo, 51° 25' 42", la latitud exacta de Avebury en la Tierra. Los sietes continúan multiplicándose.

Un rectángulo de ancho 3 y alto 7 da una diagonal que es un excelente valor para la inclinación de la Tierra, actualmente de 23.4°. Si recuerdas lo que vimos en las páginas 148-149 el círculo exterior de Avebury está construido por 7 curvas.

Siete era un número importante para nuestros ancestros ya que conocían 7 cuerpos celestes que se movían por el Zodiaco: el Sol, la Luna, Mercurio, Venus, Marte, Júpiter y Saturno; y siete metales: oro, plata, mercurio, cobre, hierro, estaño y plomo.

Como muchos ejemplos de estudios prehistóricos, uno se pregunta cómo lo lograron.

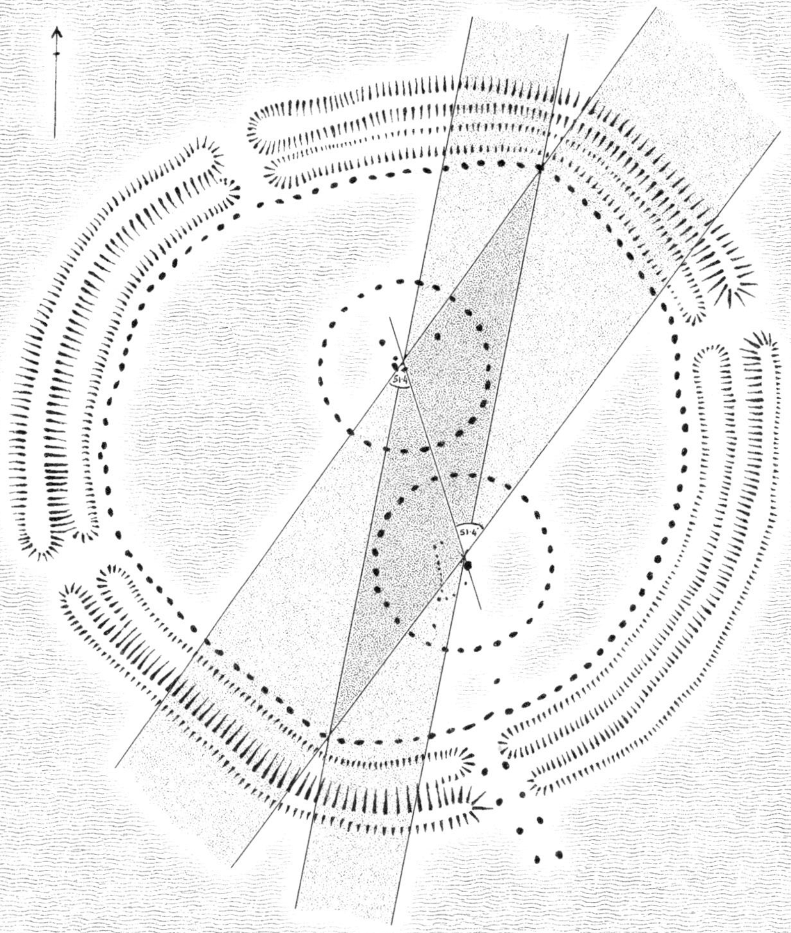

Los misteriosos «corredores» definidos por las esquinas y círculos de Avebury. Uno apunta a Silbury Hill, el otro recrea un ángulo de 51,4°.

La Avenida

una serpiente de piedra

La avenida de piedras de Avebury conectó los círculos de piedra con el Santuario. Los arqueólogos creen que la avenida se construyó alrededor del 2500 a. C., después de que los círculos, la zanja y sus orillas estuvieran terminadas. Alrededor del 2100 a. C., cuando habían terminado la avenida, los constructores parece que reemplazaron los tres refugios del santuario con dos círculos de piedra concéntricos (*ver pág. 224-227*).

La avenida de Avebury tenía cien pares de menhires enfrentados. Los altos con forma de columnas (varones) se elegían para estar enfrente de

Perspectiva de la Avenida Kennet desde el túmu

más anchos con forma de rombo o de trébol (mujeres). Las investigaciones muestran que la gente solía caminar por las afueras de la avenida.

Como gran parte de Avebury, la avenida fue restaurada a finales de la década de 1930 por Alexander Keiller. Las líneas de piedra son bastante raras en las Islas Británicas. Las más cercanas a Avebury se pueden encontrar en Stanton Drew, cerca de Bristol. Merrivale en Dartmoor tiene unas preciosas líneas también.

Las más largas líneas de piedra del mundo se pueden encontrar en Carnac en Bretaña. Más de 10.000 menhires estaban en líneas de piedra aquí, de las que solo permanecen 3000. Las líneas de piedra se erigieron entre el 3500 y el 4500 a. C., 1500 años antes que la avenida de Avebury.

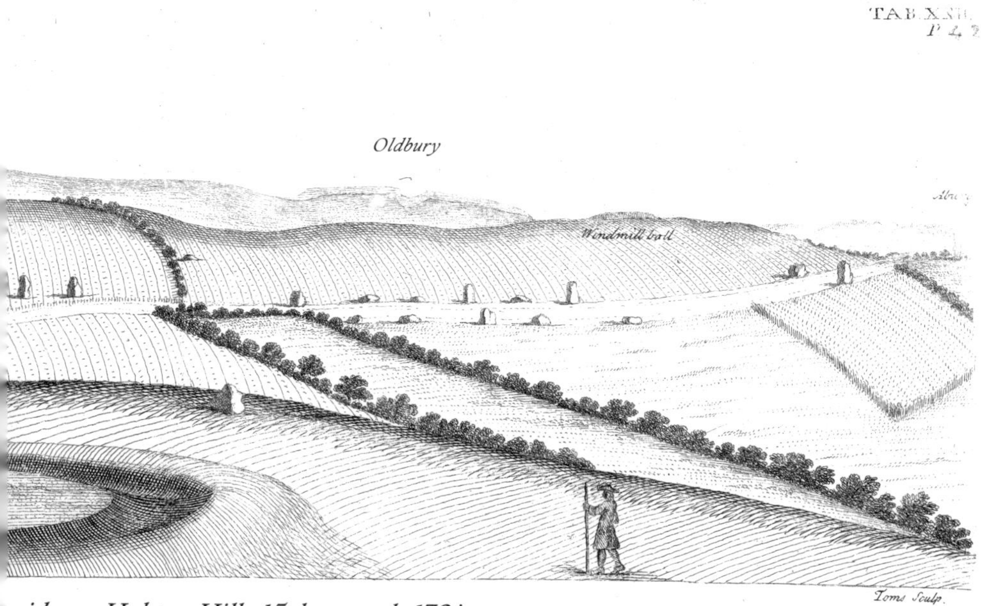

uidas en Hakpen Hill. 15 de mayo de 1724.

El Santuario
al final de la avenida

El santuario descansa al final de la avenida, al lado del camino de Ridgeway. Los postes señalizadores muestran hoy diferentes construcciones de cuatro épocas diferentes. Curiosamente, los números de los postes de cada círculo son mayormente múltiplos de cuatro (*ver imagen p. 158*).

Hace 5000 años existió una estructura de madera, unos pocos siglos antes de que se comenzara Silbury Hill. Mil años después, con Silbury, Avebury y la avenida terminados, se construyeron dos crómlech, dentro o reemplazando al «refugio». El diámetro del círculo de piedras exterior (*imagen inferior*) era de 39,62 m. Muchas de las piedras de los grabados de Stukeley fueron retiradas poco después de su visita. Solo una permanece.

La Cabeza de la Serpiente
y otras ideas

William Stukeley imaginó que, como el santuario estaba al final de la avenida, tenía que representar la cabeza de una gran serpiente. La idea la apoya el escritor Michael Dames, quien añade que el santuario probablemente representó el punto de la Fiesta de la Candelaria en un ciclo de fertilidad del paisaje.

Dowsers Hamish Miller y Paul Broadhurst descubrieron que el santuario marca uno de los puntos de cruce de dos enormes corrientes de energía de la tierra masculina y femenina que serpentean alrededor de la 'línea Michael' (*ver pág. 16-17*). Otros estudiosos sostienen que el santuario marca una sección de un enorme pentagrama situado alrededor de Avebury, definiendo mágicamente las posiciones de sus elementos.

Se piensa que se elevaron tres construcciones sucesivas aquí, cada una mayor que la anterior, y la final contenía el círculo de piedras interior. Puede que solo fuera un despliegue de postes decorados y que nunca se cubriera. El enorme crómlech del cercano Stanton Drew también se ha encontrado que tiene círculos de hoyos de postes.

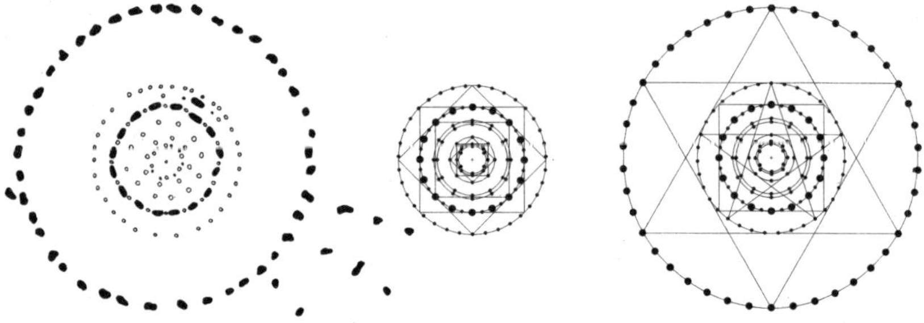

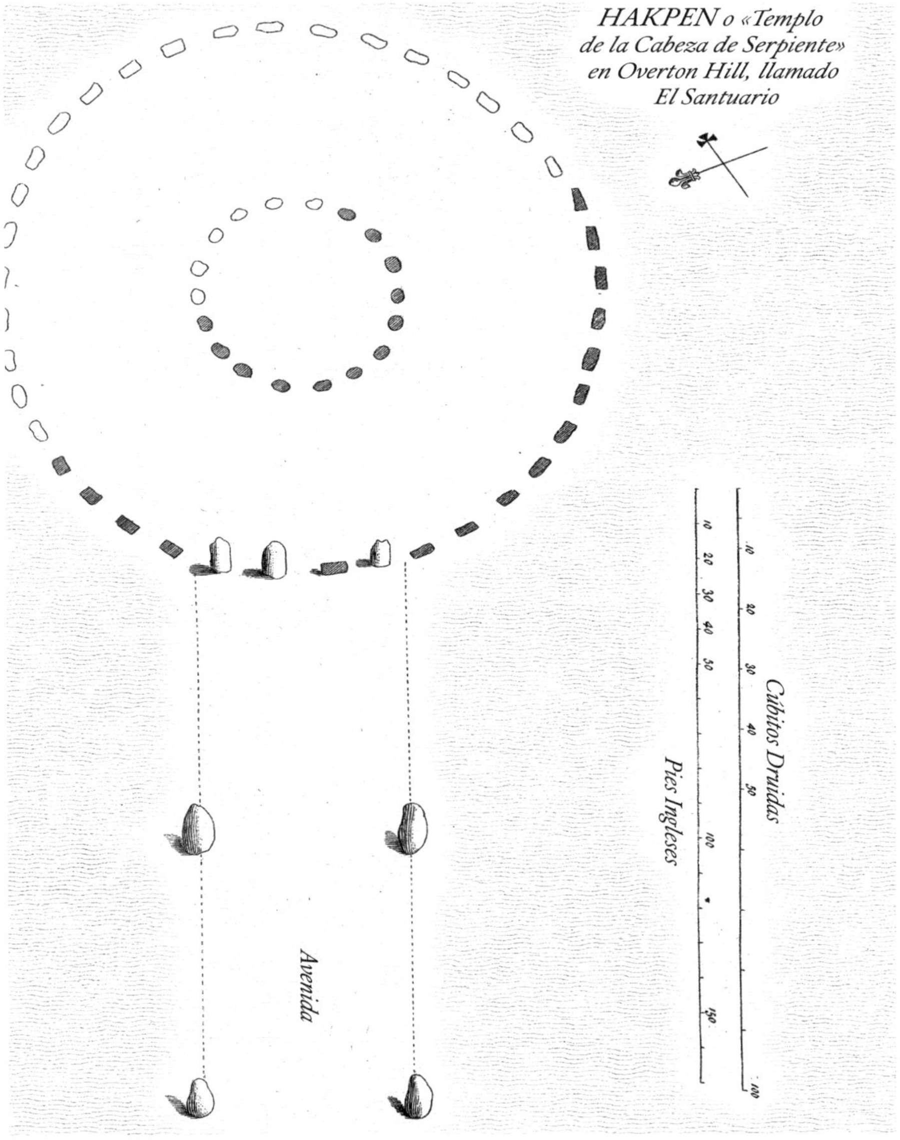
HAKPEN o «Templo de la Cabeza de Serpiente» en Overton Hill, llamado El Santuario
Cúbitos Druidas
Pies Ingleses
Avenida

Destellos de otra Avenida

la cola de la serpiente

Hubo una vez una segunda avenida que partía al oeste desde Avebury. William Stukeley estaba convencido de ello e imaginó su ruta en su libro de 1743 (*ver página 194*). Las piedras se extrajeron mientras estaba escribiendo y muestra la posición de las piedras que estaban siendo sacadas con un círculo (*imagen inferior*). Los arqueólogos sospechan ahora que la segunda avenida terminaba en Longstones Cove. Dos piedras se mantienen hoy en día, Adán y Eva, parte de un complejo alrededor del cercado de Longstone, con un túmulo alargado adyacente y otro cercano en South Street que data del 3500 a. C., cerca de un milenio antes de que los círculos fueran levantados en Avebury.

Stukeley estaba fascinado con las tradiciones de antigua sabiduría y fundó la moderna orden de los druidas para experimentar más allá con sus ideas de una religión de serpientes olvidada.

Imagen superior: Adam y Eve junto al cercado de Longstones, a 1 km al sudoeste de Avebury. Adán (la piedra más cerca en la imagen) fue una vez parte de Longstones Cove, mientras que Eva (la más alejada en la imagen) fue una vez parte de la avenida. Imagen inferior: El grabado de Stukeley de la segunda avenida, que se cree que terminaba en Longstones Cove, visible a la izquierda del dibujo.

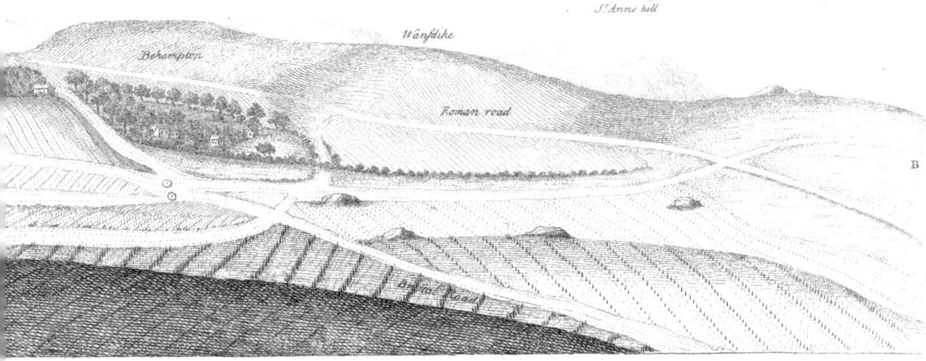

Silbury Hill

la octava maravilla del mundo

Al sur de Avebury, sobre Waden Hill, Silbury Hill se eleva 40 m de su base pantanosa. El mayor montículo prehistórico hecho por el hombre en Europa, construido al mismo tiempo que las pirámides egipcias, está enclavado entre un meandro del río Kennet, justo al norte del manantial de Swallowhead. La sedosa hierba exterior esconde una pirámide cónica escalonada construida de siete cilindros concéntricos. Dentro hay muchas capas de caliza, tierra con musgo y gravilla. Ramas de avellano encontradas en el centro de Silbury durante las excavaciones sugieren que tiene 5000 años de antigüedad. Al igual que el crómlech alrededor de Avebury se piensa que originalmente no estaba cubierto de hierba, y que podría parecer una pirámide escalonada de caliza blanca.

Al sur de Silbury Hill está el manantial de Swallowhead, que fluye de un pequeño túnel calcáreo. Lo mejor es visitarlo en una helada noche de luna llena en inverno, cuando nos transporta a un cuento de hadas.

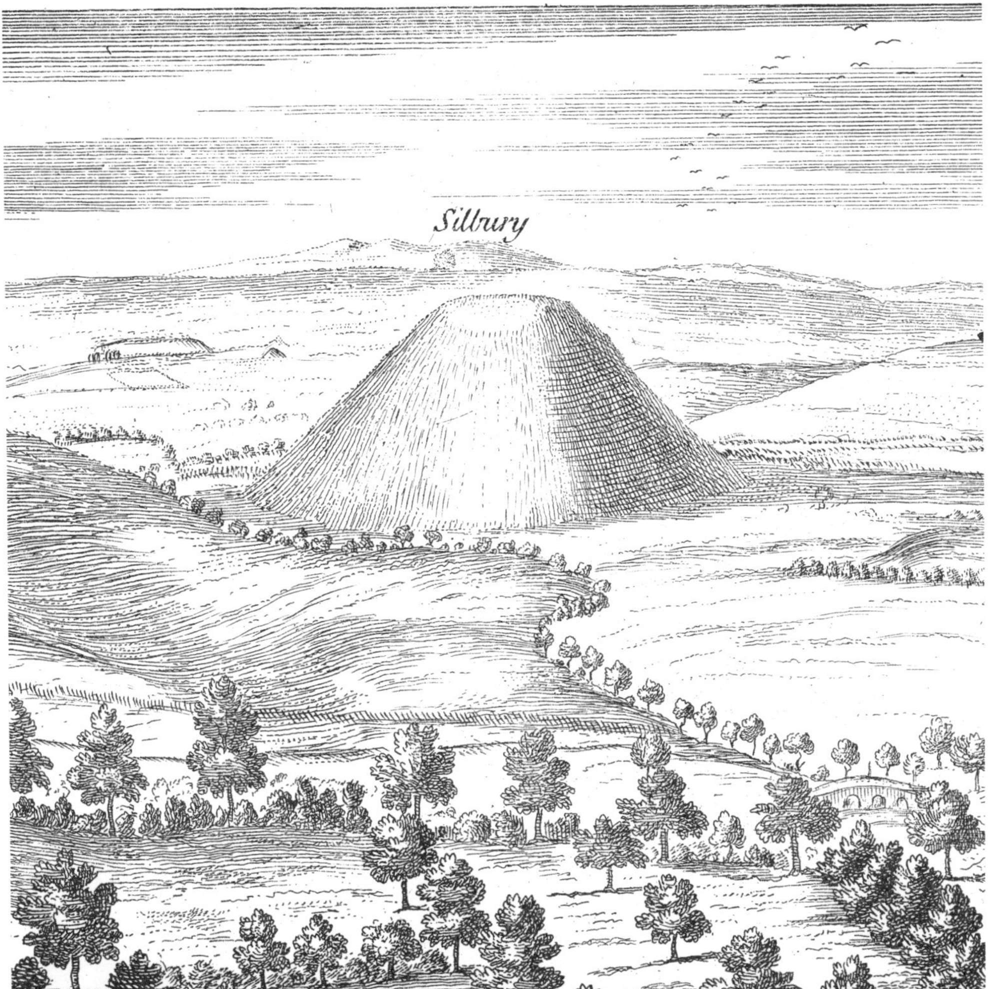
Sillbury

El Monte de Merlín

una segunda pirámide

Silbury Hill es la Gran Pirámide de Inglaterra, construida alrededor del 2400 a. C., solo unos siglos después de que los egipcios completaran la de Giza. Una segunda pirámide se construyó a unos pocos kilómetros al este, y se la conoce hoy como el Monte de Merlín en las tierras de Marlborough College. Los antiguos británicos construían sus templos en yardas megalíticas (0,82 m), y los egipcios las suyos en cúbitos reales (0,52 m); la diferencia entre las dos es *exactamente* un pie británico.

El camino mostrado en la imagen de Stukeley sigue ahí todavía. Un túnel del siglo XIX construido en el interior de la colina colapsó a principios del siglo XX dejando un gran agujero en la cumbre. El Patrimonio Inglés, decidió rellenarlo con poliestireno. La cumbre de Silbury Hill es visible desde Avebury. Si das un salto en el crómlech podrás ver la cumbre de Silbury Hill por encima de Waden Hill; si te tumbas, no. Saint Anne's Hill está detrás de Silbury Hill al sudoeste. Conocido más tarde como Tan Hill ha sido desde hace tiempo el lugar de una feria de verano y jinetes a caballo llegan hasta ahí hoy en día. Con una hoguera en Tan Hill y gente bailando en Silbury Hill, se pueden ver sombras de kilómetros de longitud sobre los círculos de piedra de Avebury.

Geometría de Silbury Hill

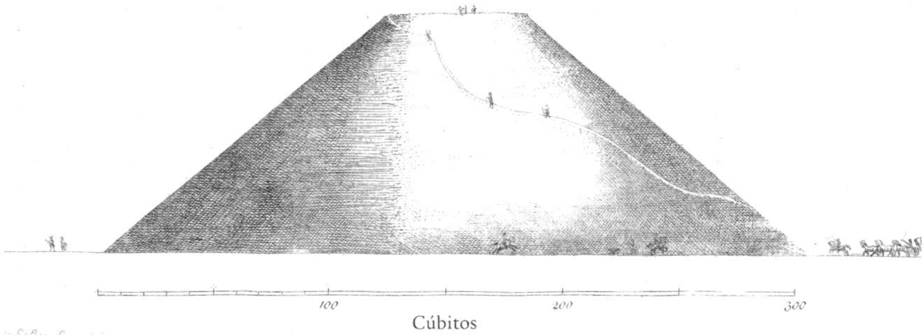

Arriba: Diagrama de Stukeley de Silbury Hill,con una cuesta de 40°. Otros volúmenes sugieren que el ángulo está más cerca de 30 °. Abajo: La hermana menos famosa de Silbury Hill, la 'Montaña de Merlín,' Stukeley. El montículo todavía se alza en las tierras de Marlborough College con un camino en espiral ascendente. Pág. anterior: Un bocado de caballo de hierro, encontrado en la colina en el siglo XIX.

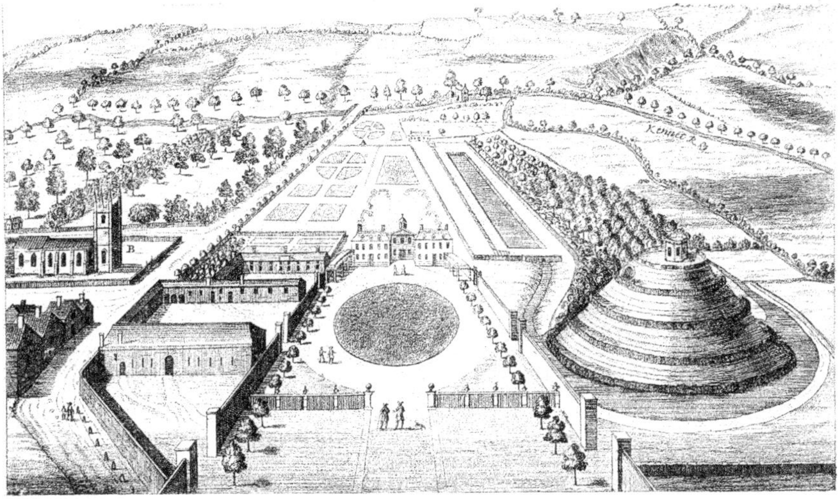

Corrientes Escondidas
evidencia de una ciencia perdida

En 1969 se publicó un libro titulado *Patrón del pasado*. Lo escribió Guy Underwood, un radiestesista de Bradford-on-Avon que murió antes de verlo impreso. En él sugiere que los pueblos antiguos habían sido sensibles a las sutiles corrientes terráqueas que podía detectar usando varas. Underwood pasó miles de horas estudiando cientos de emplazamientos antiguos por todo el país, y comparando sus estudios con las diferentes fases de la luna. Propuso que los crómlech, túmulos mortuorios y catedrales construidas más tarde sobre emplazamientos antiguos estaban situados en lugares donde convergían estas corrientes telúricas.

La imagen de Underwood muestra un mapa con las sutiles líneas de fuerza al comienzo de la avenida de Avebury, donde conecta con los crómlech más al sur. La segunda imagen muestra su estudio geodésico de Silbuty Hill, completado con imperceptibles líneas de energía que llamó «*aquastats*». De alguna manera el diagrama captura algo del potente sentimiento del lugar. Cualquiera que lo visite estará de acuerdo en que es diferente a estar donde se tomaron las imágenes. ¿Estaban nuestros ancestros manipulando la energía? Hay mucho que todavía no entendemos.

La radiestesista la utilizan todavía las mancomunidades del agua, constructores, granjeros y compañías de teléfono para encontrar agua, tuberías y cables. Los arqueólogos la utilizan a veces para encontrar muros escondidos o enterrados. Pese a ello, este arte ancestral sigue inexplicado, incluso secreto, y pocos de los que lo practican lo admitirán abiertamente dado el clima actual. Muchos radiestesistas creen que el arte estaba más extendido, posiblemente formando parte de una antigua ciencia y percepción, hoy casi extinguida.

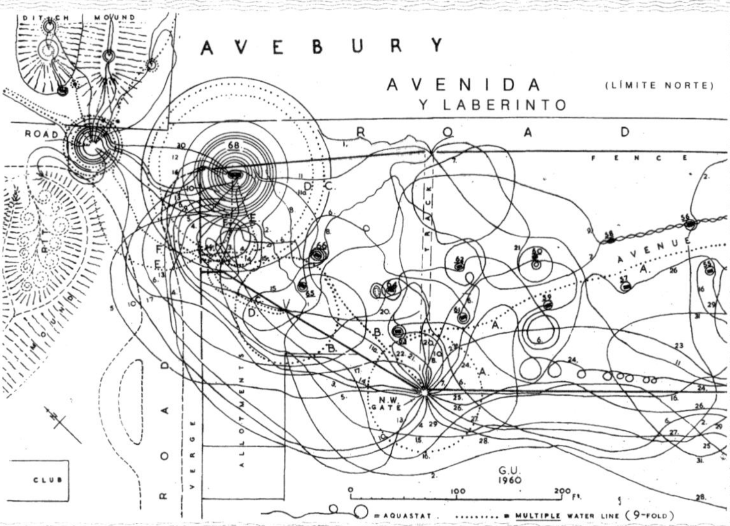
DITCH
MOUND
AVEBURY
AVENIDA
(LÍMITE NORTE)
Y LABERINTO
ROAD
R O A D
FENCE
AVENUE
TRACK
N.W. GATE
ALLOTMENTS
VERGE
ROAD
CLUB
G.U.
1960
0 100 200 Ft.
= AQUASTAT . ... = MULTIPLE WATER LINE (9-FOLD)

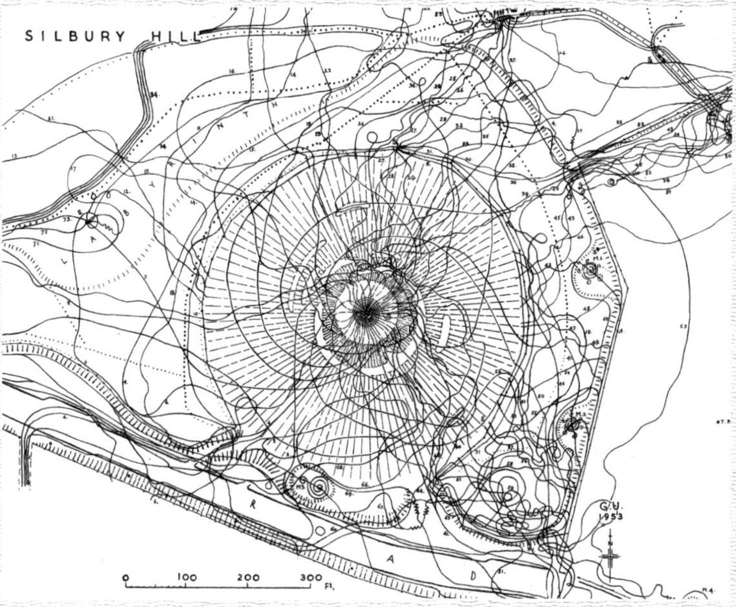
SILBURY HILL
R
A
D
G.U.
1953
0 100 200 300 Ft.

West Kennet
el túmulo alargado

Túmulos y Dólmenes

la cubierta del dolmen de Avebury

La página anterior muestra el grabado de Stukeley del túmulo alargado de West Kennet. Construido c. 3650 a. C., hoy en día se ha abierto y puedes entrar y moverte alrededor de las antiguas cámaras en la parte más oriental (*estudio abajo*). El profesor John North descubrió recientemente que muchos de ellos estaban perfectamente alineados con la salida de estrellas brillantes, igual que las pirámides de Egipto. Los túmulos alargados aparecieron 1000 años antes que los crómlech, y se encuentran a menudo en el límite de depósitos de caliza, junto a cursus. Los cursus son otro misterio megalítico: enormes montículos de tierra paralelos con zanjas externas de kilómetros de distancia construidos por todo el país.

Algunos piensan que los túmulos alargados eran cámaras funerarias de reyes, porque los huesos se encontraban en pequeñas cámaras alejadas del pasillo principal, y otros creen que eran algún tipo de templos. Puede que sean las dos, nosotros todavía enterramos a los reyes en iglesias.

Al otro lado de Fyfiled Down hay un dolmen. Conocido como la «guarida del diablo», consiste en una piedra superior sostenida por 3 menhires. Los dólmenes como este estuvieron cubiertos con un montículo de tierra. No se sabe si fueron lugares de enterramiento, cámaras de meditación o simplemente disparates. ¡Otra pieza para el puzle neolítico!

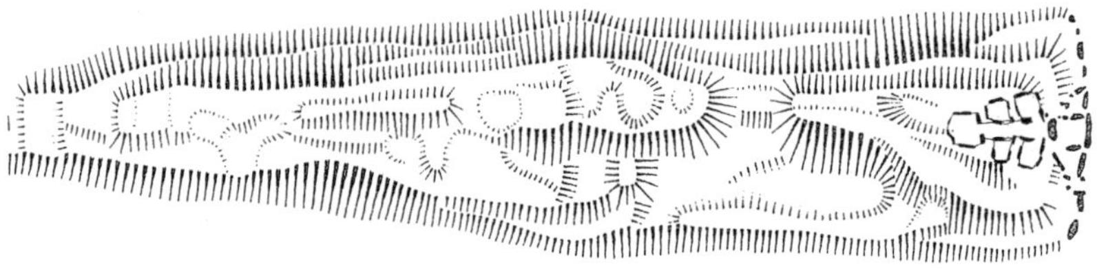

El dolmen «la guarida del diablo», al fondo de Fyfield down, hoy en día más accesible desde la A4 a Clatford. A muchos lugares antiguos se les dio el nombre de diablo. La campiña está llena de «piedras del diablo», «cunetas del diablo», «sillas del diablo» y abundan las «poncheras del diablo». Esto se remonta probablemente a Baco, y las desgreñadas patas y cuernos de cabra de Pan, dios de lo salvaje y amigo de las hadas. Muchos lugares (y personas) con fuertes conexiones con las antiguas tradiciones de la tierra sufrieron cuando el entendimiento de la naturaleza fue reemplazado por el miedo a lo desconocido. Pan fue transformado en un malvado diablo, la imagen de Lucifer, que era anteriormente el lucero del alba, Venus. A pesar de siglos de persecución, diferentes niveles de tradición siguen presentes en varias remotas partes de las Islas Británicas, al igual que en todo el mundo.

Montículos Misteriosos

túmulos por todas partes

Túmulos redondos se esparcen por el antiguo paisaje alrededor de Avebury. Los hay de varios tipos: túmulos boles, túmulos campana, túmulos disco, túmulos estanque, túmulos platillos y muchos otros. A lo largo de Ridgeway se han encontrado juntos en grupos y hoy son magníficos soportes de hayas, plantados como novedad en tiempos victorianos. Los túmulos contienen a veces esqueletos; otras un círculo de piedras.

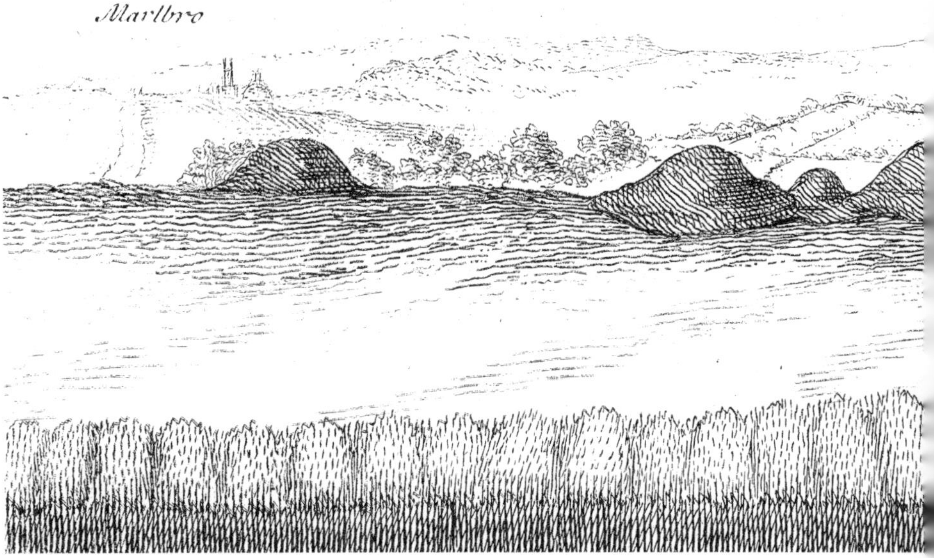

En raras ocasiones contienen tesoros enterrados, y esto ha llevado a muchos a infructuosas y destructivas excavaciones durante siglos.

Algunos piensan que los túmulos representan constelaciones, otros que están construidos donde aparecieron los primeros círculos en las cosechas (algunos se parecen mucho a grabados neolíticos en roca) o incluso que naves espaciales aterrizaron hace mucho tiempo. En tiempos posteriores grandes guerreros podían haber sido enterrados en túmulos, pero muchos de los primeros están vacíos. Wilheim Reich pensó que eran parte de la red de energía de la tierra, como condensadores eléctricos.

Más Misterios

utensilios perdidos y formas de unicornio

Se ha perdido tanto... El dolmen (*p. siguiente*) y el túmulo mágico (*abajo*) fueron registrados por Stukeley en su libro sobre Avebury. Ninguno de los dos existe ya. Stukeley escribió del Monkton Millbarrow:

> *«En Monkton, al oeste de la ciudad, existe un grande y plano túmulo alargado... 65 m de largo y 16 de ancho rodeado con grandes piedras. Está en dirección este y oeste, la parte más ancha al este. Es cuatro veces más ancho que largo: un magnífico sepulcro, llamado Millbarrow»*

Lejos hacia el noreste por el camino de Ridgeway se puede encontrar la antigua figura en la colina del caballo blanco de Uffington, y otro pequeño Silbury Hill llamado Dragon Hill. Muchos más «caballos blancos» se juntan en la colina, y si dibujas las líneas entre ellas cruzan Avebury.

I. sup.: Dolmen en ruinas, ahora destruido, cerca de Winterbourne Monkton, al norte de Avebury. I. inf.: Millbarrow de Winterbourne Monkton, de lo que poco sobrevive actualmente. Redescubierto en 1987, se excavó en 1989, revelando una cámara mortuoria de c. 3200 a. C., con fachada y cámara oriental.

La Función de Avebury

Sol, Luna y Venus

Los crómlech más antiguos del mundo están en Göbekli Tepe (*i. inferior*). Construidos entre el 9000 a. C. y el 7500 a. C., estaban alineados con la salida de Orión, añadiéndose otros cada 500 años cuando este alineamiento dejaba de serlo, un modo de estudiar el ciclo precedente de 25.800 años. Maes Howe, en las islas Orkney es una cámara mortuoria alineada con el desplazamiento de los amaneceres del solsticio de invierno, en lugar del amanecer del solsticio de invierno cuando se construyó, una manera perfecta de estudiar el ciclo de 41.000 años de oblicuidad. Los mayas descubrieron que esos dos largos ciclos se relacionan 5:8 con sus 5125 años solares. En Carnac, una sencilla geometría conecta el baile del Sol y la Luna. Allá donde miremos, los antiguos estaban interesados en conectar el Cielo y la Tierra. Avebury no es una excepción.

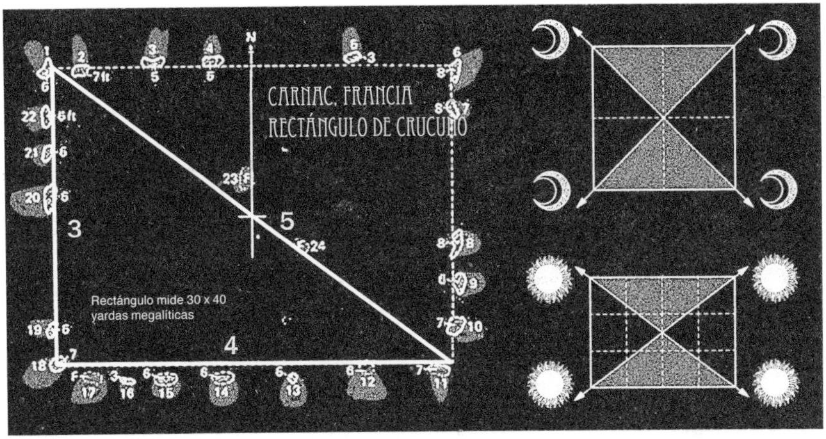

Diagramas: Howard Crowhurst

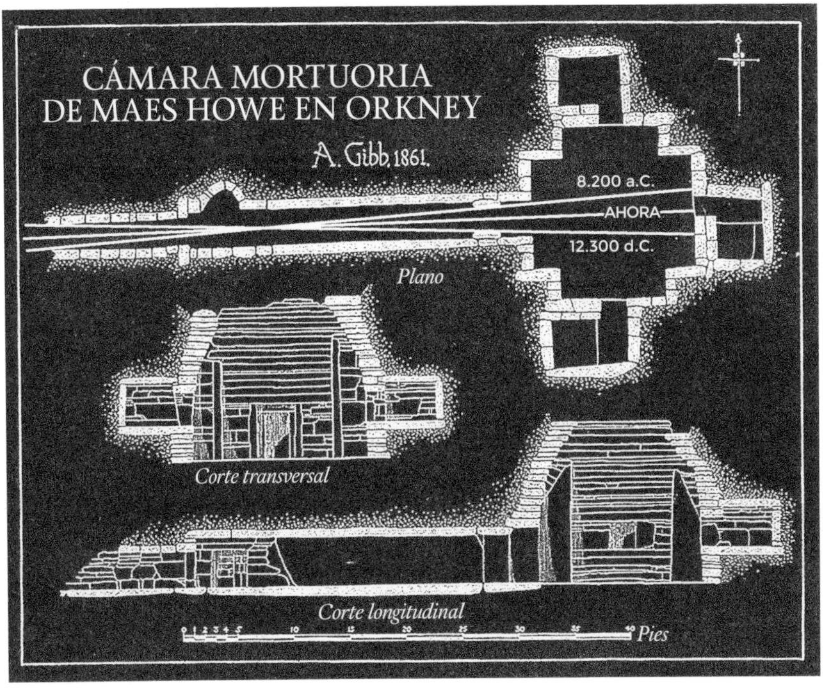

Una representación primitiva de un grotto druida. Aquí los druidas galeses están escondiendo a Caractacus, quien se va a encontrar con algunos solados ingleses, de Munimenta Antiqua *de E. King, 1799.*

STANTON DREW

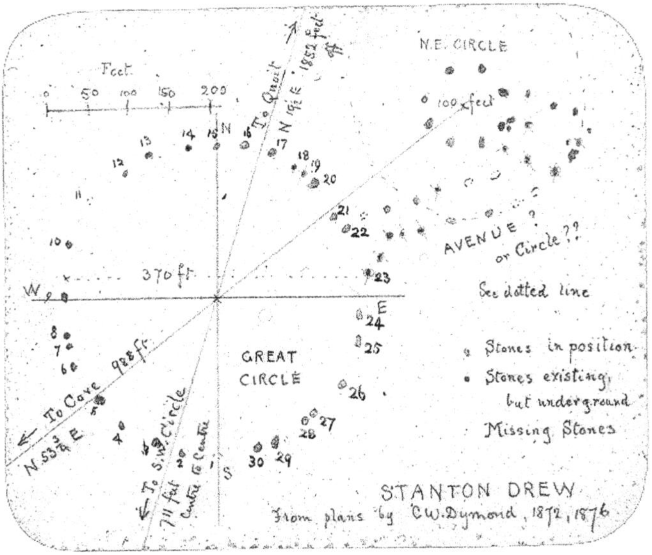

Gordon Strong

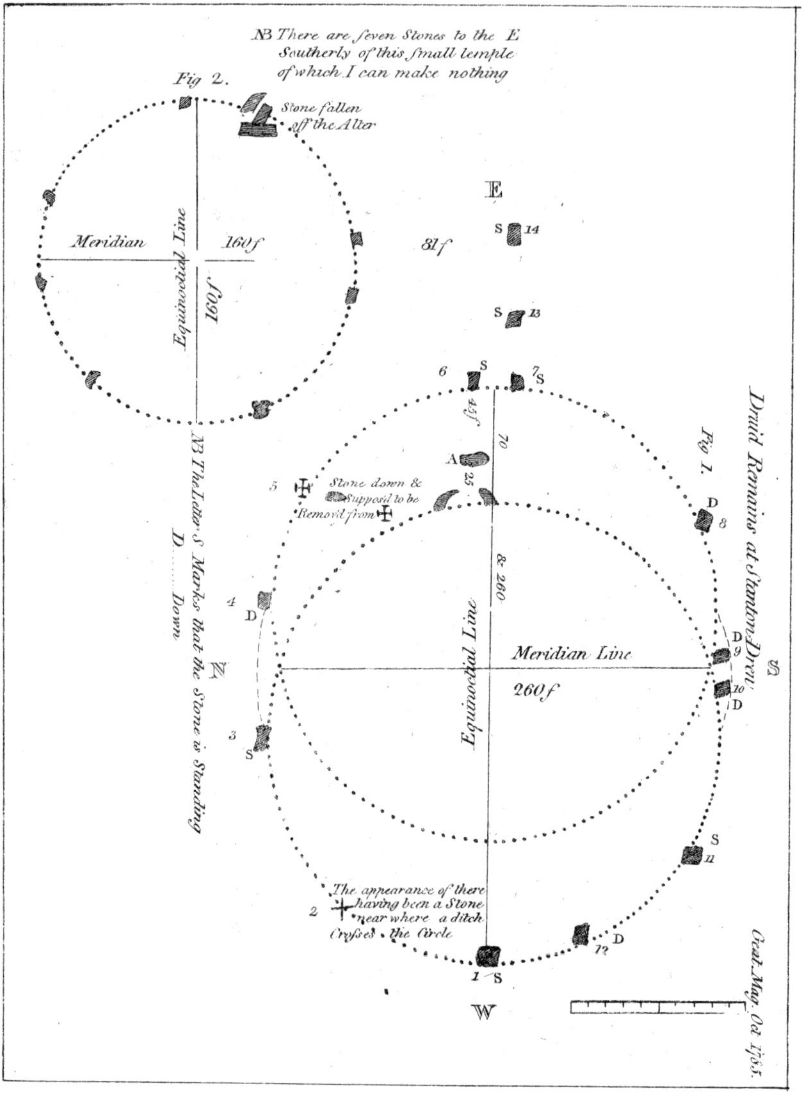

Una fantasiosa interpretación geométrica de Stanton Drew de Gentleman's Magazine, 1785

Introducción

Encontramos crómlech por todo Gran Bretaña y Europa, pero solo Avebury y Stonehenge alcanzan la magnificencia de los triples círculos de piedra de Stanton Drew en Somerset. Aunque se sabe poco de este tercer gran templo del sur de Inglaterra, es verdad que las técnicas modernas están al fin revelando sus antiguos secretos. Una exhaustiva inspección geográfica en 1997 por parte del Patrimonio Inglés reveló que los crómlech son restos de un emplazamiento mucho más elaborado de lo que se pensaba anteriormente, con características similares a Woodhenge y el Santuario cerca de Avebury.

Al igual que otros lugares neolíticos, los precisos alineamientos astroarqueológicos de los ciclos del Sol y la Luna sugieren que los llamados «salvajes» que construyeron estos magníficos monumentos eran mucho más inteligentes de lo que pensábamos. Al mismo tiempo, nos recuerdan cómo los círculos pudieron haber jugado una parte integral en la vida social y religiosa antigua. Preguntas sobre estos temas y otros, cómo se excavaron, transportaron, colocaron e irguieron todavía confunden a los modernos ingenieros y permanecen como algunos de los más elusivos misterios que rodeaban a nuestros antiguos parientes.

Lo que sí sabemos es que la construcción de los monumentos de piedra comenzó alrededor del 3500 a. C. y continuaron por más de 200 años, marcando un periodo donde nuestros antepasados empezaron a asentarse más y más y a construir estructuras más permanentes. Los megalitos de Stanton Drew pueden ser vistos entonces como un portal al conocimiento perdido a los antiguos habitantes del Oeste de Inglaterra.

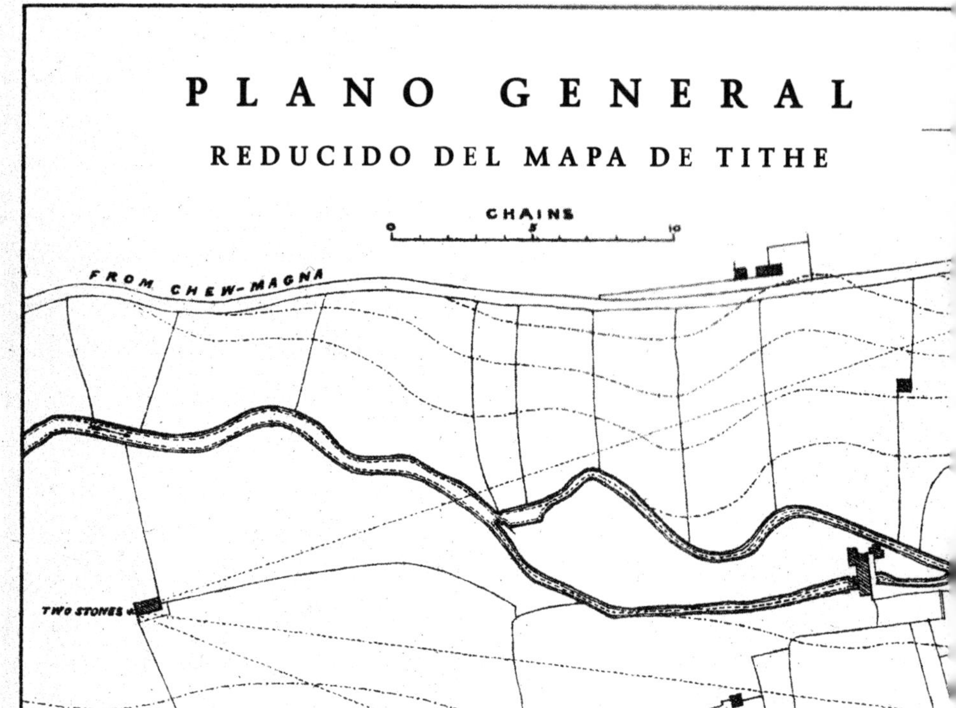
PLANO GENERAL
REDUCIDO DEL MAPA DE TITHE
CHAINS
0
5
10
FROM CHEW-MAGNA
TWO STONES

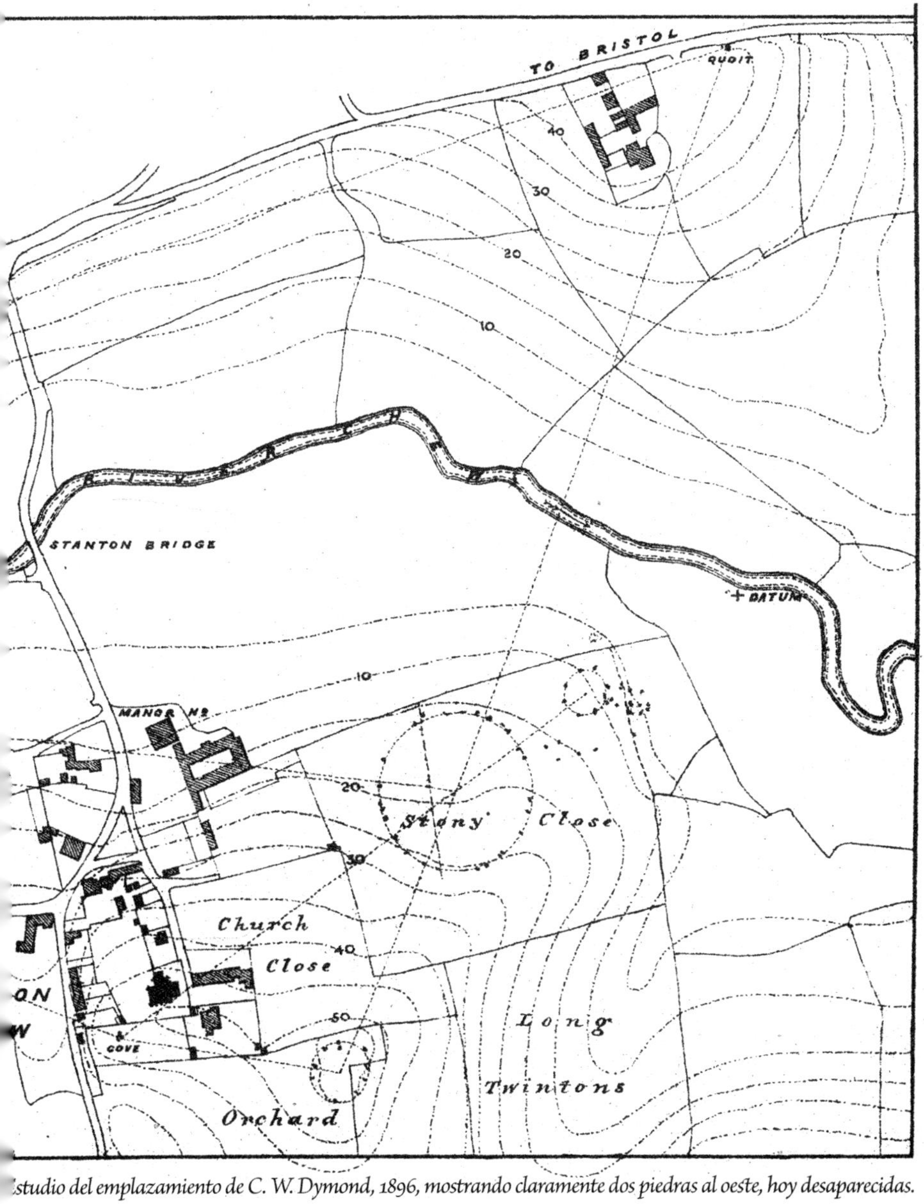

[E]studio del emplazamiento de C. W. Dymond, 1896, mostrando claramente dos piedras al oeste, hoy desaparecidas.

Primeros Planos
mapas y estudios de anticuarios

Los crómlech de Stanton Drew los registró por primera vez el anticuario del siglo XVII John Aubrey en un dibujo de 1664. Más o menos al mismo tiempo, John Wood visitó Stanton Drew e hizo un plano del lugar, pero su visita estuvo acompañada de una tormenta y los vecinos le acusaron de «Perturbar al Espíritu Guardián de las piedras». Sir William Musgrove volvió a estudiarlo en 1716.

En 1723, William Stukeley realizó los primeros dibujos completos de las piedras, y pensaba que el lugar era parte de un patrón sagrado con centros en Stonehenge y Avebury.

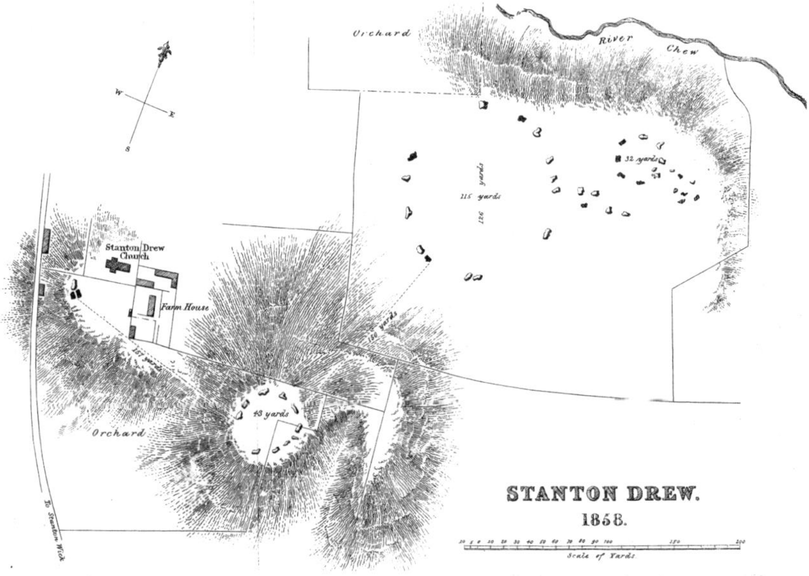

PRIMEROS PLANOS DE STANTON DREW

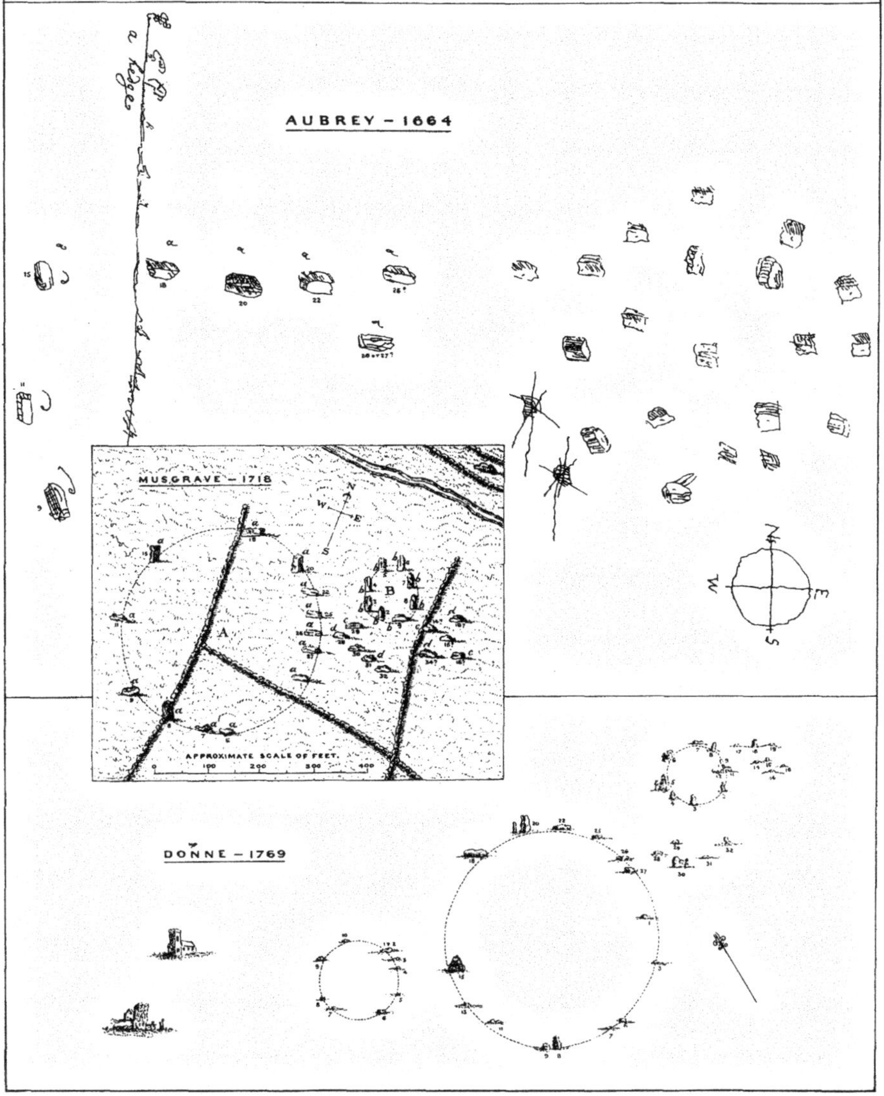

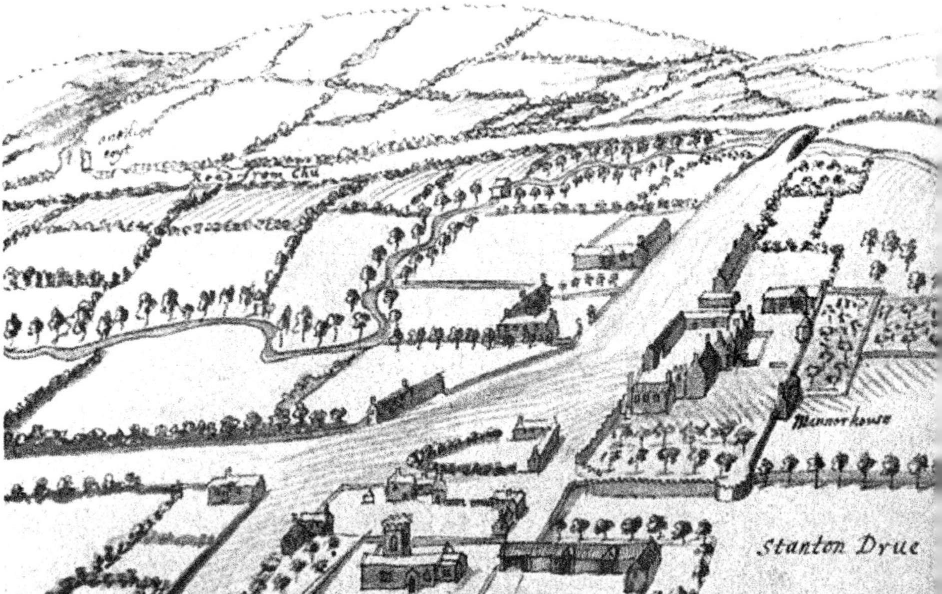

Stukeley delin. A View of the Celtic Temple ca

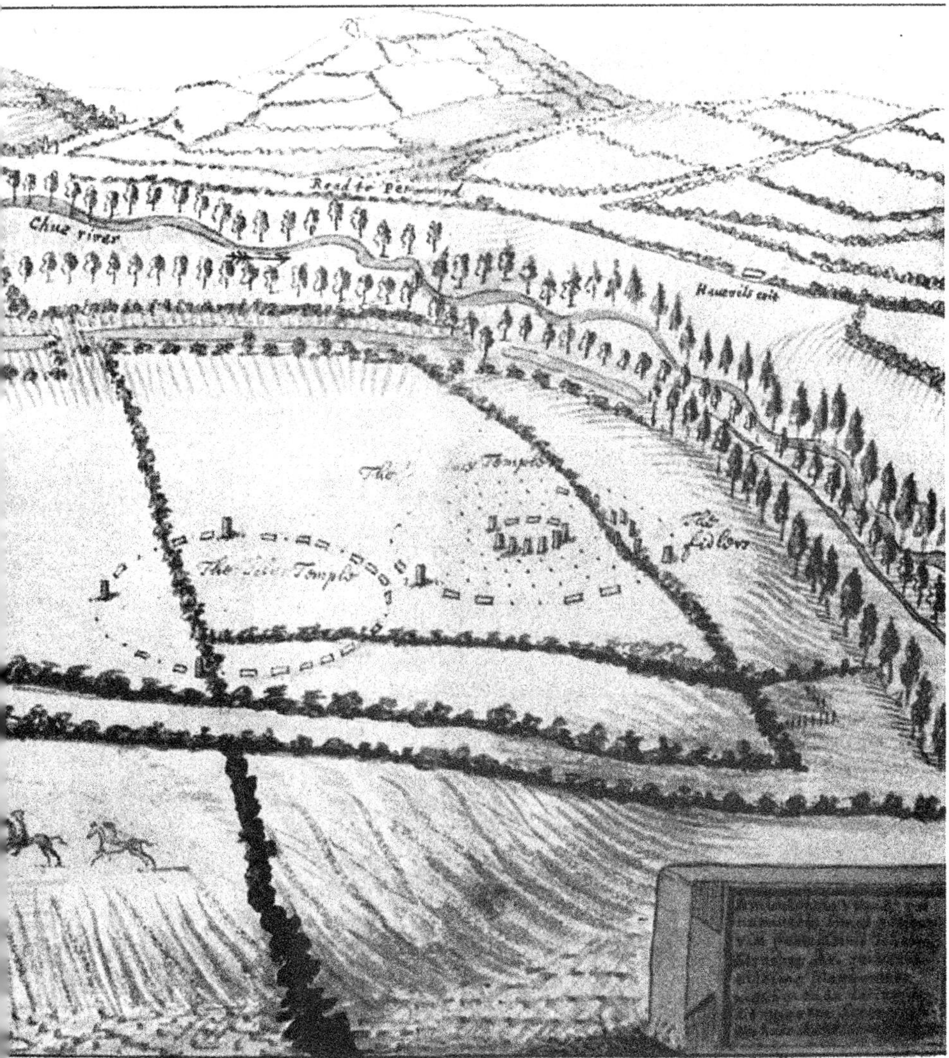

Toddings at Stanton Drue by 1723.

Una Vista General del Lugar
el complejo megalítico

Stanton Drew consiste en 3 círculos de piedra erigidos alrededor del 2500 a. C. El más destacado, conocido como el Gran Círculo, tenía 30 piedras (como Stonehenge) de los cuales sobreviven 27. Con un diámetro aproximado de 113 m y un área de 10.000 m^2, solo Avebury le supera en tamaño. Al igual que Wiltshire, tenía una gran avenida de menhires.

Los otros dos círculos están situados al noreste y sudoeste respectivamente. El primero, de 29,6 m de diámetro está casi intacto y hoy en día se mantienen 8 grandes piedras. El del sudoeste mide 43 m de diámetro y tiene 12 piedras más pequeñas.

Una avenida se extiende desde el noreste del Gran Círculo hacia el cercano río Chew, mientras que una segunda avenida conecta con él desde el círculo noreste (*ver diagrama en la siguiente página*).

UN GRAN CRÓMLECH

rodeando el emplazamiento

Sabemos ahora que una enorme zanja, de 135 m de diámetro y 7 m de ancho rodeaba el crómlech principal de Stanton Drew con una abertura al noreste, quizá permitiendo la vista del amanecer del solsticio de verano. Durante las excavaciones se encontraron varios hoyos, cinco en el área central del crómlech y cuatro en el círculo noreste, en un diseño de 4 lados alineado con pares opuestos de 8 piedras de ese círculo. Los hoyos puede que contuvieran postes o piedras que se sacaron posteriormente, posiblemente una versión menor del actual monumento.

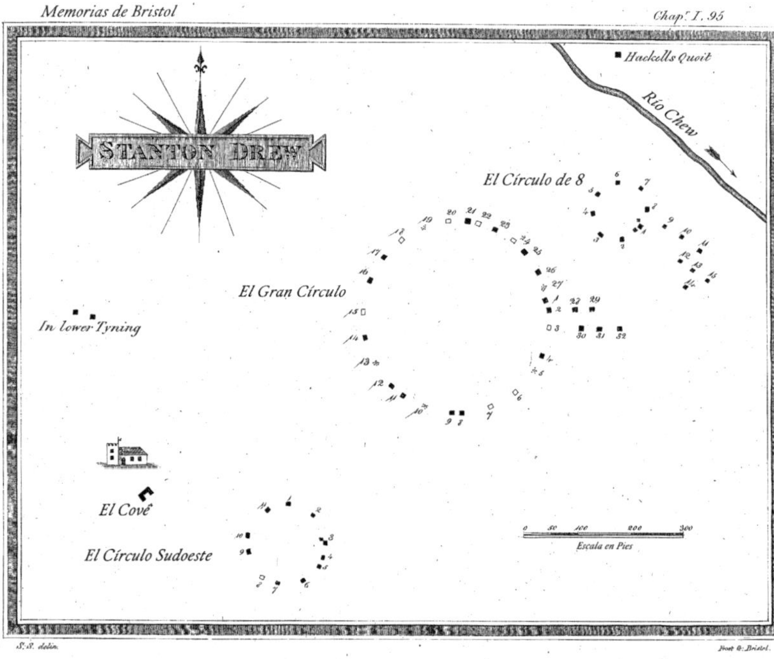

Arriba izda.: Hauteville's Quoit, en una xilografía del siglo XIX de William Barnes, llamado así por el cruzado del siglo XIII Sir John Hauteville. Los restos de la piedra descansan cerca de la granja de Hauteville Quoit. Puede que fuera parte de un dolmen, similar a Lanyon Quoit, Penzance, Cornwall. (i. sup. dcha.) I. inferior: Litografías de Stanton Drew de by Charles Hullmandel (1789-1850). La imagen inferior izquierda muestra la Cove.

La Cove

una hermana de Avebury

La Cove (de la antigua palabra inglesa *cofa* [nicho], y de la antigua palabra alemana para un lugar vacío) está situada hoy en el jardín del pub Druids Arms, a poca distancia del emplazamiento principal.

Consiste en dos menhires aún en pie y una losa que los separa, todos de diferentes tamaños. Las tres piedras son diferentes mineralógicamente de las de los círculos de piedra, y se piensa que se erigieron mucho antes, alrededor del 3500 a. C. Las piedras de la Cove están situadas sobre una cámara mortuoria alargada anterior.

La Cove de Stanton Drew, similar a la de Avebury, señala la posición de la salida de la luna más al norte.

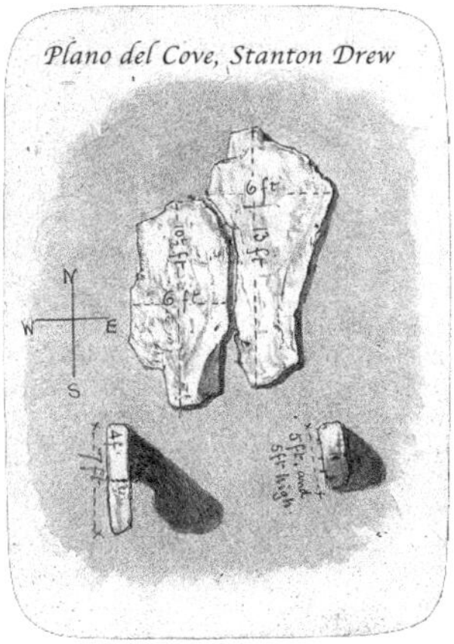

Página anterior e i. sup. izda.: Dos dibujos de la cove de Stanton Drew del pintor Henry Michael John Underhill (1855-1920). Imagen superior derecha: Las piedras de la Cove en el siglo XIX, *escondidas en un huerto de árboles. Abajo la Cove como aparecía en el libro* Itinerarium Curiosum *(1776) de William Stukeley.*

Hoyos de Madera

construcción, bosque ritual o plataforma elevada

Posiblemente contemporánea a la zanja que rodea el crómlech, y en el lugar que más tarde sería el Gran Círculo, existió un conjunto de postes de madera, mayor y más antiguo que los de Avebury o Woodhenge. Cuando se construyó originalmente, cuatro o cinco mil pilares de haya probablemente de 1 m de diámetro y 8 m de alto, cada uno de 5 toneladas, ocupaban un área de alrededor del tamaño de un campo de fútbol. Estaban colocados en nueve círculos concéntricos, un número altamente simbólico (existían 9 mundos en muchas cosmologías antiguas) y seguramente estarían tallados o decorados.

Esta sofisticada estructura se descubrió en 1997 gracias al estudio geofísico del Patrimonio Inglés, y fácilmente podía contener a 1000 o más personas, lo que sugiere su uso como centro social o reuniones religiosas. Una teoría común es que podía haberse dedicado a rituales funerarios, pero otras explicaciones han salido a la luz.

Gran Bretaña puede presumir de muchos otros crómlech de madera, incluidos Balfarg en Fife, Scotland y Mount Pleasant en Dorset y Seahenge en la costa de Norfolk, pero Stanton Drew es el mayor de todos.

El círculo de madera fue reemplazado por las piedras del Gran Círculo, una historia similar al Santuario de Avebury, donde en tiempos de Stukeley seguía en pie un crómlech que había reemplazado al original. Si las piedras formaban parte del diseño original del círculo de madera o fue algo posterior es algo que todavía no podemos afirmar.

Arriba: Vista de Stanton Drew obra de Michael Bott y Rupert Soskin. Los postes están demasiado juntos para formar una estructura circular como el Santuario en Avebury o Woodhenge. ¿Fue en realidad un bosque ritual para un juego de caza de jabalíes o ciervos, o estaban colocados para soportar una plataforma o serie de caminos para otro juego o espectáculo? Abajo: un enorme edificio circular abierto por el centro, cortesía de Historic England.

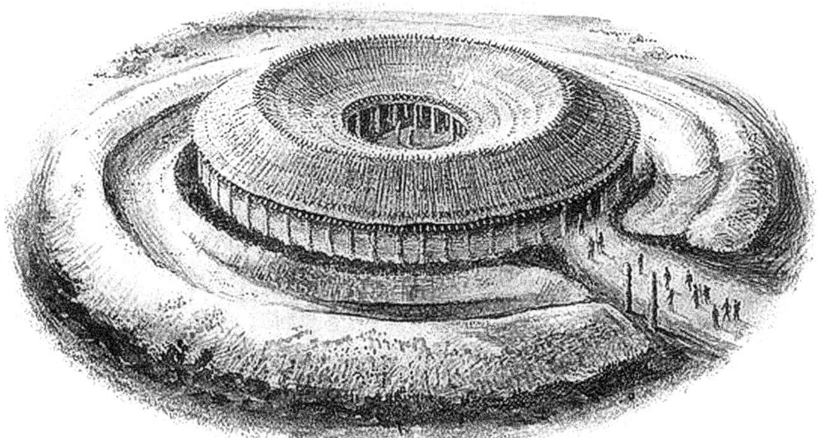

ALINEAMIENTOS
buscando líneas ley en Stanton Drew

Las líneas *ley* (alineamientos de emplazamientos antiguos en la distancia) comienzan a ser evidentes alrededor de Stanton Drew. Una línea que pasa por Cove, por ejemplo, atraviesa la iglesia de St. Mary y sigue hasta el Gran Círculo y al centro del círculo noreste.

Una línea ley mayor va desde la iglesia al fuerte de la Edad de Piedra en Dolebury Camp y luego sigue hasta Brean Down. Se dice que pasa otra a través de las piedras en el antiguo asentamiento de Cameley (vinculado a los templarios y al Santo Grial) en su camino a Maes Knoll y por tanto al Market Cross en el centro histórico de Bristol. Dundry Down y Cadbury Camp (en Tickenham) se piensa que también estaban alineados con Stanton Drew.

Desde el centro del Gran Círculo, el amanecer del solsticio de verano en el 2000 a. C. estaría en el punto en que está situado Hauteville's Quoit, en el alineamiento que pasa por el centro exacto del Gran Círculo al centro del Círculo Sudoeste (*pág. siguiente arriba*).

En un terreno llano, el amanecer del solsticio de verano estaría opuesto exactamente al ocaso del solsticio de invierno, pero en Stanton Drew, debido a la disposición del terreno, el ocaso del solsticio de invierno desde el Gran Círculo estaría alienado con la Cove, en una línea que atraviesa el Gran Círculo y el Círculo Noreste. Esta línea tiene un ángulo que sugiere una escondida geometría pentagonal definida por un pentagrama señalando al este (la orientación geomántica tradicional de un pentagrama). La línea del solsticio de verano se define igualmente como 9/5 del camino alrededor desde el norte.

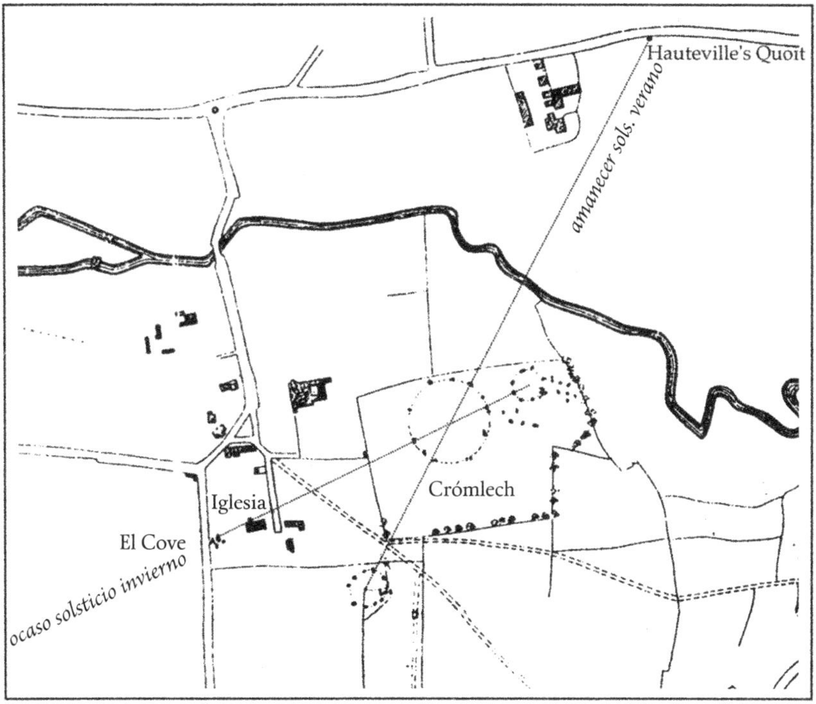

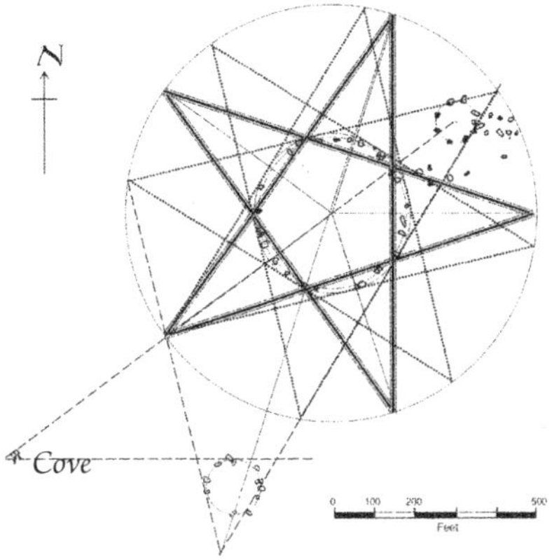

Imagen superior.: Diagrama esquemático de C. W. Dymond mostrando los alineamientos del solsticio de verano e invierno como los define la geometría de los elementos primarios en Stanton Drew.

Izquierda.: Diagrama de J. Martineau mostrando el ángulo pentagonal de 144° creado por la línea del ocaso del solsticio de invierno.

Geometría de los Círculos

triángulos y octógonos

Fue C. W. Dymond, en su ensayo de 1877 *Monumentos megalíticos en Stanton Drew*, quien descubrió el alineamiento en vértice entre los tres círculos del monumento (*mostrado en la línea de puntos en la imagen inferior, pág. siguiente*). En su momento no se dio verdadera cuenta del hallazgo, ya que no fue hasta el siglo xx, cuando Alfred Watkins encontró que los alineamientos en los bordes eran comunes en el neolítico, y el astroarqueológico descubrimiento de que el alineamiento en vértice en Stanton Drew también marca la puesta de sol más al sur, que se comenzó a apreciar la importancia de esta pieza del rompecabezas. Otra importante relación presente en Stanton Drew es el alineamiento en vértice más al norte (*línea de puntos imagen dcha. arriba*), casi idéntico al dibujo del crómlech de Avebury relativo a la posición de Silbury Hill.

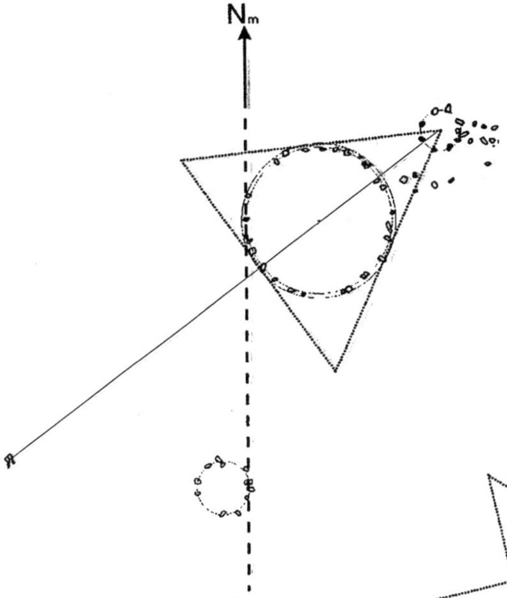

Izda.: Alineamiento en vértice norte entre el Gran Círculo y el círculo más al sudeste. También se muestra el hecho de que la distancia entre los centros del Gran Círculo y el círculo más al noreste es igual al diámetro del Gran Círculo. Este se muestra por un triángulo equilátero (Martineau).

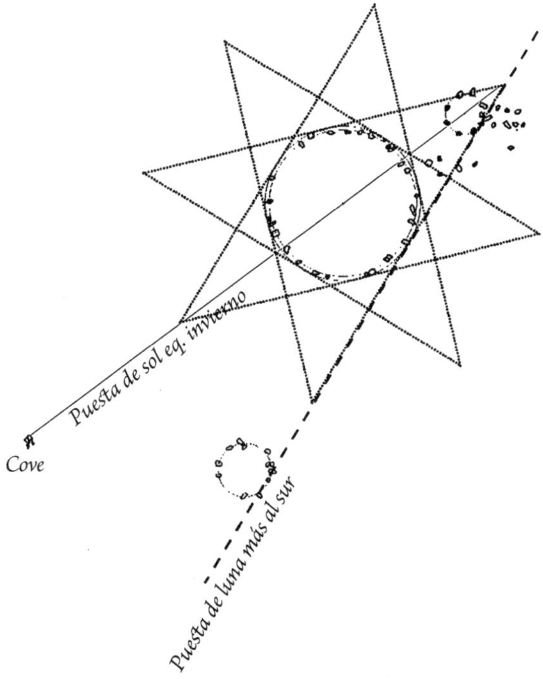

Dcha.: El alineamiento en vértice descubierto por C. W. Dymond que es también la línea más al sur de la puesta de luna. (Anthony Kennish). También se muestra la geometría octogonal que unifica el alineamiento en vértice con la puesta de sol del solsticio de invierno (Martineau).

P. anterior: Plano del lugar de William Barnes.

Piedras Desaparecidas

los megalitos perdidos

Muchas de las piedras del diseño original están hoy por desgracia desaparecidas. En el siglo XIX se hicieron referencias específicas a por ejemplo, las 'Piedras Tyning', un par de megalitos en un campo llamado Middle Ham en Lowe Tyning, alineados al oeste del Gran Círculo. (*Llamadas 'Dos piedras' en p. 250*). Ambas medían más de 1,5 m de alto, pero fuentes locales cuentas que fueron sacadas en la década de 1960. Desgraciadamente, no hay rastro de ellas, al igual que de la piedra Tollhouse.

Otras historias nos cuentan que otras piedras, especialmente del Gran Círculo, fueron destruidas en la época medieval, y en el siglo XVIII muchas se perdieron a manos de masones y también para la construcción de carreteras. El uso último de Stoney Close (el área que contiene al Gran Círculo y al círculo noreste) como huerto de árboles y varios tipos de agricultura causó sin duda un daño mayor.

A pesar de todo, muchas de las piedras del Gran Círculo siguen donde cayeron. Clavar un palo alrededor en una tarde de lluvia permitirá al visitante entusiasta descubrir el contorno de algunos monstruos antiguos descansando justo bajo el césped. Otras piedras están descuidadas pero visibles. Al igual que Arbor Low en Derbyshire, uno se pregunta por qué estos fantásticos lugares no están restaurados apropiadamente y sus piedras erguidas de nuevo. Quizá las autoridades tengan miedo de la magia que se podría desencadenar si lo fueran.

Las imágenes de la pág. siguiente son de C. W. Dymond, un ingeniero civil que publicó un preciso estudio de las piedras de Stanton Drew, en la revista de la Asociación Británica de Arqueología en 1877 (*ver p. 265-267*).

NÚMERO DE PIEDRAS ORIGINAL ESTIMADO DEL CRÓMLECH

	MUSGRAVE	STUKELEY	WOOD	RUTTER	WILKINSON	DYMOND
Círculo S. O. ...	—	12	12	12	18	12
Gran Círculo ...	32	30	81	30	38	30 al menos
Círculo N. E. ...	—	9	8	7	—	8

DIÁMETRO DE LOS CÍRCULOS

	STUKELEY	WOOD	COLLINSON	SEYER	CROCKER	WILKINSON	DYMOND
Círculo S. O. ...	120	140	—	—	129	130	145
Gran Círculo ...	300	378	300	342	378 × 345	380 × 347	368
Círculo N. E. ...	90	96	84	94 to 96	96	*c.* 96	97

Diámetros en pies

DISTANCIAS ENTRE GRUPOS

	WOOD	DYMOND		WOOD	DYMOND
De Cove al Círculo S. O. ...	—	541.6	Gran Círculo al Círculo N. E.	375	379.8
De Cove al Gran Círculo ...	992	988.0	Gran Círculo a Quoit ...	*c.* 1860	*c.* 1856
Del Círculo S. O. al Gran Círculo	714	711.6	Gran Círculo a las Dos Piedras	—	*c.* 3305

Distancias en pies y pulgadas, de centro a centro

VISTAS DE STANTON DREW. 1784

Fuerzas Misteriosas

fenómenos luminosos en las piedras

El comandante F. A. Menzies, distinguido ingeniero e investigador de la Primera Guerra Mundial afirmó haber sido testigo de fenómenos inusuales en Stanton Drew en los años 40. Estudió Feng Shui en Francia, fue un reputado geomántico, y de él se decía que era capaz de localizar líneas ley y dar consejos de salud relacionados con el estrés geopático. Un día, tuvo una extraordinaria experiencia relatada más tarde por su acompañante George Sandwich en 1952, un año antes de su muerte:

«Aunque el cielo estaba gris no había signos de tormenta. Justo en el momento en que estaba comprobando el ángulo de una de las piedras, fue como si un poderoso haz de luz golpeara la piedra, de manera que todo el grupo se iluminó, haciéndolo resplandecer como oro fundido en un horno. Inmóvil, me quedé totalmente fascinado, mientras las cegadoras radiaciones de lo alto hacían que el grupo de piedras pulsara con energía en de una manera terrorífica. Ante mis ojos, parecía que las piedras estuvieran envueltas en una columna móvil de fuego, radiando luz sin calor, retorciéndose y elevándose hacia los cielos: por otro lado, descendía con un efecto espiral de varios tonos de color hacia la tierra. De hecho, las enardecidas luces moviéndose y girando alrededor de las piedras habían unido los cielos con la tierra».

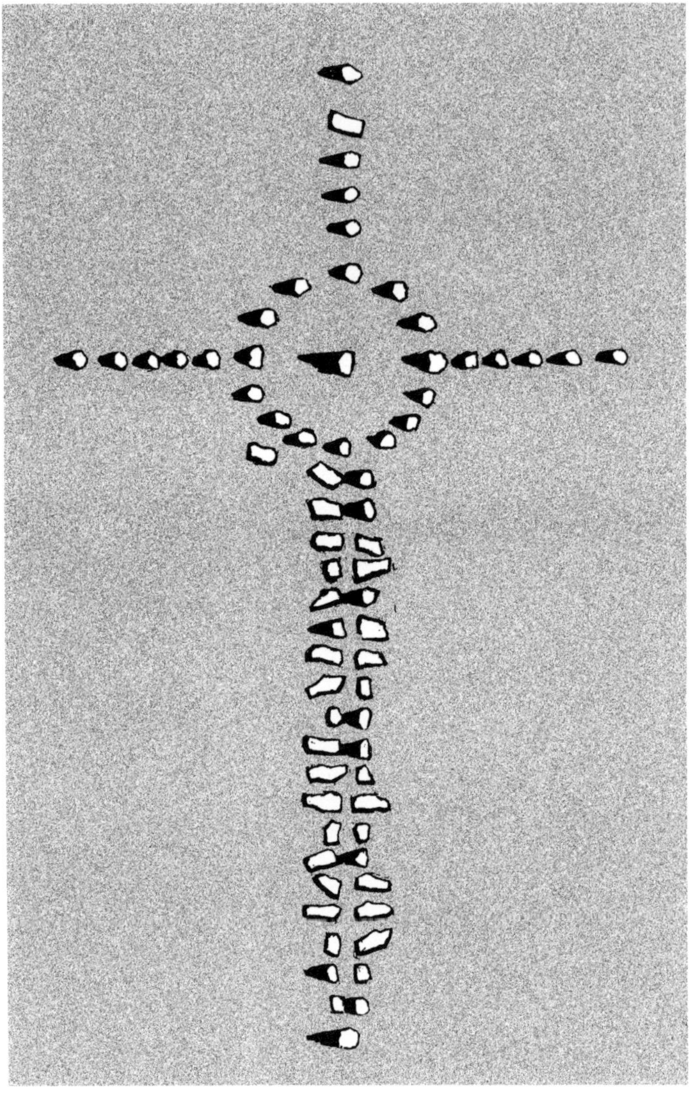

Plano de Callanish de The Scottish Gael, *James Logan, 1831.*

CALLANISH

Gerald Ponting

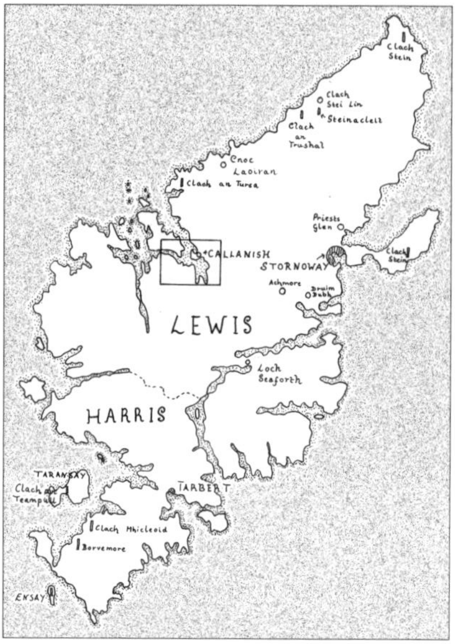

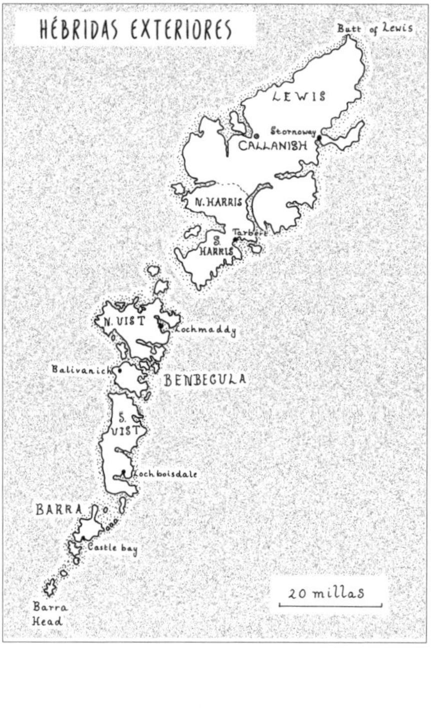

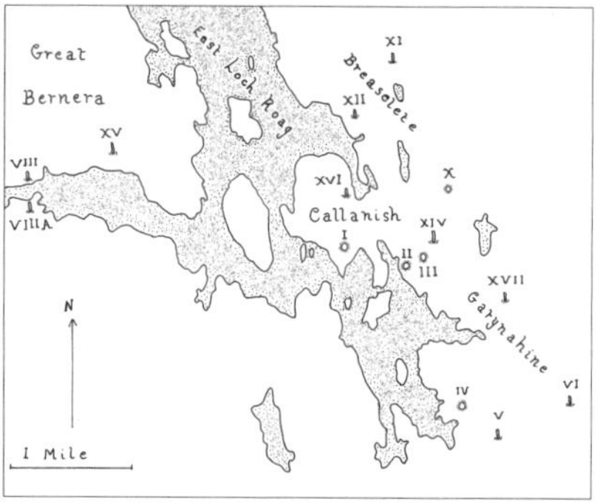

Sketch of Callanish I, Rev. G. R. Mackarness, 1866

Introducción

Stonehenge es famoso mundialmente, pero más al norte de las Hébridas Exteriores hay un monumento que merece la misma atención. De hecho, a Callanish se le llama a veces el 'Stonehenge de las Hébridas'. Para los visitantes que viajan para apreciar su majestuosidad, su lejanía se añade a su encanto.

Callanish y Stonehenge son increíbles supervivientes de una cultura megalítica que se expande por todas las Islas Británicas. Brodgar en Orkney, Castlerigg en el Distrito de los Lagos y Rollright en Oxfordshire datan de la misma era prehistórica, al igual que otros mil crómlech. Muchos están en ruinas y un número indeterminado se ha perdido o destruido. Acercándonos a Callanish a través de los páramos de Stornoway, las piedras aparecen silueteadas a lo largo de una cresta. Entre las piedras, el visitante toma consciencia del amplio hemisferio abierto del cielo. Existen pocas dudas de que el Sol y la Luna tuvieron una parte importante en los antiguos actos que se desarrollaban aquí.

Callanish es único entre los emplazamientos de menhires, y se le ha comparado a menudo con la forma de una cruz celta. 13 piedras, entre 2,5 y 3,6 m de alto forman un círculo con un diámetro máximo de solo 12,5 m, ligeramente aplanado en su parte este. Un impresionante megalito de 5 m de alto está situado en el centro, situado al final de una cámara funeraria.

Tres filas salen del círculo, aproximadamente al este y al oeste, y más precisamente la del sur. También hay una larga avenida al norte. Tres piedras son adiciones a este diseño (*9, 34 y 35, p. siguiente*). El monumento mide 122 m de norte a sur y 45 de este a oeste. Al sur está el afloramiento rocoso de Cnoc an Tursa.

Los menhires están compuestos de gneis de Lewis y puede que se haya transportado por casi 2 km. Los constructores probablemente eligieron las formas por razones estéticas o mágicas; piedras con nódulos cristalinos fueron particularmente escogidas.

Como revela esta sección de *Megalitos* muchos escritores han escrito sus opiniones acerca de Callanish. Sin embargo, los motivos de aquellos que trabajaron para crearlo, quizá hace 5000 años, puede que no los conozcamos nunca. Su continuo misterio es parte de la atracción del 'Stonhenge de las Hébridas'.

NOTA RESPECTO A LOS TOPÓNIMOS. En el texto de este libro he utilizado las formas más familiares a los visitantes angloparlantes, y con las formas gaélicas que aparecen en las señales de tráfico generalmente entre paréntesis. El 'Pasisaje Histórico Escocés' y el fondo encargado del centro de visitantes utiliza la forma gaélica 'Calanais'. Sin embargo, el nombre probablemente originó no del gaélico sino del Nórdico Antiguo, el lenguaje de los vikingos. Kalladarnes, referido a un 'acantilado de donde sale un ferry'. A Great Bernera se llegaba antiguamente en ferry desde Callanish.

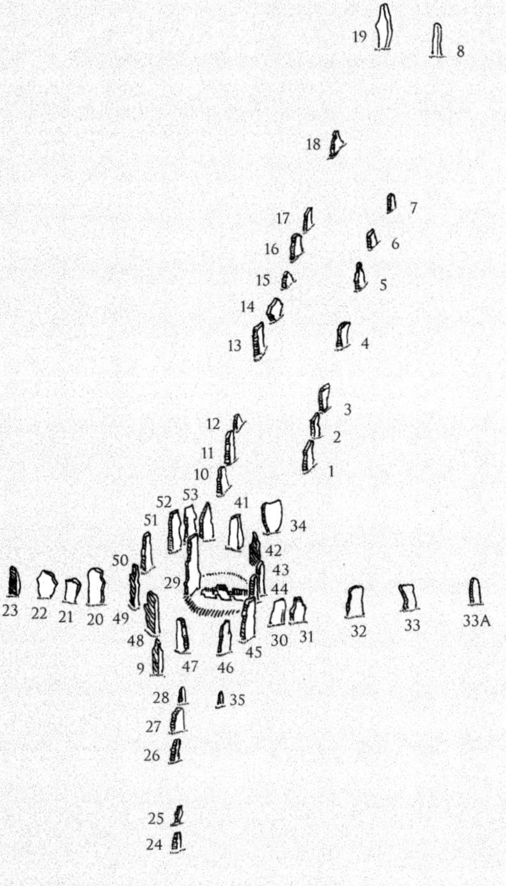

Plano adaptado de *RCAHMS Inventory*, 1928.
Numeración de las piedras de Somerville, 1912.
Losas de Cairn (no se muestran), n. 36-40.

Plano de J. G. Callander publicado
en el *RCAHMS Inventory*, 1928

Fases de la Construcción

5000 años en Callanish

La isla de Lewis (*Leodhas*) parece un lugar poco probable para que se asentaran tribus prehistóricas. El visitante actual encuentra franjas de páramos ondulados y sin árboles, habitadas solo por robustas ovejas de cara negra. La costa varía entre espectaculares playas de rocas y extensas playas de arena blanca. Adentrándonos en la tierra, las zonas arenosas del *machair* son una tierra relativamente fértil. La mayoría de los asentamientos conocidos, incluido el de Dalmore (*Dail Mhor*) 15 km al norte estaban en el *machair*. En los tiempos neolíticos, la isla era más templada y seca que en la actualidad. El nivel del mar era más bajo, así que el lago marino al sur de Callanish podría haber sido principalmente tierra seca.

Una excavación en Callanish en 1980 y 1981 dirigida por Patrick Ashmore identificó varias fases: 1. Alrededor del 3000 a. C., los primeros granjeros araron la tierra que luego se convirtió en pasto. 2. Se cavó una zanja que definía un recinto. 3. Se erigieron 14 megalitos en círculo con una piedra central. Alrededor de cada menhir se construyeron pequeños montículos de piedras y barro para compensar la poca profundidad de los hoyos; las hileras pueden haberse añadido más tarde. 4. Las cámaras de los túmulos se construyeron en un área especialmente aplastada, y un bordillo circular se añadió poco después. 5. Más tarde, quizá alrededor del 1000 a. C., las piedras angulares fueron sacadas del túmulo y sus contenidos esparcidos. Se aró la tierra de dentro del círculo (quizá una cultura con diferentes creencias los invadió). 6. Extrañamente, el túmulo fue parcialmente reconstruido, usando anteriores piedras angulares para crear un recinto al norte. Poco después, se empezó a formar turba, enterrando el túmulo por más de 3000 años.

Las dos principales fases de la construcción de Callanish (dibujos de Patrick Ashmore). El crómlech fue construido entre el 2900 y el 2600 a. C.

Vasijas lujosamente decoradas, típicas de Callanish. Las herramientas estaban hechas de hueso y piedra, con la piedra para las hachas obtenidas de remotas rutas de comercio. Un hacha, encontrada en la turba en Lewis en 1983, compuesta de porcelana de Irlanda con mango de madera, estaba extremadamente bien conservada.

ENCANTADORES Y DRUIDAS

los primeros escritos sobre Callanish

En *Una descripción de las Lewis, por John Morisone, habitante de ahí*, publicado alrededor de 1680, se menciona Callanish, pero sin nombrarlo:

> «...hay enormes piedras erguidas en hileras, algunas de casi un metro de ancho y de 3, 4 y 5 m de altura; la tradición dice que fueron hombres convertidos en piedra por un encantador...»

En 1703, Martin Martin, un nativo de Duntulm, en la punta más al norte de la isla de Skye, publicó su primer plano del lugar en su libro *Una descripción de las islas occidentales de Escocia* publicado en Londres. Era extremadamente inexacto, con demasiadas piedras en la avenida y solo 3 en cada una de las otras hileras. Su plano ni siquiera coincidía con su descripción escrita, con 4 piedras en cada hilera S, E y O.

Martin relató que la población local decía que Callanish era

> «... un lugar de culto en el tiempo del neopaganismo germánico, y que el druida jefe o sacerdote se colocaba cerca de la gran piedra en el centro, desde donde se dirigía a la gente...»

Escritores posteriores repitieron las ideas de Martin acerca de los druidas, y redibujaron su plano sin contrastarlo. El plano apareció en *El escocés gaélico* (1831) de James Logan, y aunque mejorado en otros aspectos, todavía incluía 19 piedras en cada lado de la avenida (*ver portada en página 274*). Años después de que se hubiera publicado material más preciso, el plano seguía sin cambiarse en la segunda edición de 1863.

Forma del Templo Heathen

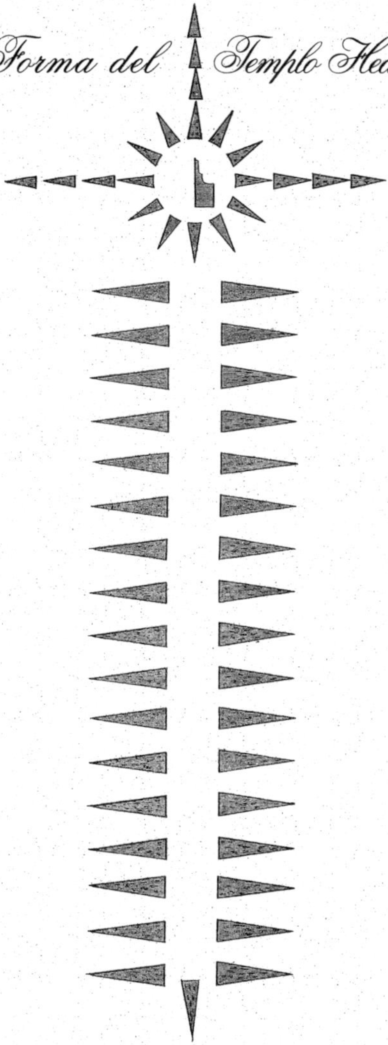

El Famoso Anticuario
Callanish como un «templo serpentino»

Los minuciosos dibujos de William Stukeley de los crómlech de Wiltshire, realizados en 1720, son de gran valor hoy en día (*ver sus dibujos de Stonehenge en p. 4 y 173, Avebury en págs. 194, 207-215, y Stanton Drew págs. 254-257*). Sus publicaciones posteriores están llenas de fantasiosas teorías druidas, las cuales tuvieron gran influencia durante años. De hecho, se le considera a veces el fundador del renacer del movimiento druida. En Avebury, inicialmente consideró el que el círculo y las avenidas curvas representaban un *dracontium* druida, o templo serpentino, aunque también afirmó que era una representación simbólica de la Trinidad.

El plano manuscrito de Callanish de su libro *Commonplace Book* no era original, Stukeley nunca visitó Escocia. Escribió:

> «Tomé un plano de los viajes de Mr. LLwdd pero es un mal dibujante... Una parte de los restos de la serpiente que sale de ahí lo llama una avenida. No distinguió su curva...»

Edward Llwdd (o Lhwyd), cuyo trabajo está perdido, había copiado a Martin, y ¡no es ninguna sorpresa que no se diera cuenta de la curva de la recta avenida de Callanish! Stukeley estaba tratando de ajustar los hechos para que encajaran en sus teorías.

La similitud del plano de Callanish con la forma de una cruz celta la comentó el Rev. Thomas MacLaughlan en 1863. Especuló con que el lugar fuera una reliquia cristiana, ¡quizá construido como penitencia por un grave pecado!

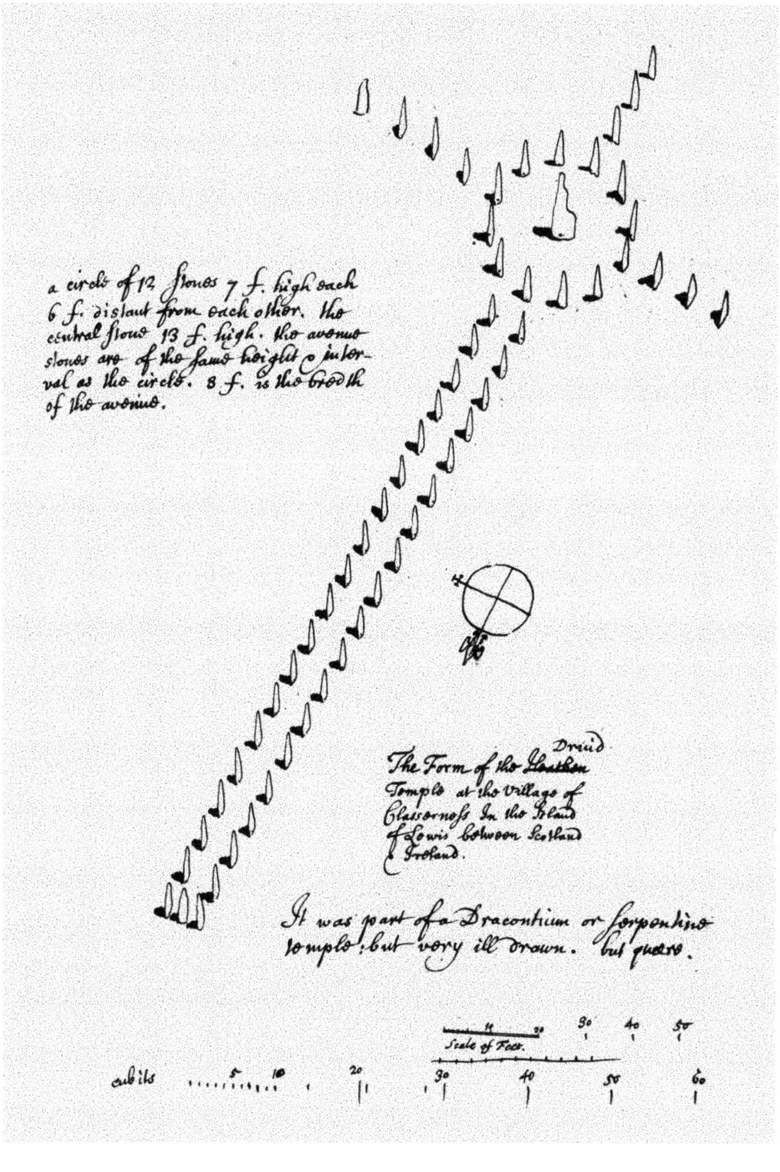
a circle of 12 stones 7 f. high each 6 f. distant from each other. the central stone 13 f. high. the avenue stones are of the same height & interval as the circle. 8 f. is the bredth of the avenue.
The Form of the Heathen Druid Temple at the Village of Classerness In the Island of Lewis between Scotland & Ireland.
It was part of a Dracontium or serpentine temple: but very ill drawn. but quære.
Scale of Feet.
cubits

Un Manto de Turba

¿es Callanish un lugar restaurado?

Para la Edad de Hierro, el clima se había deteriorado y las condiciones en Lewis eran más frías y húmedas. Esto dio como resultado la acumulación de capas de turba, que consiste en material vegetal en semidescomposición. En el siglo XIX, la mayor parte de la isla estaba cubierta por un manto de turba de unos 2 m.

En Callanish, las piedras por tanto parecían mucho más bajas que hoy en día. Esto estaba reflejado en el plano de John Macculloch de 1819, que muestra un número de «piedras caídas». Al menos 8 de ellas están en pie actualmente, lo que hizo que muchos escritores asumieran que Callanish estuviera «restaurado».

El plano de MacCulloch tiene que interpretarse junto con los dibujos hechos por Tomkin en 1885, tras la eliminación de la turba, pero mientras, la decoloración de las piedras mostraba su profundidad anterior. La piedra 3 tenía solo su parte superior expuesta en 1819, y MacCulloch debió haber pensado que se encontraba con una piedra tumbada mucho más pequeña. Es obvio que Callanish estuvo protegido durante 2 o 3 milenios por una cubierta de turba.

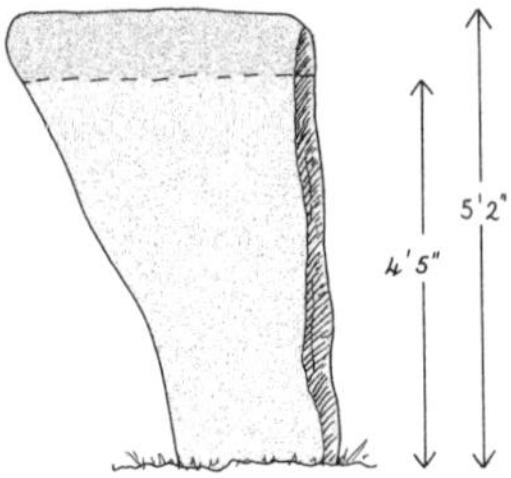

Piedra 3 (Tomkin)

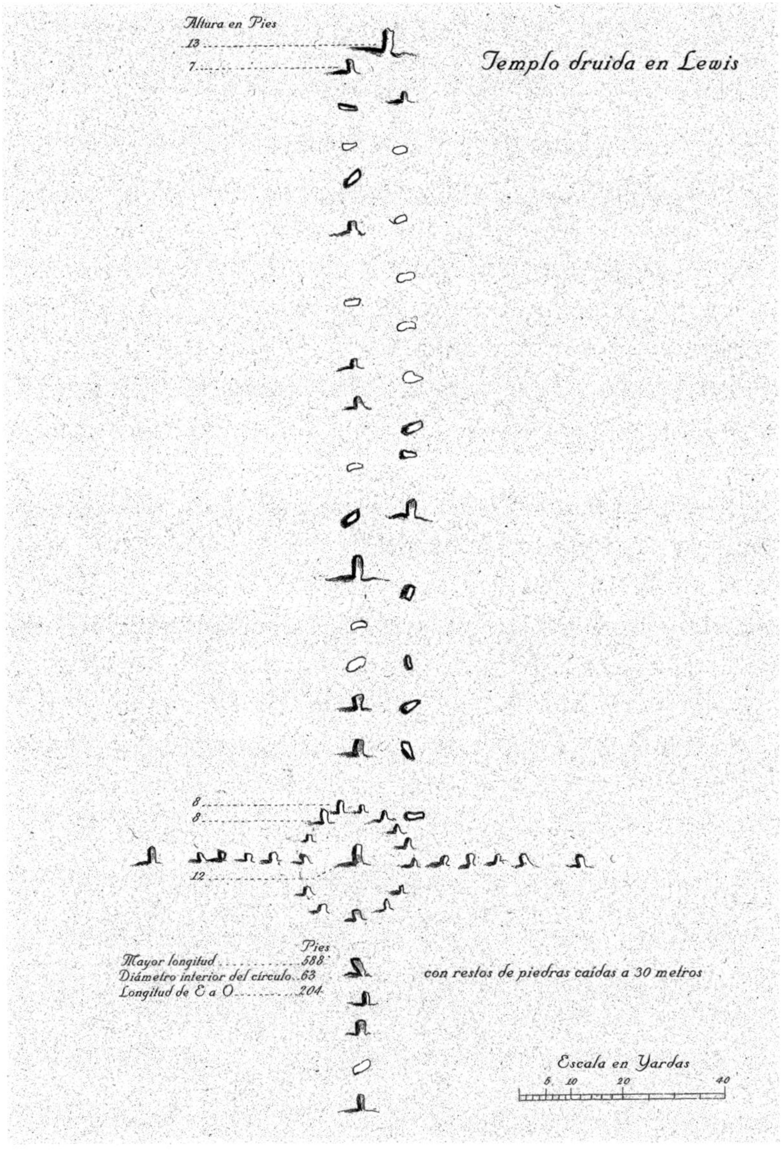
Templo druida en Lewis
Altura en Pies
13
7
8
8
12
Pies
Mayor longitud 588
Diámetro interior del círculo..63
Longitud de E a O...........204
con restos de piedras caídas a 30 metros
Escala en Yardas
5 10 20 40

ANTICUARIOS Y ARQUEÓLOGOS

un útil visitante danés

Una de las limitaciones de los primeros anticuarios era la falta de un marco cronológico para el pasado. Entonces, en 1851, Daniel Wilson publicó *Anales prehistóricos de Escocia* (*la segunda edición incluía un grabado de Callanish, ver i. sup. p. 305*). Esta fue la primera vez que se usó la palabra prehistoria en inglés. Un profesor danés, Christian Thomsen, había dividido la antigüedad en Edades de Piedra, Bronce y Hierro. Por tanto, es quizás apropiado que las primeras ilustraciones conocidas de Callanish las dibujara uno de los primeros arqueólogos daneses.

Un boceto de Jacob Worsaae (*i. sup. p. siguiente*) en un cuaderno de campo de 1846, confirma la conclusión del material de MacCulloch y Tomkin. Worsaae mostró claramente las piedras del círculo como más bajas; el nivel del suelo estaba 2 m más alto de lo que lo está hoy debido al manto de turba.

Un segundo boceto (*i. inf. p. siguiente*) mirando al sur hacia el círculo, muestra que el nivel del suelo ya había bajado a lo largo de la extensión de la avenida al extraer la turba.

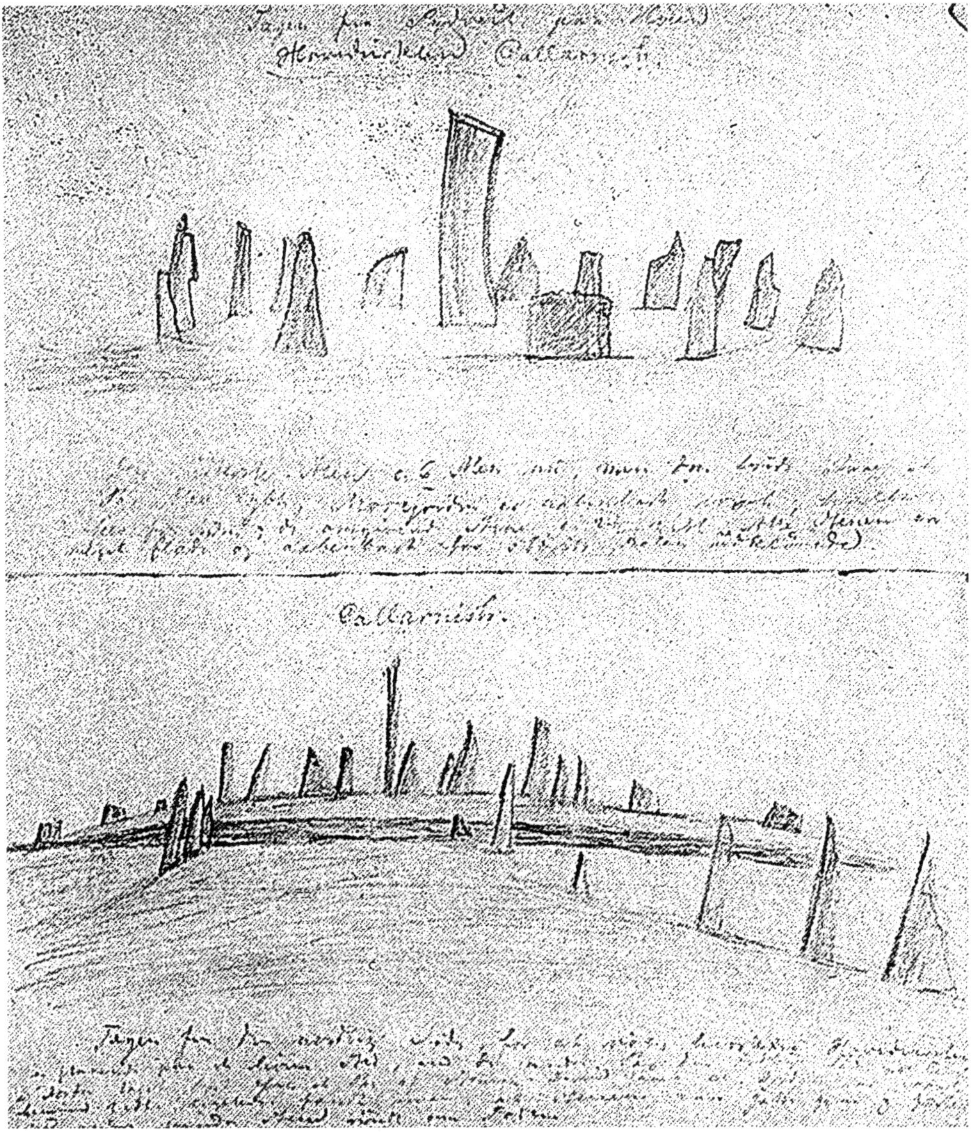
Callanish

La «Excavación» de 1857

rápida extracción de 1,5 m de turba

El artículo de 1854 *Reseña del crómlech de Callerish* incluía «la vista de ojo de pájaro» (*ver p. 303, inferior*) y un estupendo grabado de James Kerr (*abajo*). Se ve a los agricultores recogiendo turba sobre la línea este; se podría esperar que cortaran alrededor del crómlech en unos pocos años. Por tanto, Callender sugirió que la Sociedad de Anticuarios de

Escocia debería pedir a Sir James Matheson, el propietario de la Isla de Lewis que «...el musgo fuera eliminado... para determinar... si algún edificio haya sido erigido a su nivel original».

La turba se eliminó el 2 de octubre de 1857. Cosmo Innes relató a la Sociedad que a 1,5 de profundidad, los trabajadores se encontraron «... una construcción con tres compartimentos».

La Cámara Funeraria

excitante descubrimiento bajo la turba

El descubrimiento de una construcción enterrada en el centro del crómlech de Callanish causó bastante revuelo. La «construcción compartimentada» se ajustaba exactamente al pequeño espacio entre la piedra central y las piedras más al este, como se muestra en el plano de Innes. Era claramente una pequeña cámara funeraria rodeada de un bordillo circular que contenía dos estancias sin techo y un corto pasillo.

Descubriendo la excavación de 1857, Sir James Matheson dijo:

> «Es extraordinario que los lados de la estancia menor estén casi inalterados».

(Un examen minucioso en 1981 mostró que, de hecho, había habido alguna reconstrucción ya que se encontró cristal victoriano entre las piedras que formaban las paredes de la estancia).

Junto a su nota, Sir James incluyó

> «... algunos pequeños fragmentos de lo que supone que eran huesos encontrados allí y una muestra de una sustancia untuosa negra».

Alguien llamado Profesor Anderson examinó estos materiales, concluyendo que los huesos eran humanos «que habían sido expuestos al fuego», pero no dijo nada de la sustancia untuosa.

La tradición local habla de niños del pueblo que dibujaron en las piedras con carbón que se encontró ahí. Los arqueólogos actuales inevitablemente lamentan que los contenidos del túmulo no estén disponibles para examinarlos con los modernos métodos científicos.

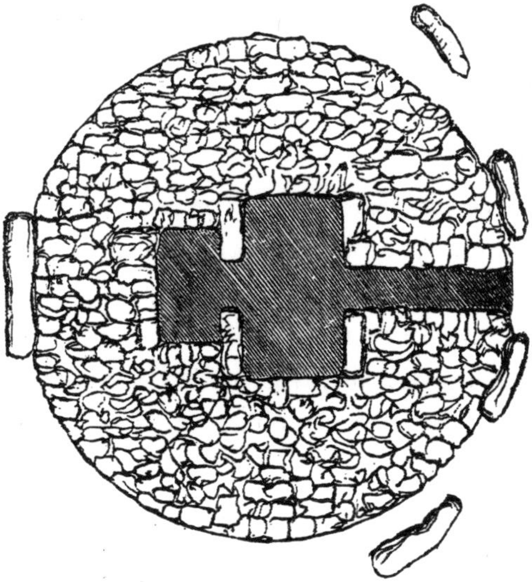

Plano de Innes del túmulo encontrado en el crómlech de Callanis en 1857, mostrando cómo encaja entre la piedra central de la izquierda y la curva más al este del círculo de la derecha.

Vista del túmulo, mostrando claramente los 3 compartimentos, así como un dintel sobre una de las puertas.

Investigadores y un Vicario

visitantes con un ojo artístico

Con el descubrimiento del túmulo de Callanish en 1857, se convirtió en visita obligada para todo interesado en las antigüedades de Escocia.

El capitán F. W. L. Thomas, un destacado miembro de la Sociedad de Anticuarios, comenzó una investigación de Callanish y los lugares cercanos poco después de la limpieza de la turba. Unas series fascinantes de delicados dibujos con lápiz de piedras individuales se atribuyen a su asistente, 'Mr. Sharbau'.

Copias mejoradas de los borrosos originales de Sharbau se reproducen al dorso, mientras que su dibujo del túmulo aparece en la pág. anterior. Usó su propio sistema de numeración para las piedras, pero los de Somerville le reemplazaron (*ver que no están incluidas las piedras 36-40*).

Sharbau indicó la piedra 35 como caída, pero se volvió a poner en pie, probablemente por deseo de Matheson en el tiempo de la visita de Sir Henry James. Él era el director del estudio de Ordnance, y su extenso tomo *Planos y fotografías de Stonehenge y Tursuchan en la Isla de Lewis* se publicó en 1867. Incluía el plano más preciso de Callanish disponible entonces. De mayor interés hoy en día, sin embargo, es su zincografía del crómlech (*p. sig. arriba*). Diez años después de retirar la ácida turba, su efecto blanqueador era todavía visible. Esto apoya todas las evidencias anteriores de piedras medio sepultadas en 1,5 m de turba. La ilustración muestra la cavidad del túmulo, pero en un estado «muy ordenado».

Una aguatinta moderna del escocés Lorraine Tolmie (*p. sig. abajo*) muestra que desde entonces ha desaparecido el efecto blanqueador.

Drawn by Colonel Sir Henry James R.E. 1866. *Copied in Chalk by 2nd Corporal Goodwin R.E.*

TURUSACHAN, CALLERNISH,
O
EL LUGAR DEL PEREGRINO EN BLEAK HEADLAND,
EN LA
ISLA DE LEWIS.

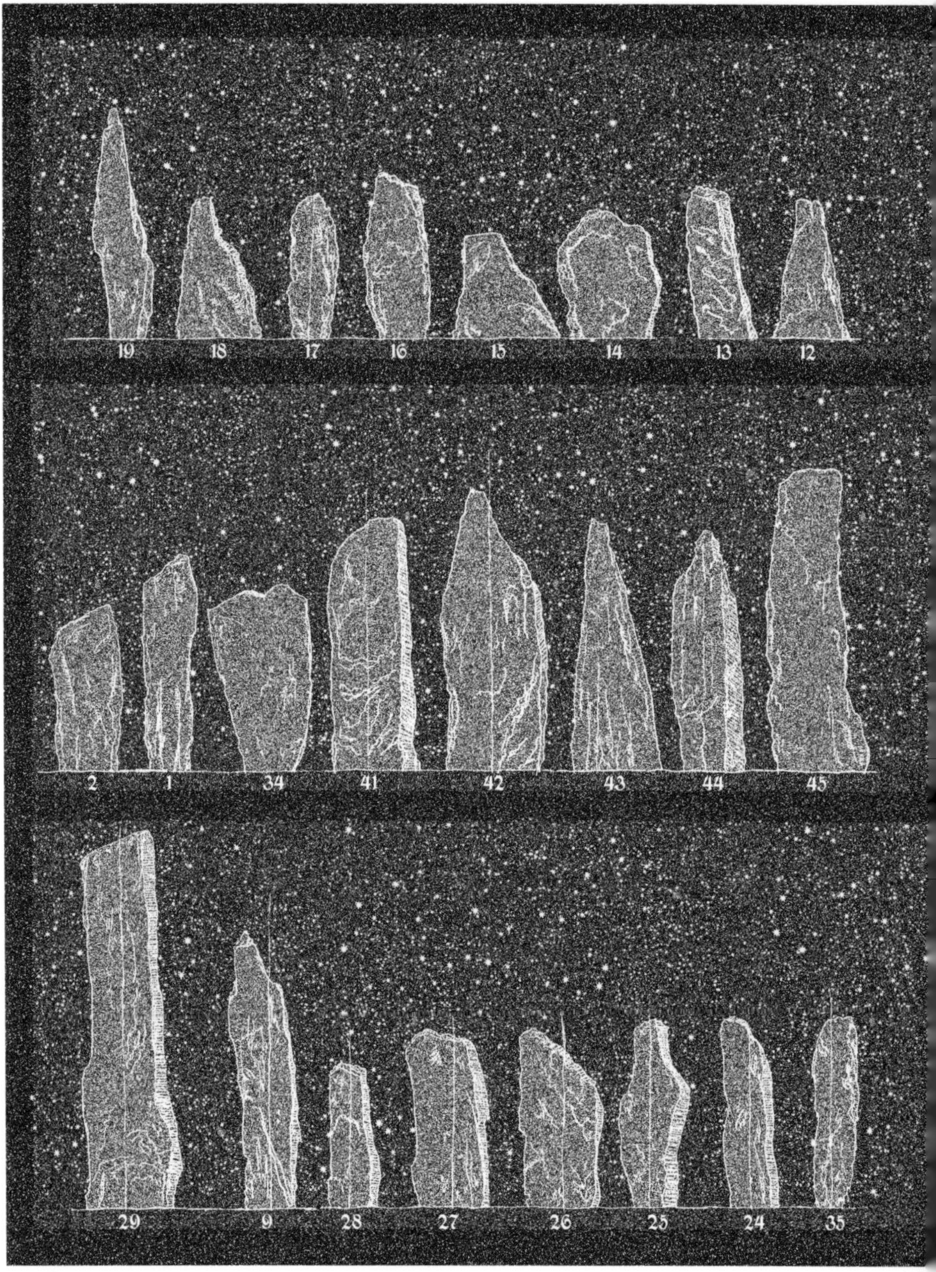
19
18
17
16
15
14
13
12
2
1
34
41
42
43
44
45
29
9
28
27
26
25
24
35

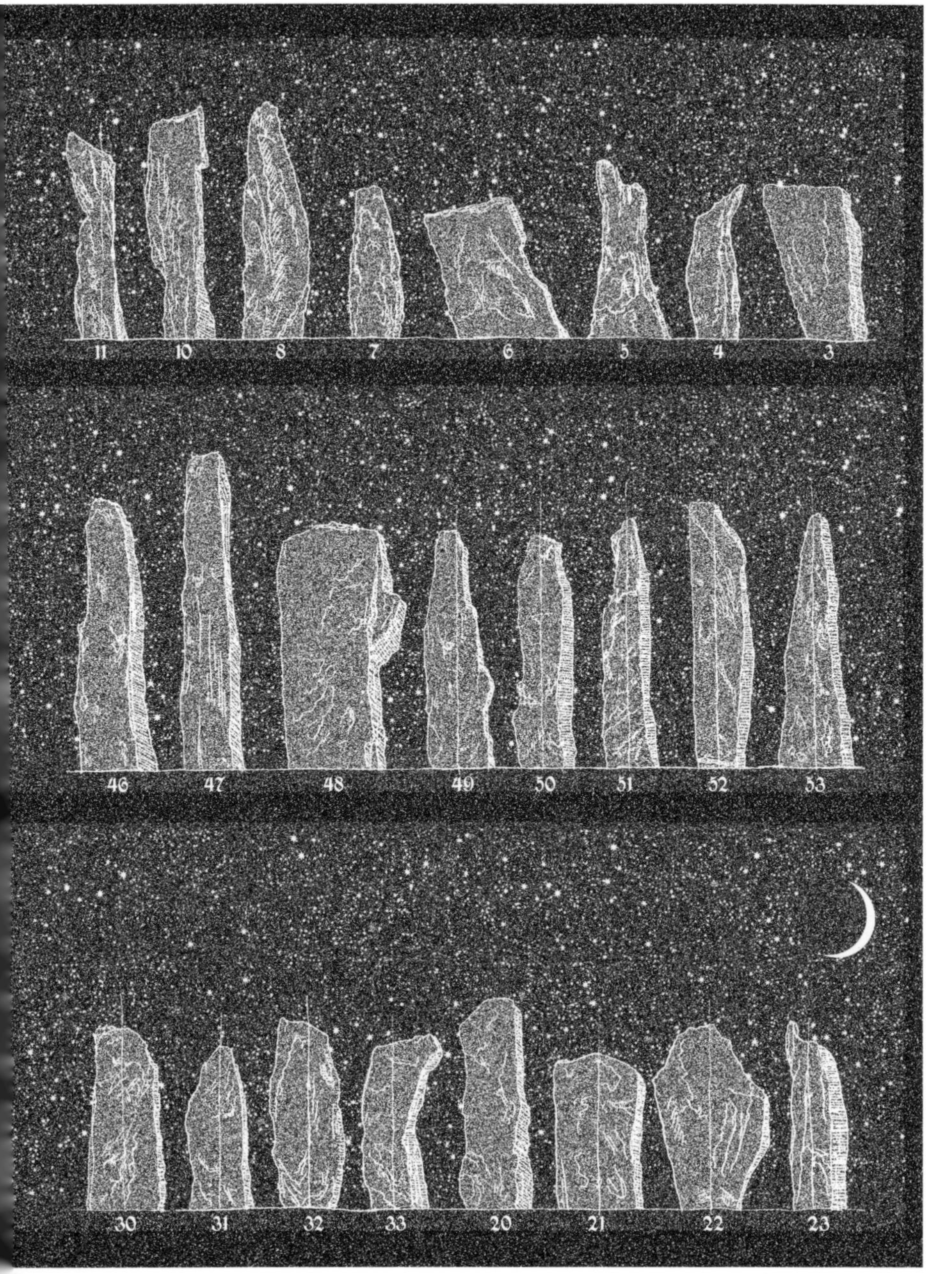
11
10
8
7
6
5
4
3
46
47
48
49
50
51
52
53
30
31
32
33
20
21
22
23

La Protección de Callanish
llega el inspector

Para apoyar la aprobación de la Ley de Protección de Monumentos Antiguos, C. P. Kains-Jackson produjo *Nuestros antiguos monumentos y la tierra que los rodea* (1880). Era un catálogo de importantes lugares por todo Gran Bretaña que podían incluirse en la nueva ley. Las tres páginas sobre Callanish incluyen un dibujo fascinante (*p. sig. arriba*), pero muchas de las piedras están desproporcionadas.

Una vez que se aprobara la ley en 1882, el general Augustus Pitt Rivers fue nombrado Inspector de los Monumentos Antiguos. Bien se podría llamar 'el padre de la arqueología británica'. Su interés por la arqueología comenzó en la década de 1850 en destinos de ultramar, donde comenzó a coleccionar miles de artículos etnográficos, y continuó al regresar a Inglaterra, donde realizó una meticuloso y preciso registro de sus excavaciones en el área de Dorset. Su colección de 22.000 objetos internacionales son la base del Museo Pitt Rivers en la Universidad de Oxford. Su visita a Lewis en 1885 acompañado de su asistente-artista Tomkin marcó un punto de inflexión en la historia de Callanish. Además de un plano detallado realizaron dibujos individuales de cada piedra, mostrando el anterior nivel de la turba (*ver p. 286*). La piedra 35, vuelta a poner en pie en la década de 1860 está ahora rota, con la mitad superior tumbada junto al resto (*ver dibujo p. 301*). Pitt-Rivers pidió su reparación, pero se retrasó hasta comienzos del siglo XX.

Además, Pitt-Rivers acordó la futura protección de Callanish por una nueva ley.

I. Sup.: Vista de Callanish de Nuestros antiguos monumentos y la tierra que los rodea, *C. P. Kains-Jackson, 1880. I. inferior: Vista de Callanish dibujada por el general Augustus Pitt-Rivers, recién nombrado Inspector en 1885.*

Visitantes del Castillo

turbadores ruidos en la neblina del solsticio de verano

Una de las labores de Pitt-Rivers era persuadir a los propietarios de las tierras de dejar sus monumentos bajo tutela del Gobierno. Tenía la ventaja de estar en igualdad de términos con gente como Lady Mary Jane Matheson, en ese tiempo la propietaria de Lewis. En una carta a Pitt-Rivers escribió: «Estaré muy agradecida de que las Piedras Callernish... estén bajo las antiguas montañas. Creo que es la única manera de preservarlas».

El camino que se ve en el grabado de John Sinclair de 1891 estaba hecho probablemente para los invitados al Castillo de Lewis (*Caisteal Leodhais*). Una historia de este periodo nos habla de una visita de un grupo de hombres para ver el amanecer del solsticio de verano; a las mujeres no se les permitía ir, por miedo a actos sexuales entre parejas.

Una anciana de una familia «de las piedras» les advirtió antes de partir que *«solo a aquellos a quienes les es dado, pueden ver»*. Aunque el tiempo era bueno, cuando el grupo regresó a Stornoway (*Steornabhagh*), en Callanish las piedras se cubrieron de una densa niebla, de donde emergieron inquietantes ruidos.

Esta y otras leyendas fueron recogidas en 1966 por Otta Swire en su libro *Las Hébridas exteriores y sus leyendas*. *(Las ilustraciones de la pág. siguiente abajo y portada son ambas de este libro).*

I. sup: Vista de Callanish de John Sinclair en 1891, mostrando claramente el camino a través del crómlech y el blanqueamiento de la parte inferior de los menhires. I. inf: Ilustración de Callanish en Las Hébridas exteriores y sus leyendas*, 1966, de T. A. Wise.*

Leyendas de las Piedras

cucos, chochines, brujas y una vaca mágica

Una leyenda común es que los megalitos son gente que se han convertido en piedra por alguna falta. En Callanish, la historia es que San Kieran petrificó a gigantes paganos que se oponían al cristianismo. La adaptación de un grabado de James (*pág. 295*) en la Universidad de San Andrew muestra el crómlech como figuras antropomórficas, mientras que la piedra 30, más baja, es el asiento de un violinista. La palabra gaélica para los menhires, Tursachan significa 'lugar de tristeza'.

Muchos relatos tienen que ver con aves: el cuco hacía su primera llamada de la primavera desde estas piedras. Una llamada del cuco también pregonaba el misterioso «Resplandeciente», de quien se dice que recorría la avenida en el amanecer del solsticio de verano. Los chochines siempre volaban junto al sacerdote jefe, que llevaba una capa de plumas de colores. Él y sus compañeros sacerdotes se suponían que siempre traían las piedras de Lewis en muchos barcos. En otra historia, una vaca que hablaba en gaélico iba a las piedras durante una hambruna y daba leche a todos, pero una bruja utilizó un cubo sin fondo para ordeñarla y dejarla sin leche. Nunca más se volvió a ver a la vaca.

Otra leyenda habla de una chica del pueblo que pidió a una bruja un cinturón mágico para dañar a una rival en el amor. Replanteándose este malvado acto, colocó el cinturón alrededor de una de las piedras; la piedra ardió y se partió en dos, entre aullidos y batir de alas.

Una tradición de Beltane (1 de mayo) era que todos los fuegos se iban a apagar en la isla. Un viejo sacerdote hizo un fuego con un árbol cercano y lo distribuyó por el círculo.

TURUSACHAN CALLERNISH

VISTO BAJO LA INFLUENCIA DE ESPÍRITUS

Arriba: Piedras de Callanish como gigantes, petrificados cuando paró la música.
Abajo: Estudio de Callanish del artículo de Henry Callendar de 1854.

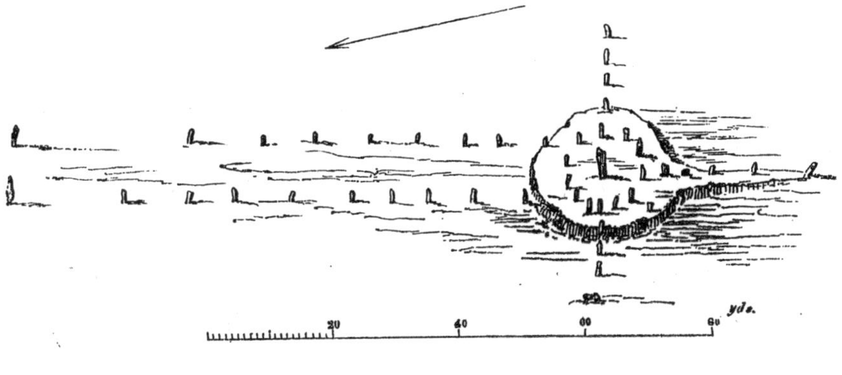

Más Allá de la Frontera

La Bella Durmiente y la Diosa Blanca

Una cordillera al sudeste de Lewis toma la apariencia de una mujer de espaldas cuando se mira desde el área de Callanish (*imagen inferior*). Se le llama 'la Bella Durmiente', y de forma menos halagadora '*Cailleach na Mointeach*' (La anciana del páramo).

La idea de que esta «figura» tenga una conexión con los emplazamientos de Callanish partió de una investigación astronómica que realizamos Margaret Curtis y yo. En momentos destacados de su ciclo, la luna se eleva desde esta parte del horizonte más meridional (*ver. p. 312-313*).

Investigadores esotéricos han adoptado entusiastamente a la 'Bella Durmiente' como la representación de la 'Diosa Blanca' o la universal 'Madre Tierra'. Algunos creen que ceremonias relativas al nacimiento, fertilidad y muerte ocurrieron en el Círculo de Callanish, conmoviendo a la Diosa Blanca y revitalizando la isla y sus gentes.

Para un cierto tipo de visitante, los crómlech emanan un aura mística indefinible, quizás capturado en la interpretación artística de Gail Kelly de Ceann Hulavig (*Callanish IV, pág. siguiente abajo*).

Teorías acerca de Callanish

¿un observatorio astronómico «primitivo»?

Callanish se ha explicado de muchas maneras. Diferentes escritores dijeron que era la «corte de un monarca de las Hébridas», un lugar de descanso de un muerto ilustre, una antigua corte gótica, o un templo de Thor o Apolo. Para muchos era la «Gran Catedral Druida de Escocia». En 1931, Logan imaginó a los druidas escoceses como se muestra abajo, pero este culto probablemente nunca llegó a Las Hébridas. En cualquier caso, 1000 años antes del tiempo de los druidas ya existían crómlech.

John Toland sugirió en 1726 que los doce obeliscos del círculo representaban los signos del zodiaco mientras que las 19 piedras en cada lado de la avenida tenían que ver con el ciclo lunar de 19 años. Las líneas de piedras tenían que ver con los 4 vientos principales.

En 1808, James Headrick llamó a Callanish un «primitivo observatorio astronómico», donde los sacerdotes señalaban el ascenso del Sol, la Luna y las estrellas. Henry Callender afirmó que la fila sur y la columna central se alineaban con la estrella polar, pero no había ninguna estrella en esa posición en tiempos megalíticos.

Estas primeras ideas de que había una conexión entre Callanish y el cielo auguró un acercamiento más científico a la astronomía y los megalitos en el siglo xx. Sir Norman Lockyer, trabajando con estudios previos en 1909, afirmó haber encontrado dos alineamientos de estrellas, pero pocos investigadores aceptan este tipo de alineamientos hoy en día.

Astronomía en los Megalitos

Almirante Somerville y Profesor Thom

El almirante Boyle Somerville estudió Callanish y en 1912 publicó el plano más riguroso hasta esa fecha (*página siguiente*). Su numeración de las piedras se continúa utilizando hoy en día (*pág. 279, 296-297*). De los alineamientos astronómicos que sostuvo, el más significativo era la línea de la piedra 9 a la 34, que «apunta» a la salida de la luna en su posición más al norte. Este fue el primer indicio de que el hombre prehistórico pudo haber seguido los complejos movimientos de la luna.

Alexander Thom, profesor de ingeniería en Oxford, pasó muchos años estudiando menhires por todo Gran Bretaña. La primera observación que captó su interés fue realizada una tarde de verano de 1923, al atracar su barco cerca de Callanish. Décadas más tarde, explicó:

> '«... después de cenar, fuimos a la orilla a explorar ... vi mirando a la estrella polar que había una línea NS en el complejo... me pregunté si el alineamiento ... se había construido así a propósito...»

Las conclusiones de Thom, que hicieron furor en la arqueología, fueron que los constructores de los crómlech utilizaron el mismo sistema de medida y geometría en todo Gran Bretaña, y que poseían un detallado conocimiento de astronomía. Ver su estudio de Callanish I.

I

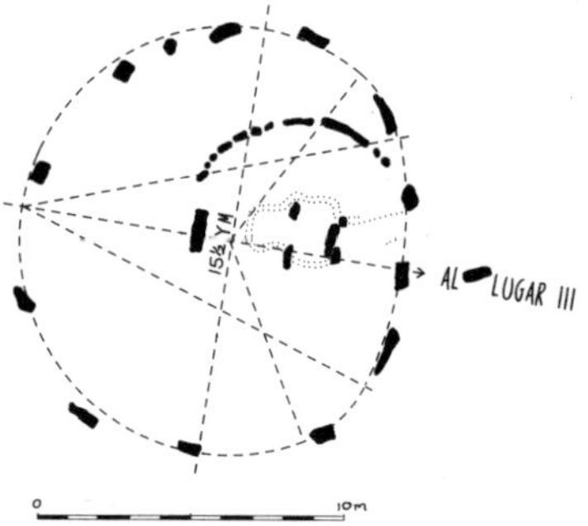

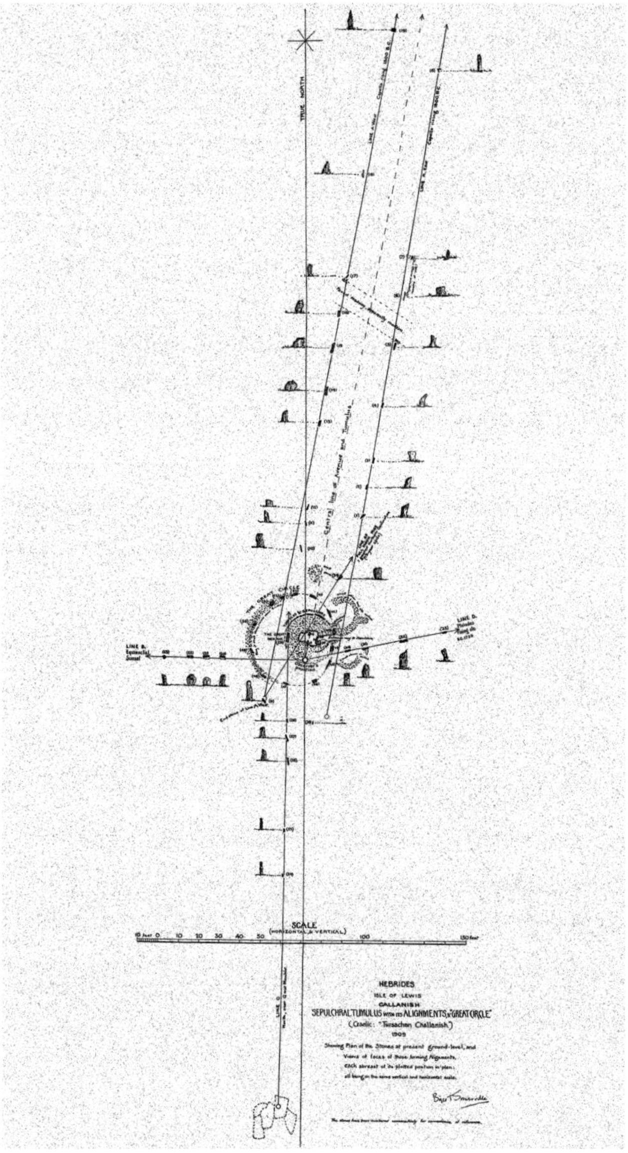

Estudio de Callanish del almirante Boyle Somerville de 1912, el más exacto de su tiempo. Somerville fue la primera persona en relacionar el lugar con las salidas de luna más al norte.

Ciencia Megalítica
mediciones, geometría y astronomía

Solo algunos «círculos de piedra»como el de Achmore son realmente circulares. Aubrey Burl sugiere que pueden ser los más antiguos. Alexander Thom concluyó que los demás fueron construidos siguiendo figuras geométricas. Clasificó el círculo central de Callanish como un círculo aplanado tipo A. Callanish II y Callanish X también siguen la misma geometría, mientras que los III y V son ambos elípticos.

Tom propuso que los constructores de crómlech utilizaron una unidad igual a 0,82 m, que llamó Yarda Megalítica. Según el estudio de Ron Curtis, Callanish IV tiene un eje de 15 YM, otro de 12 YM y un perímetro de poco más de 42½ YM.

Aunque las ideas de Thom sobre la astronomía en Callanish han sido reemplazadas, sus libros estimularon la nueva disciplina de la arqueoastronomía. Los alineamientos de piedras se comprueban para ver si sus constructores los alineaban con destacadas características del horizonte donde el Sol o la Luna salían o se ponían en sus posiciones más extremas o en el tiempo de eventos importantes del calendario.

Detalles de los Seis Estudios se muestran en la siguiente página:

Achmore -según Ponting.

Emplazamiento I – según Thom. Estudio de Somerville. Geometría de Curtis.

Emplazamientos II, III y IV - Imágenes compuestas según Curtis y Thom.

Emplazamiento X – Estudio y geometría según Curtis.

Las flechas indican los alineamientos sugeridos por Curtis entre los lugares.

Achmore

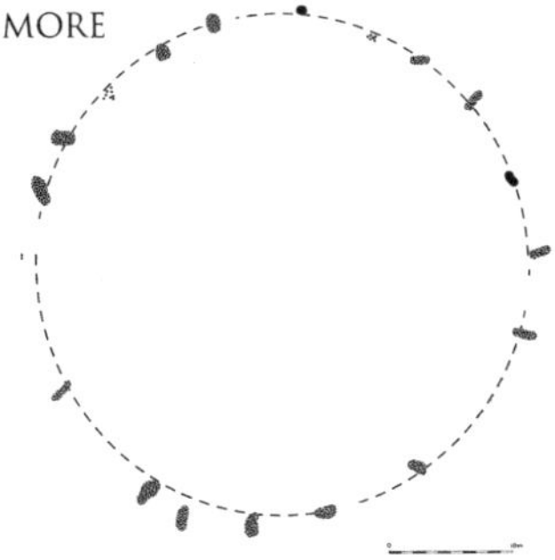

I

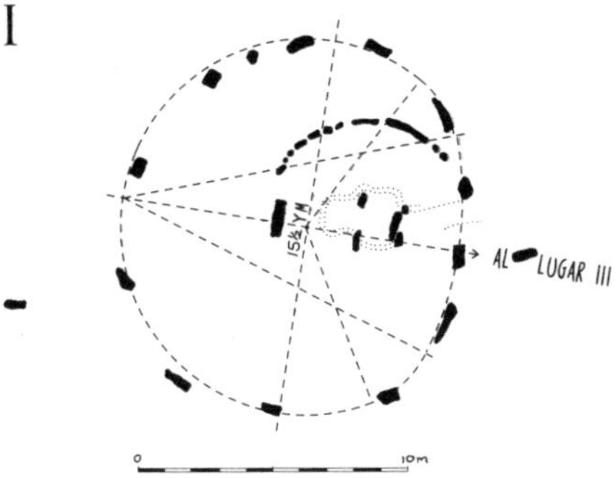

II

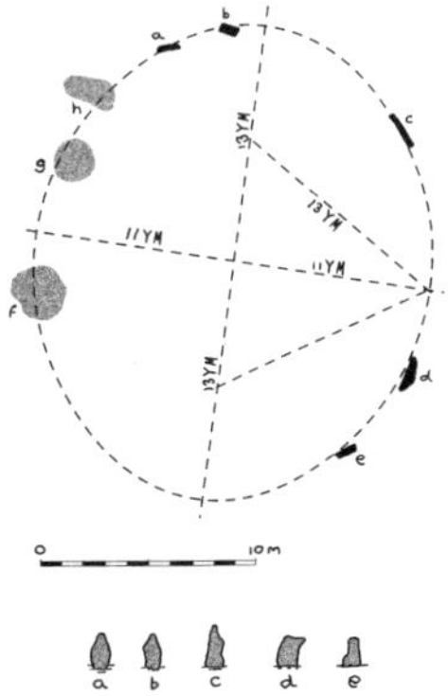

III

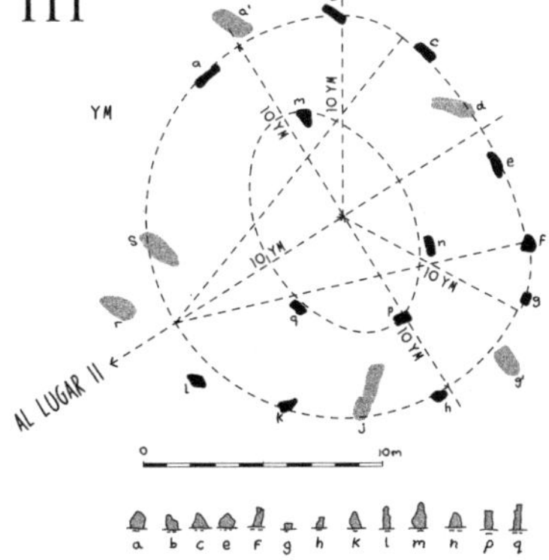

IV

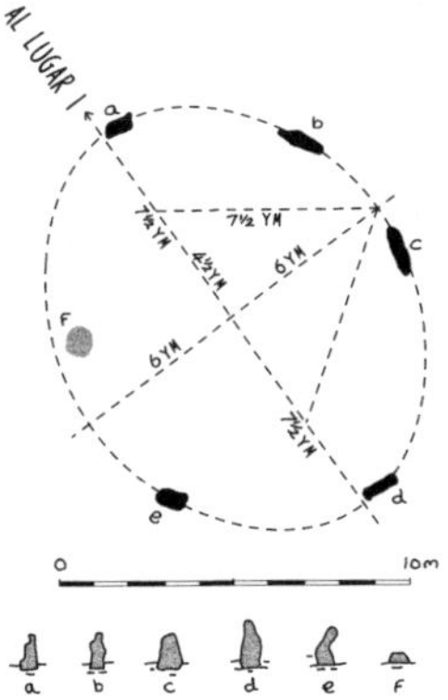

X

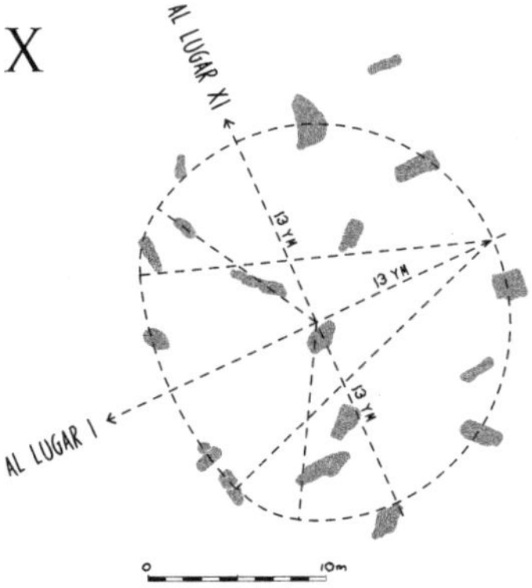

Templos Prehistóricos

¿Por qué se construyeron los crómlech?

En la latitud de Callanish, el amanecer varía cada año de 40° en el solsticio de verano a 140° en el de invierno, más que en el sur de Inglaterra. Las posiciones de salida y puesta de luna en el horizonte realizan una oscilación similar cada mes lunar, pero su extensión sobre el horizonte varía según un ciclo que dura 18,6 años (*ver p. 166-169*). Las mayores oscilaciones lunares van de 23° a 157°, y ocurren en los lunasticios mayores, como en 2006 y 2025, cuando la Luna sale y se pone más al norte y al sur de lo que nunca alcanza el sol. En la latitud de Callanish este evento es especialmente espectacular, ya que la Luna más al sur apenas sobrepasa el horizonte sur (*ver abajo*).

Las culturas «primitivas» tienden a combinar todos los aspectos de sus vidas—religión, arte, medicina, astronomía y cultivos—en un solo marco ritual. La construcción de un crómlech debía de ser un esfuerzo conjunto que ayudaba a la cohesión social. Cuando se completaba, era probablemente un centro social y religioso con propósitos similares a aquellos de una parroquia medieval. Cualquier deidad que se adorara,

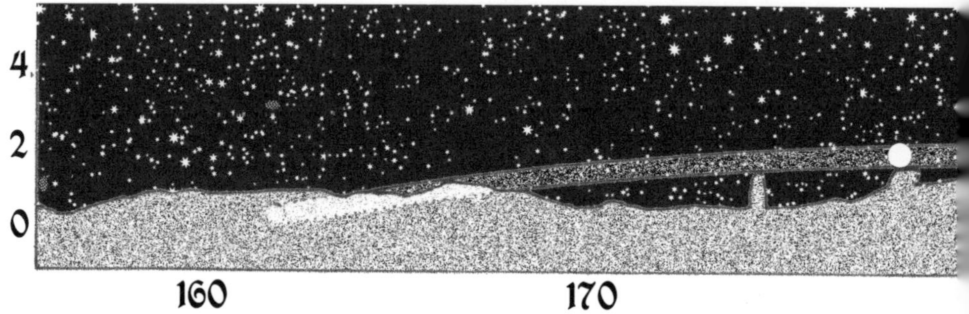

las ceremonias en el crómlech probablemente incluían celebraciones de la cosecha, ritos de iniciación y funerarios e incluso comercio. Los 'sacerdotes' que las oficiaban puede que tuvieran un conocimiento más preciso de los movimientos del Sol y de la Luna, transmitidos oralmente y preservados en estructuras megalíticas. Por tanto, se conocerían los mejores momentos para impresionantes ceremonias.

Dos escritores clásicos griegos nos hablaron acerca de la septentrional región de 'Hyperborea'. Eratóstenes dijo que el templo de los hiperbóreos «tenía alas», mientras que en el 55 a. C. Diodorus escribió:

> "... existe también en la isla ... un importante templo ... de forma esférica ... la luna, desde esta isla, parece estar cerca de la Tierra ... el dios visita esta isla cada diecinueve años..."

Estos relatos encajan con Callanish. Donde dice esférica, leamos circular, mientras que las filas este y oeste pueden ser las «alas»; 19 años es muy similar a 18,6; en lugar de dios, leamos la luna, que está «a poca distancia de la Tierra» en su posición más al sur.

En septiembre de 2006, se pudo observar desde la avenida cómo la luna se elevó por encima de la Bella Durmiente, sobrevoló el horizonte y desapareció brevemente, antes de reaparecer «entre» las piedras.

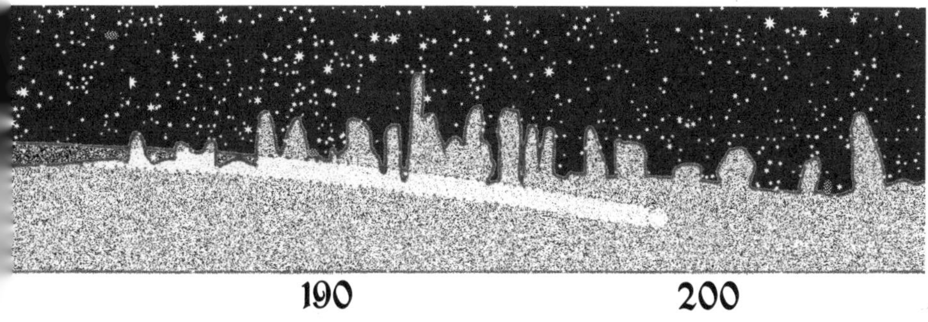

Cnoc Ceann A' Gharraidh

Callanish II

Al final de una calle sin salida, a 800 m del sudoeste de Callanish, se eleva otro fascinante crómlech a menudo conocido como 'Callanish II'. Su nombre en gaélico significa «la loma al final del muro». Hay cinco piedras erguidas, una de casi 3 m de alto más cuatro o más caídas.

Este crómlech aparece citado por varios anticuarios como emplazamiento «menor» cerca del «principal». Tras el éxito de la limpia de la turba en Callanish, Sir James Matheson hizo lo mismo en los sitios II, III y IV al año siguiente. (*Ver mapa en la página 276*).

El dibujo de John Stuart (*pág. siguiente*) muestra claramente un túmulo y otras características internas que fueron reveladas en 1858, poco tiempo antes de su visita. El artículo de Stuart se llamó *Notas de marcas de incisiones en uno de los círculos de piedras elevadas*. Creyó, bastante ingenuamente, que una piedra en particular estaba marcada deliberadamente, y quizá era incluso ¡escritura ogámica! Sin duda, son grietas naturales. (Es la piedra redonda, descansando algo más abajo que el centro del crómlech). Se dice que se había trasladado a la hacienda de Sir James en Stornoway para protegerla. De ser verdad, se partió parcialmente más tarde para utilizarla como material de construcción.

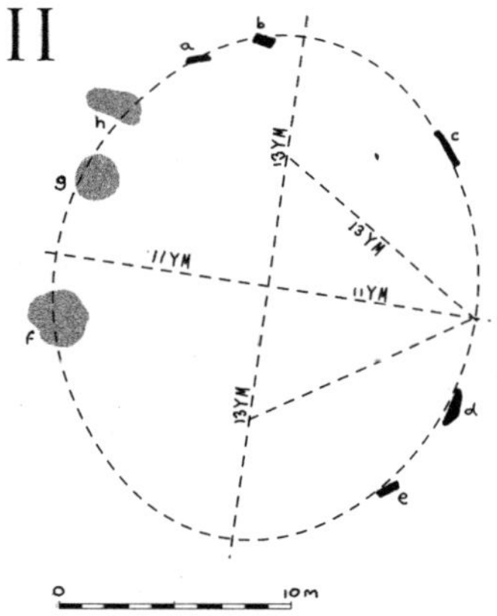

BIRDS EYE SKETCH OF STANDING STONES

About a mile from the large stone Circle near Callernish Island of Lewis.

Proceedings of the Society of Antiquaries of Scotland

Callanish III y IV

Cnoc Fillibhir Bheag y Ceann Hulavig

El nombre gaélico de Callanish III significa «pequeña loma Fillivir». 8 menhires están en pie, y otros 4 fuera del crómlech, como se muestra en el estudio del almirante Somerville. También hay varias piedras caídas.

Claramente visible desde la carretera al acercase a Callanish desde Stornoway, es el más visitado de los llamados «emplazamientos menores». En tiempos modernos, el crómlech parece atraer a los visitantes más «místicos», quienes pueden lamentar el uso de carteles y camino asfaltado al mismo Callanish. En un invernal día de tormenta de 1984, la banda de rock de Glasgow 'Ultravox' rodó aquí uno de sus videos.

Dos kilómetros al sur descansa Ceann Hulavig («cabeza de la bahía Hula», Callanish IV). Al emplazamiento se accede desde la carretera de Garynahine-Uig por medio de un camino con una verja. Sus cinco menhires forman una elipse, y están todos recubiertos de un liquen grisáceo (*ver también grabado en página 305*).

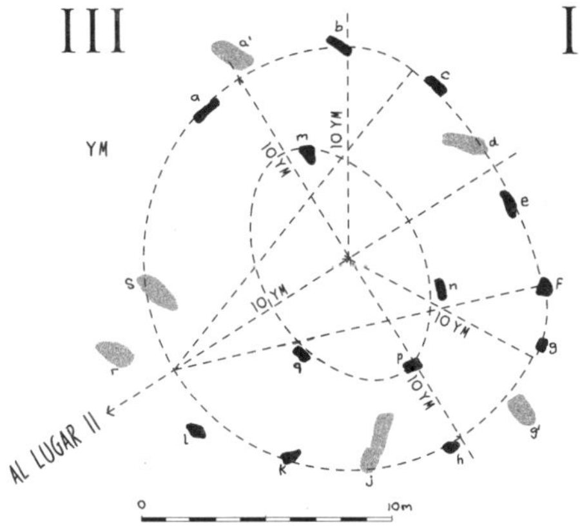

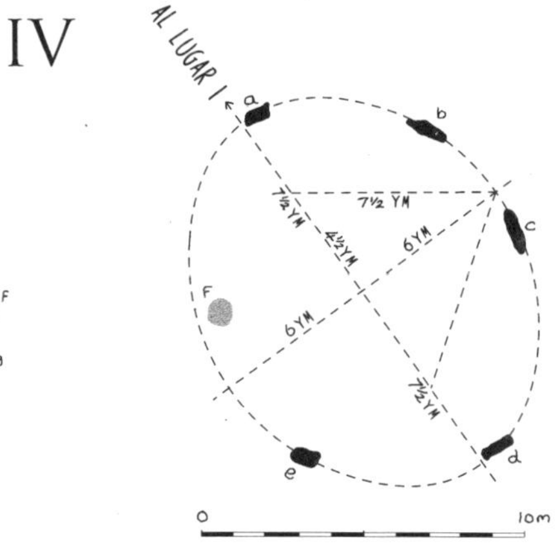

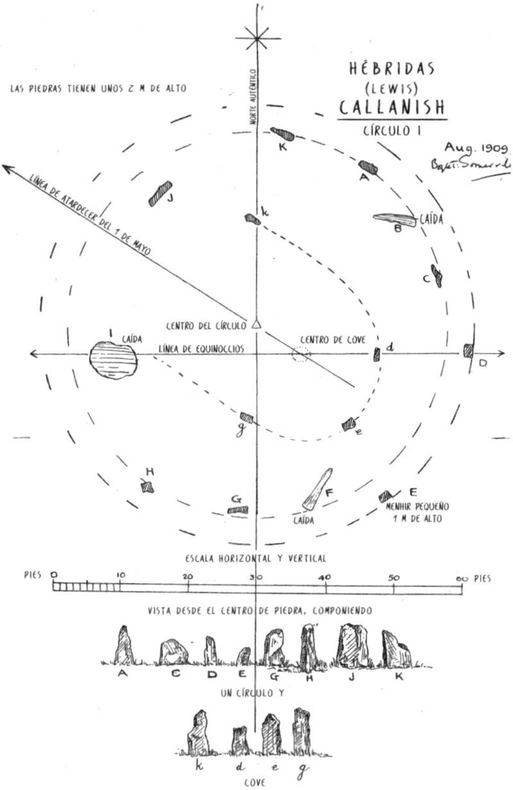

FIG. 4.

Izda.: Estudio del almirante Somerville de 1912 de Callanish III. Somerville, fascinado por los menhires, dedicó gran parte de su tiempo libre desde 1908 hasta su muerte a estudiar antiguos lugares y fue uno de los pioneros de la arqueoastronomía.

Abajo: Callanish IV. Al eliminar la turba a finales de la década de 1850, solo se limpió el área interior, resultando en que está situado en una hondonada poco drenada, como se muestra en el dibujo de Tomkin.

Conexiones entre Lugares

razones para muchos emplazamientos en una sola área

¿Por qué hay tantos crómlech concentrados alrededor de Callanish y cuál era la conexión entre ellos? Existen varias teorías.

→ Los emplazamientos eran de periodos diferentes, cada uno construido como una mejora respecto al anterior.

→ Cada uno era un templo de una rama de una religión antigua, de la misma manera que sucede con las diferentes iglesias cristianas.

→ Cada crómlech era el centro de una pequeña comunidad. Esto se ha mostrado como probable, por ejemplo, en la zona de Lands End. Si cada crómlech era, en términos episcopalianos, «una iglesia parroquial», entonces Callanish debía ser «la catedral».

→ Todos los emplazamientos se usaron al mismo tiempo y formaban un complejo interdependiente, quizá con líneas entre ellos de importancia astronómica. Esta idea está implícita en el concepto del «diamante de Callanish», con todos los crómlech situados en el área donde dos cordilleras de colinas se relacionan con la salida y puesta de la Luna en su posición más al sur.

Callanish todavía mantiene muchos de sus secretos, a pesar de todos los esfuerzos de los anticuarios del siglo XVIII y XIX y arqueólogos y astrónomos del siglo XX. Las técnicas del futuro pueden revelar algunos de los misterios del lugar, pero no destruirán la fascinación por el «Stonehenge de las Hébridas».

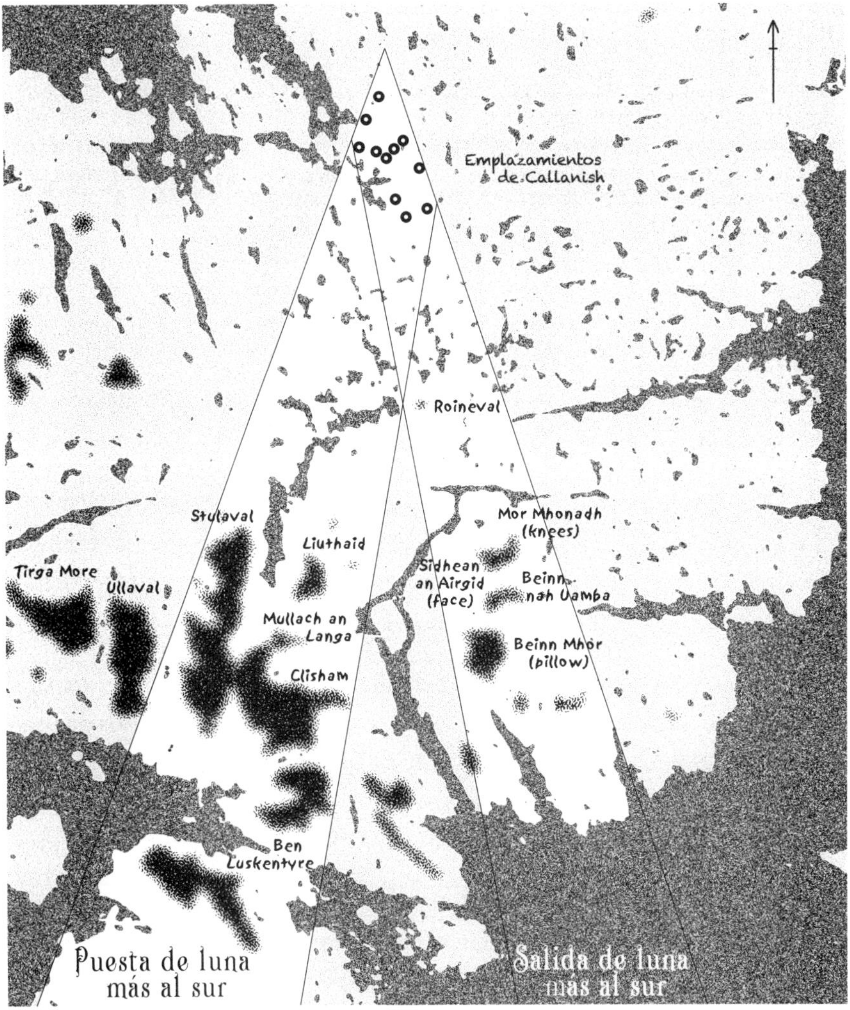

Cuando la Luna en sus extremos más al sur se eleva sobre las colinas de la Bella Durmiente y se pone en las colinas de Harris, las líneas de visión de la salida y puesta de Luna forman un «diamante», dentro del cuál descansan todos los emplazamientos de Callanish. ¿Puede ser la razón por la que se encuentran tantos crómlech en esta área?

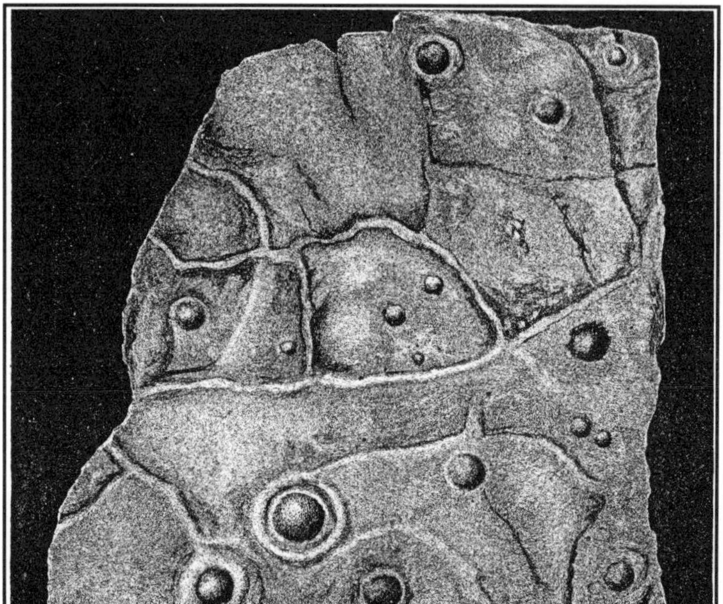

Bloque de piedra de Sneem en el condado de Kerry, Irlanda

ARTE ANTIGUO BRITÁNICO
EN ROCA

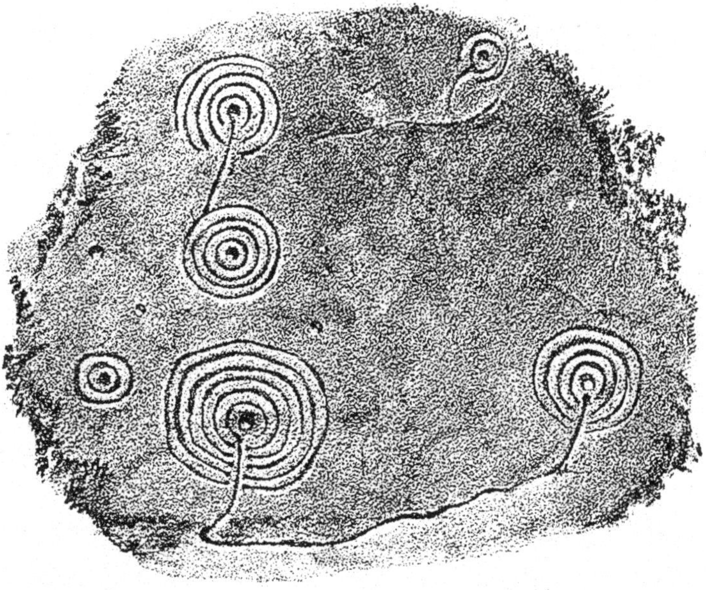

Chris Mansell

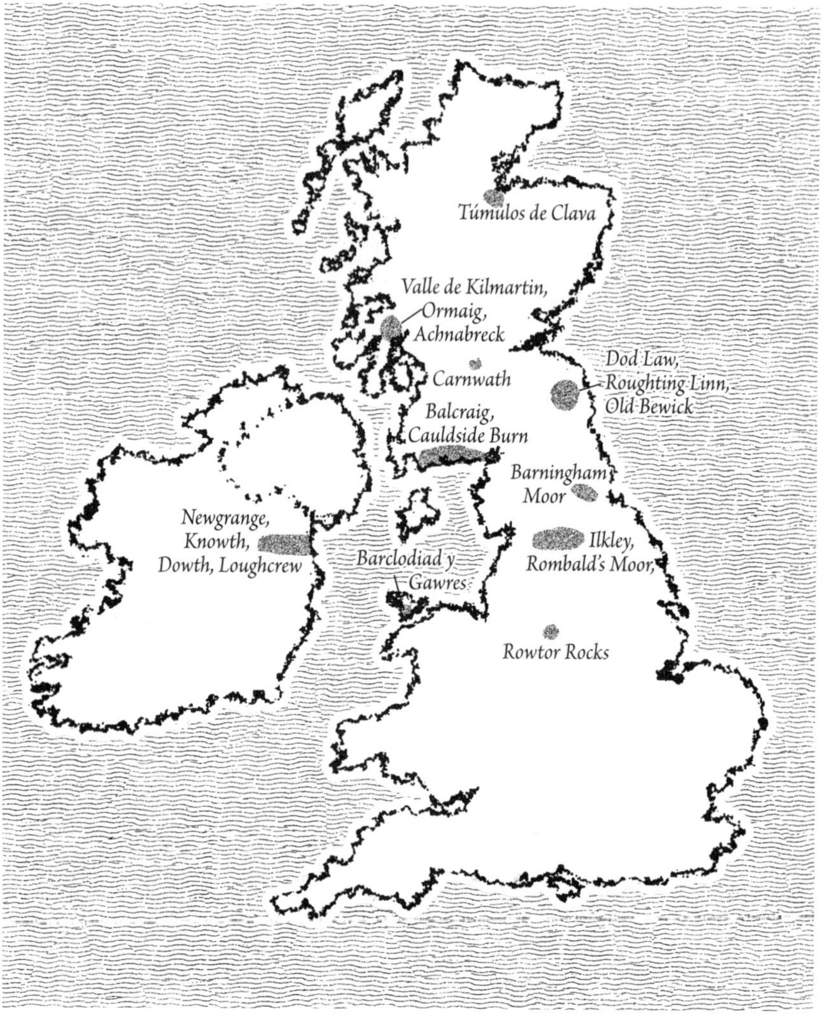

Algunos lugares importantes citados en este texto

Introducción

En una mañana de verano, situado en una colina en un extenso emplazamiento cerca de Kilmartin esperando a que el sol se elevara por el bosque de pinos e iluminara toda la variedad de tallas, me di cuenta de que puede que nunca se encuentre una explicación para estos antiguos diseños. A menudo, siento que mi propia implicación en este tema es tan misteriosa como las propias imágenes. Sin embargo, quizá estemos tan preocupados con el proceso de racionalización que hemos perdido de vista nuestra atracción original, que para mí era, en su mayor parte, estética. En esta ocasión, el simple hecho de estar en este remoto y bello lugar, junto a estas misteriosas imágenes, era explicación suficiente.

El valle de Kilmartin en Argyllshire, es solo uno de los muchos lugares en Gran Bretaña e Irlanda que muestra antiguas tallas en piedra. Había visitado esta área años antes sin tiempo para explorar algunos de los lugares más remotos a los que siempre planeé volver. Es, simplemente, un cofre del tesoro prehistórico con cámaras funerarias decoradas, menhires, alineamientos y crómlech y multitud de tallas en piedra. Es casi como un diccionario geográfico de las mejores evidencias de nuestra cultura antigua.

En Northumberland, Durham, Yorkshire, Derbyshire, Galloway en Escocia y en el condado de Meath en Irlanda también hay multitud de ejemplos de grabados en roca que muestran estilos diferentes. Es sorprendente que, pese a la fama que llevan las cuevas de Altamira en España y las de Lascaux en Francia, en Inglaterra no se conozcan igual algunos de los más bellos, misteriosos y enigmáticos diseños que, hasta hace poco tiempo, han pasado casi totalmente inadvertidos.

No puedo recordar exactamente cómo tomé consciencia de estos antiguos grabados en piedra. Nací y viví durante muchos años en Durham, sin saber que a menos de una hora en coche había ejemplos excelentes de arte prehistórico en Dod Law, Old Bewick y Roughting Linn en Northumberland, y en Barningham Moor en el condado de Durham. Solo puedo decir que mi alegría con el descubrimiento y la consecuente implicación me ha llevado a un área de investigación que me ha proporcionado un continuo placer.

Como artista, mi interés en el arte de las rocas es mayormente visual. No afirmo ser arqueólogo, pero creo que puedo mirarlo como lo haría con cualquier otra obra de arte. Me he sentido enormemente fascinado e inspirado por las investigaciones de personas como Stan Beckensall, Michael J. O'Kelly y Martin Brennan, y por organizaciones como el Grupo Arqueológico de Ilkley, la Real Comisión para Monumentos Históricos de Escocia, la Casa Museo Kilmartin y el Museo Newgrange en Irlanda. Si no fuera por el excelente trabajo y contribución de personas como estas, esta materia seguramente seguiría escondida.

Estas páginas cubren principalmente ejemplos de grabados en Gran Bretaña e Irlanda, pero hay que decir que existe arte en piedra por todo el mundo. Para mí estos dibujos tienen un misterio particular y una belleza visual que es imposible de valorar, evidencia de una inteligencia y cultura pasada, y que me encanta compartir con aquellos que busquen en esta sección algo de ese misterio y ese tiempo que he pasado con este fascinante tema.

Cairn L, Loughcrew, Co Meath.

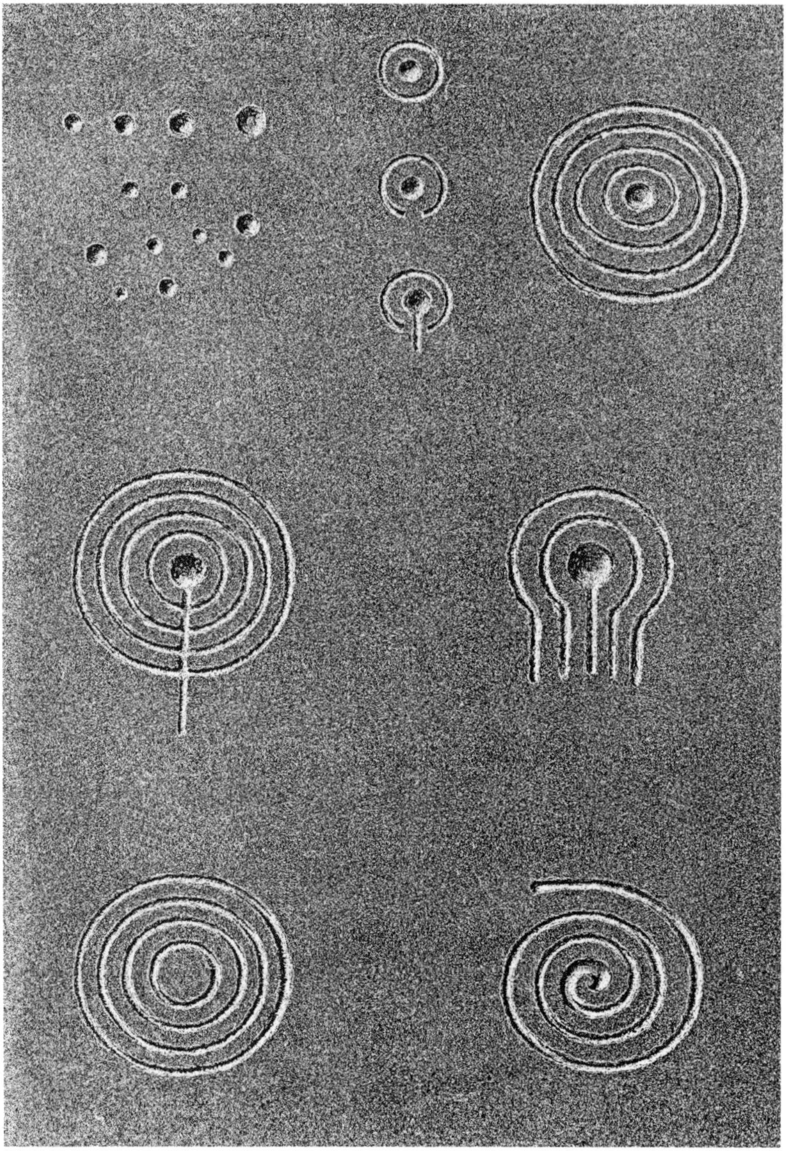

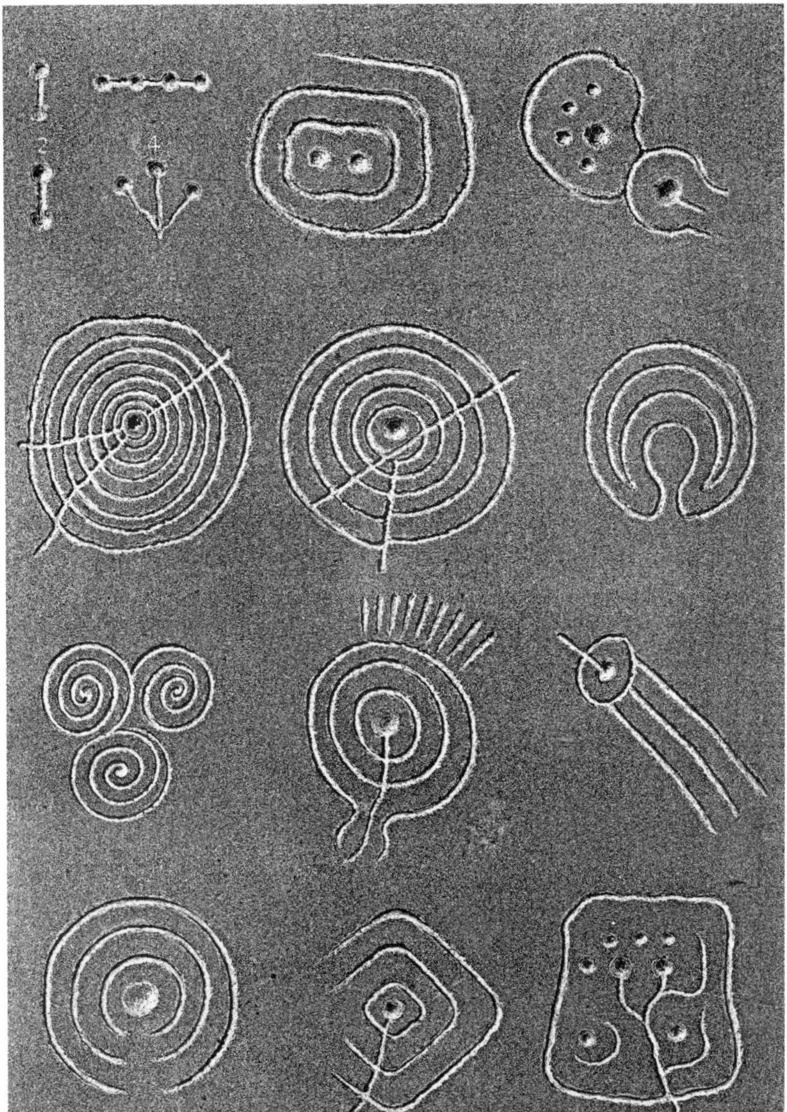
4

Distribución de Petroglifos

resumen de los principales estilos y lugares

Los elementos formales de los grabados rupestres muestran muchos estilos diferentes. Los lugares más importantes tratados en este libro se muestran en el mapa de la página 322.

Las localizaciones tienen a menudo tipos de grabados similares, pero también muestran dibujos singulares. De la misma manera, no siguen una regla clara en cuanto a las superficies empleadas, pero en el norte de Inglaterra y Escocia suelen estar en afloramientos horizontales, mientras que en Irlanda y Anglesey aparecen en las paredes de pasillos funerarios o

en menhires. Muchos de los grabados encontrados en pasillos funerarios incluyen espirales y diseños complejos, mientras que aquellos situados en superficies horizontales tienen a contener cazoletas y anillos, y diseños más básicos.

Elementos individuales como cazoletas y conjuntos de anillos son normalmente bastante pequeños, de entre 2,5 y 20 cm de diámetro. Sin embargo, muchos conjuntos de grabados pueden cubrir muchos metros cuadrados como se puede ver en Achnabreck en el valle de Kilmartin.

Se cree que los dibujos se crearon por un proceso de «picoteado», golpeando la superficie con un cincel de madera, partiendo de un dibujo básico hasta una profundidad de unos 2,5 cm.

Roughting Linn, Northumberland

Roughting Linn
Northumberland

Los grabados en roca que se muestran aquí son de Roughting Linn, uno de los mayores afloramientos decorados conocidos, que muestra un abanico de complejos diseños desarrollados en su mayor parte partiendo del formato de «cazoleta con anillos». La ilustración de la página anterior, realizada por el duque de Northumberland en 1869, nos muestra el emplazamiento como un desolado y lejano afloramiento en medio de un extenso páramo, una majestuosa obra en un paisaje vacío.

Hoy el lugar está atravesado por una carretera. Los árboles y arbustos han crecido y está rodeado por una verja. Puede parecer que su relación estética original con el entorno se ha perdido, pero juzgando por la cantidad de pequeñas ofrendas en cada visita, este lugar sigue siendo especial para muchos.

La magnitud de Roughting Linn es un testimonio del hecho de que quien sea que produjo estos diseños estaba haciendo toda una importante y deliberada declaración.

Cazoletas y Anillos

los motivos básicos

«Cazoletas y anillos» es un término genérico para un conjunto de petroglifos del neolítico y Edad de Bronce entre el 2000 y 3000 a. C.

En realidad, este simple término oculta una completa variedad de estilos y diseños que han interesado e intrigado a investigadores y entusiastas desde el siglo pasado. Se pueden encontrar muchas combinaciones de diseños, y la existencia de anomalías como las formas de «escalera» encontradas en Rombald's Moor dificulta la idea de una explicación global.

Diferentes emplazamientos a lo largo de las Islas Británicas a menudo muestran también motivos específicos que posiblemente puedan ser explicados por influencias de diferentes culturas, pero el diseño de «cazoleta y anillo» parece ser algo común. Muchos de los petroglifos están vinculados a túmulos y montículos funerarios, pero otros se pueden encontrar aislados en afloramientos remotos o páramos vacíos.

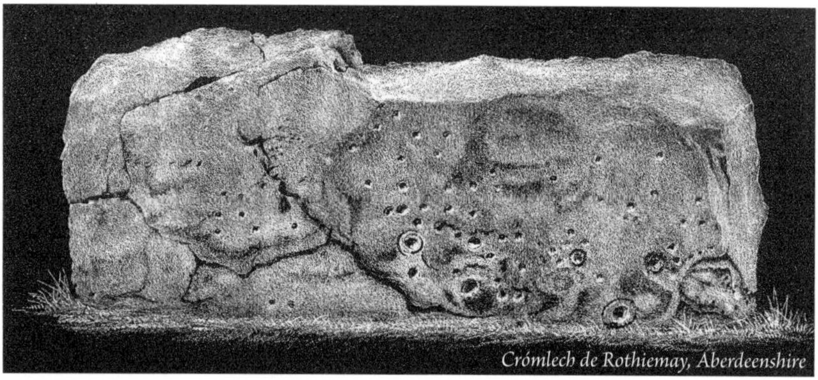

Crómlech de Rothiemay, Aberdeenshire

Craigie Hill

Estudios Modernos

desde la década de 1860 hasta la actualidad

Parece extraño que el tema del antiguo arte rupestre británico esté tan ignorado por el conjunto del arte contemporáneo. Debemos retroceder más de 100 años, hasta mitades del siglo XIX, antes de encontrar la última oleada de interés.

En la década de 1860, aparecieron una serie de publicaciones con detallados dibujos y litografías de estas fascinantes formas; libros de G. Tate, Sir J. Y. Simpson y a petición del duque de Northumberland, una serie de grabados de gran formato basados en los estudios de J. Collingwood Bruce. El interés popular aumentó nuevamente en la década de 1880 antes de casi desaparecer en el siglo XX.

En los últimos años, la perseverancia y el duro trabajo de Stan Beckensall ha generado y mantenido un interés en la materia y su enorme trabajo en recoger y archivar muchos grabados serán de gran ayuda en el futuro.

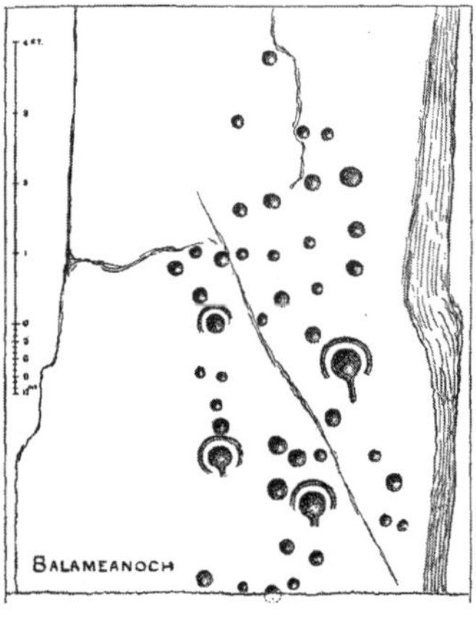

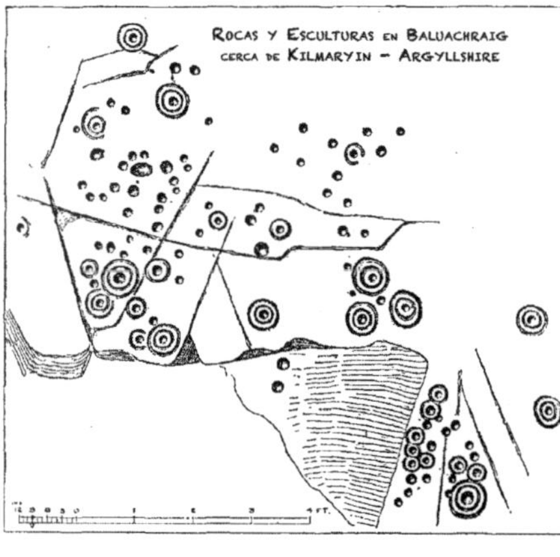

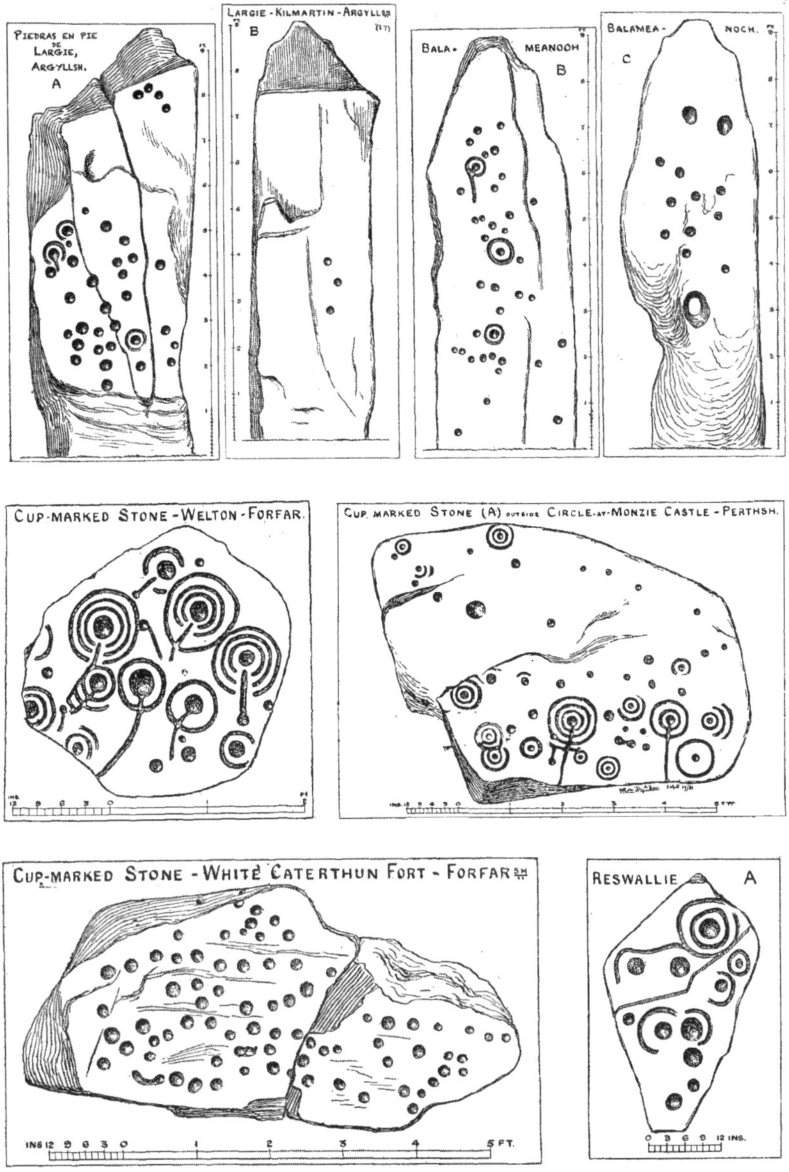

Registros de la Sociedad de Anticuarios de Escocia, Edimburgo, 1882

Marcas de Cazoletas

Clava Cairns, Invernesshire

Los túmulos o *Bulnaraun* de Clava, consisten en tres túmulos, dos de los cuales tienen pasillos alineados a la posición más al sudoeste de la puesta de sol del solsticio de invierno. Se pueden encontrar al final de un camino secundario que parte de la B9006 desde Inverness.

Las marcas de cazoletas son claramente visibles en algunas de las piedras, y su inclusión deliberada y disposición dentro del diseño y estructura global del lugar es una clara evidencia de que posee cierto tipo de importancia y significado.

El conjunto de túmulos de Clava Cairns es uno de los mejores ejemplos de un complejo funerario de la Edad de Bronce en Escocia, y cada uno de tres está rodeado por un crómlech. Las marcas de cazoleta se encuentran en la parte exterior de las piedras, pero se ha sugerido que estos grabados pueden ser incluso anteriores a la estructura, y que las rocas se reutilizaron debido a su estatus especial.

Crómlech de Oakland

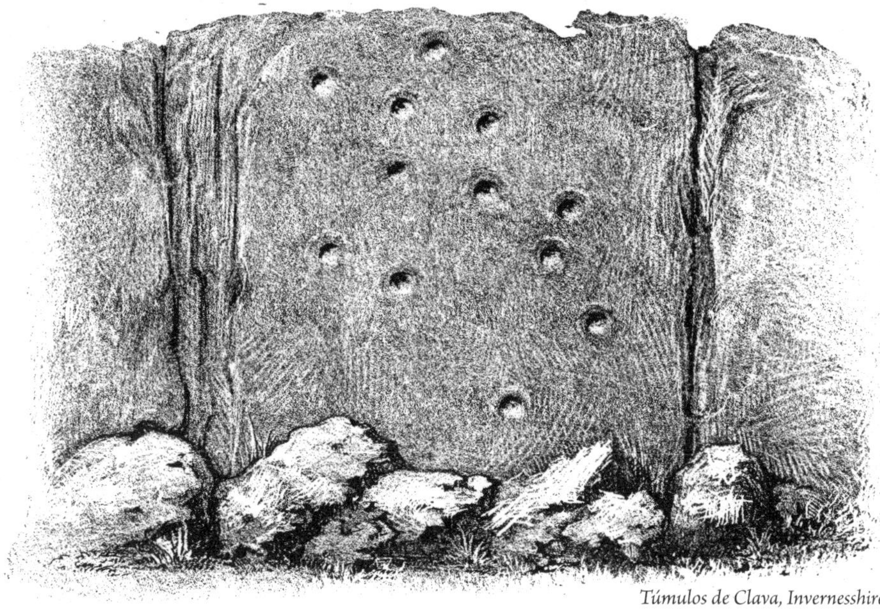

Túmulos de Clava, Invernesshire

Túmulos de Clava, Invernesshire

Cazoletas Unidas

fragmentos de Rosshire

La unión de distintos elementos visuales con diferentes caminos es algo que se puede observar en muchos lugares (por ejemplo en Ormaig y Old Bewick), y está claro de que hay cierta intención en relacionar un elemento con otro.

Cazoletas y anillos se encuentran también habitualmente en afloramientos rocosos horizontales, lo que sugiere que esta unión de motivos se utilizaba de alguna manera para agua o sangre en procesos rituales. Sin embargo, en Ballochmyle en Ayrshire estas marcas se encuentran en la pared de un acantilado, así que esto parece contradecir esa teoría. Es también posible que esta unión tenga alguna conexión simbólica.

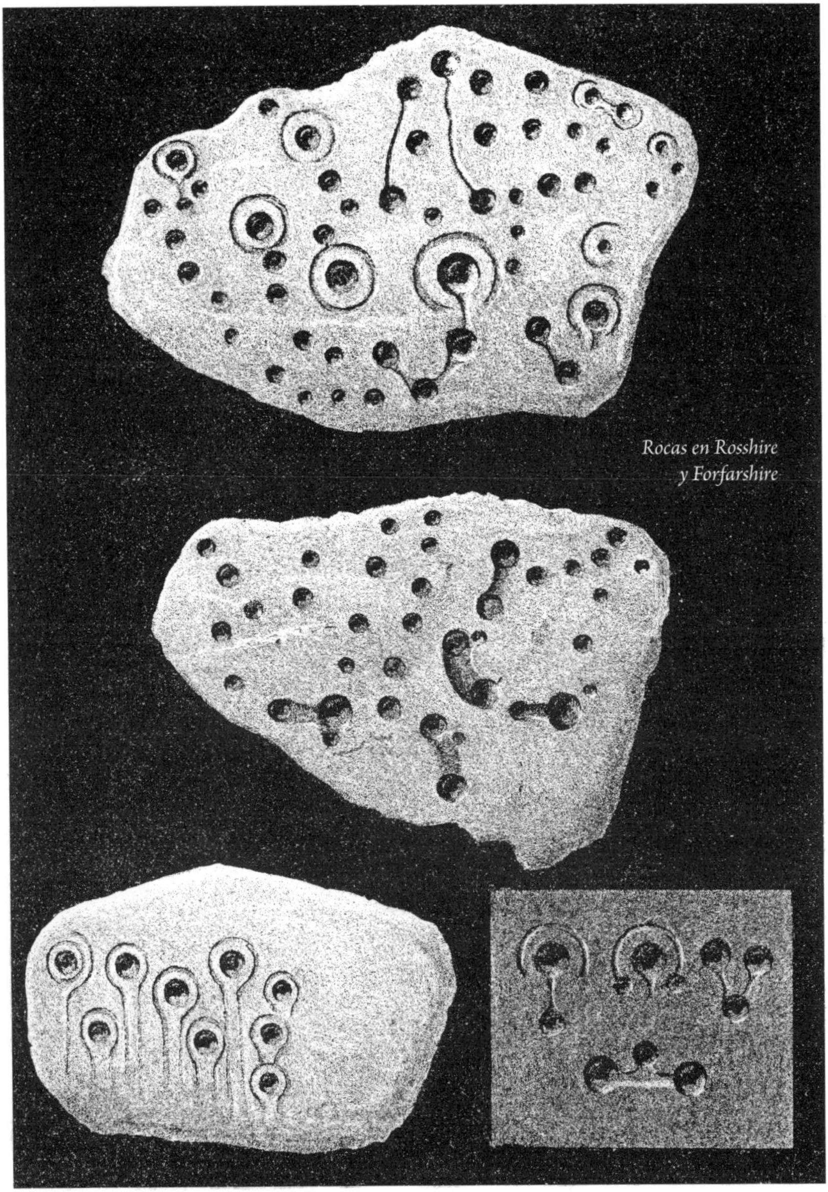

Rocas en Rosshire y Forfarshire

Cazoletas Anilladas

Menhires de Ballymenach, valle de Kilmartin

El emplazamiento de Ballymenach consiste en una alineación de enormes menhires de cerca de 4 m de alto, uno de ellos ampliamente decorado con grabados de cazoletas y anillos. Hay un hito acordonado en un crómlech cercano. Abajo se muestra un dibujo con más detalle que la litografía del siglo XIX.

Es imposible decir si las piedras que encontramos actualmente eran parte de una disposición mayor, pero evocan de alguna manera la avenida de Avebury. La piedra decorada es importante en el sentido de que los grabados no están hechos en una superficie horizontal como la mayoría de esta zona. Se ha sugerido por tanto que estas marcas pueden ser anteriores a los menhires, lo que lleva a plantearse la importancia posicional respecto a sus vecinos. El alineamiento es norte-sur.

El concepto de los grabados en un menhir sería una evidencia de la unión de dos procesos diferentes, una señal de algo que ocurre también en el cercano Nether Largie.

Menhires de Ballymenach, Kilmartin Valley, Argyllshire

Menhires en Ballymenach, Argyllshire

Cazoletas y Rectángulos

Dod Law, Northumberland y Rowtor Rocks, Derbyshire

El área que rodea a Dod Law muestra una gran variedad de grabados, de nuevo en afloramientos lisos sobre la tierra más alta. El detalle rectangular en la piedra de la página siguiente no incluye anillos como un elemento formal y es una distracción interesante. Hay una evidencia razonable aquí que sugiere el propósito más diagramático o figurativo de estos diseños. El motivo puede tener que ver con el plano de un recinto o castro.

El diseño inferior de Rowtor Rocks incluye marcas de cazoletas y anillos junto con el grabado más complejo de una forma con pétalos. Los elementos radiantes podrían tener que ver con la materia orgánica o pueden representar los rayos de sol. El diseño recuerda también el plano del gran crómlech caído de Derbyshire en Arbor Low.

Dod Law

Los Calderstones

Allerton, Liverpool

Los Calderstones son los restos de un corredor fúnebre neolítico destruido en 1845. Estaban colocados cerca de la entrada del Parque Calderstones en Liverpool, y se trasladaron nuevamente en 1964 colocándolos en círculo.

Aquí aparece un abanico de petroglifos, incluidos grabados de huellas que son comunes en Escandinavia y Bretaña y mucho más escasos en el Reino Unido.

Los principales motivos son cazoletas, círculos concéntricos con o sin cazoletas centrales y espirales. Las espirales son tanto en el sentido de las agujas del reloj como al contrario; hay indicios, de ejemplos en Newgrange, que podía registrar algún cambio de estación.

Se puede sospechar que algo se registra aquí, y que las diferentes combinaciones de símbolos pueden tener significados específicos. Igualmente, los varios números de cazoletas en lugares diferentes pueden indicar diferentes cantidades.

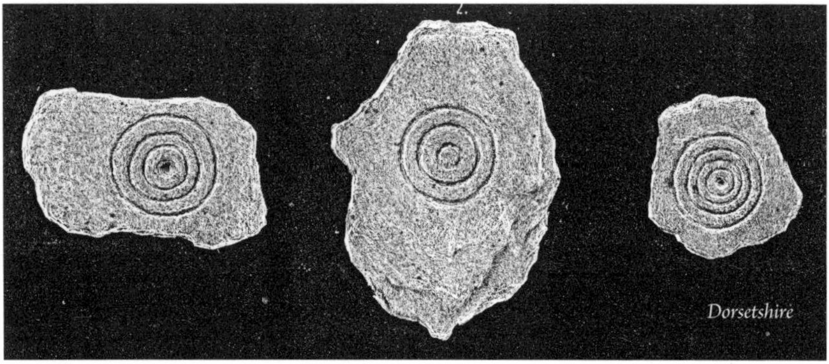
Dorsetshire

Menhires Calderstones, ahora en un edificio de cristal de Liverpool

Grabados de Ballygowan

cerca de Slockavullin, Kilmartin Valley, Argyllshire

Ballygowan es uno de los lugares en el valle de Kilmartin que muestra muchos y complejos petroglifos. En West Horton en Northumberland (*imagen inferior*) los grabados consisten principalmente en cazoletas, anillos y caminos, pero también existen anomalías ocasionales como el pequeño laberinto con forma de herradura en la parte inferior izquierda de la imagen (*pág. siguiente*). Algunos de estos pequeños elementos aparecen tan poco que se pueden considerar específicos del lugar, dificultando una explicación consistente.

Se puede acceder fácilmente a la mayoría de los lugares en el área de Kilmartin y bien merecen una visita.

West Horton, Northumberland

Canalones

Achnabreck y Cairnbaan, Argyllshire

Hasta ahora hemos visto cazoletas y anillos separados o unidos. Es hora de introducir otro elemento interesante, el «canalón». Estos ejemplos del valle de Kilmartin muestran canalones que se entienden partiendo desde las cazoletas centrales o del anillo interior. Pueden unirse a cazoletas o como dos canalones, pero en todos los ejemplos cruzan los anillos. En otros lugares (por ejemplo Millstone Burn en Northumberland) los anillos están incluso interrumpidos para permitir que los canalones los atraviesen.

En el ejemplo de Cairnbaan (*imagen superior, página siguiente*), los canalones varían en la forma de interactuar con las cazoletas y anillos, revelando posiblemente alguna función. Algunos son rectos y otros curvos. Un conjunto de anillos tiene dos canalones que se extienden y se unen para rodear una cazoleta. Es poco probable que sea un diseño arbitrario y parece tener alguna intención específica.

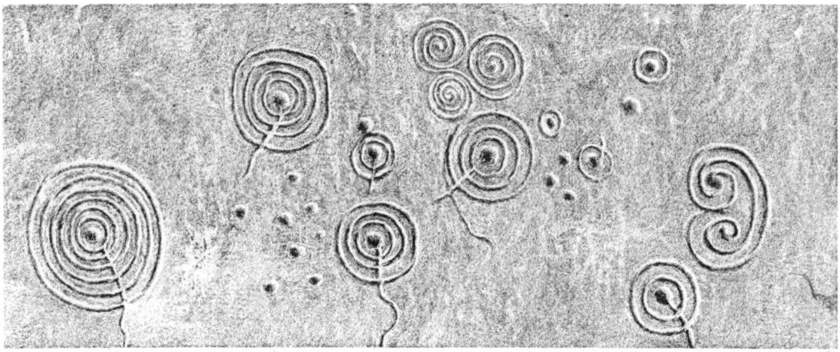

Achnabreck, Argyllshire

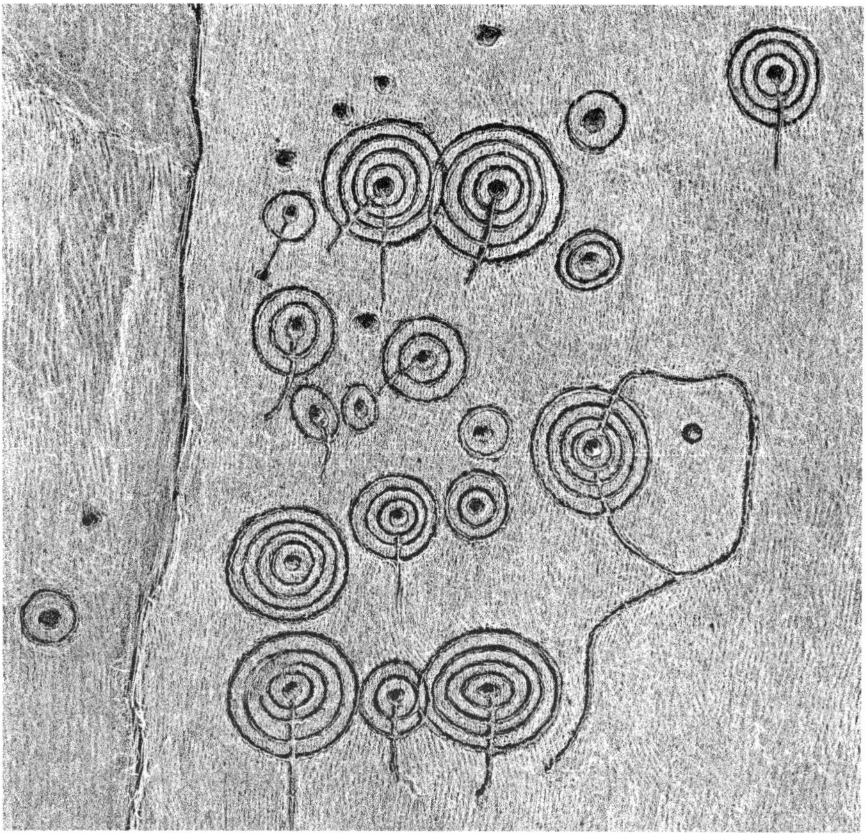

Carnbaan, Argyllshire

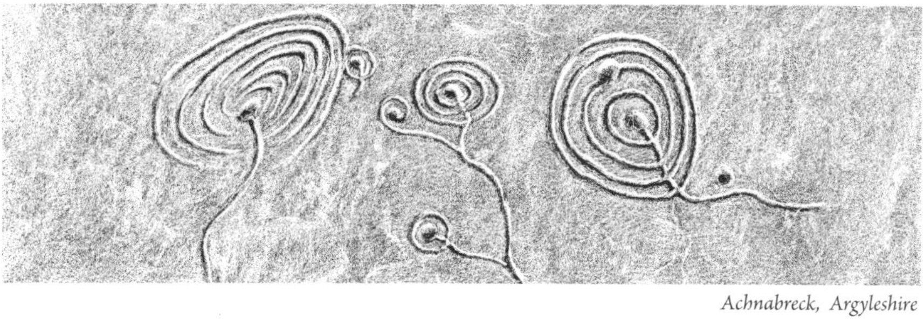

Achnabreck, Argyleshire

Cazoletas con Canalones
distintos ejemplos

La cazoleta con canalón es un diseño destacado en muchas zonas. Aquí se muestran ejemplos de otros lugares. El canalón da a la sencilla cazoleta un tipo de desarrollo, un movimiento hacia fuera, un puente, quizás, entre una dimensión y otra. Los anillos de la página siguiente no están interrumpidos, en contraste con otros ejemplos (*imagen inferior*), lo que permite al canalón atravesarlo. Los múltiples anillos ayudan a intensificar la cazoleta central y crear un diseño más poderoso.

Evidencias de una tumba con corredor irlandesa sugieren que los pictogramas tenían relación con fenómenos astronómicos. ¿Son quizá registros de años o lunas? En esta página se muestran cazoletas con canalón de 1 a 8 anillos. En los ejemplos de Achnabreck y Millstone Burn uno puede darse cuenta de que todos los canalones tienen la misma dirección. ¿Podría esto indicar algún tipo de movimiento?

Millstone Burn, Northumberland

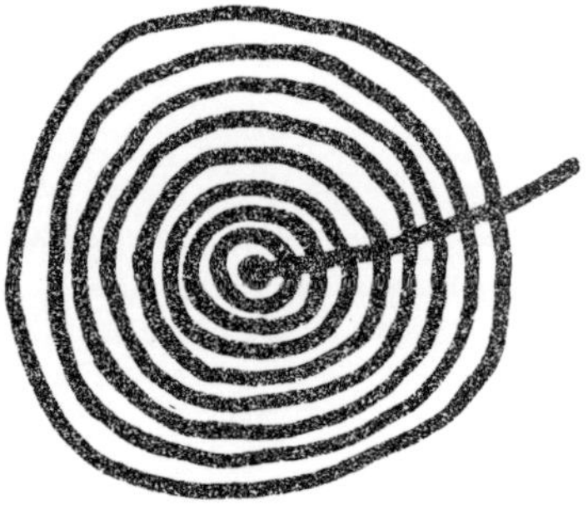

Balcraig, Galloway

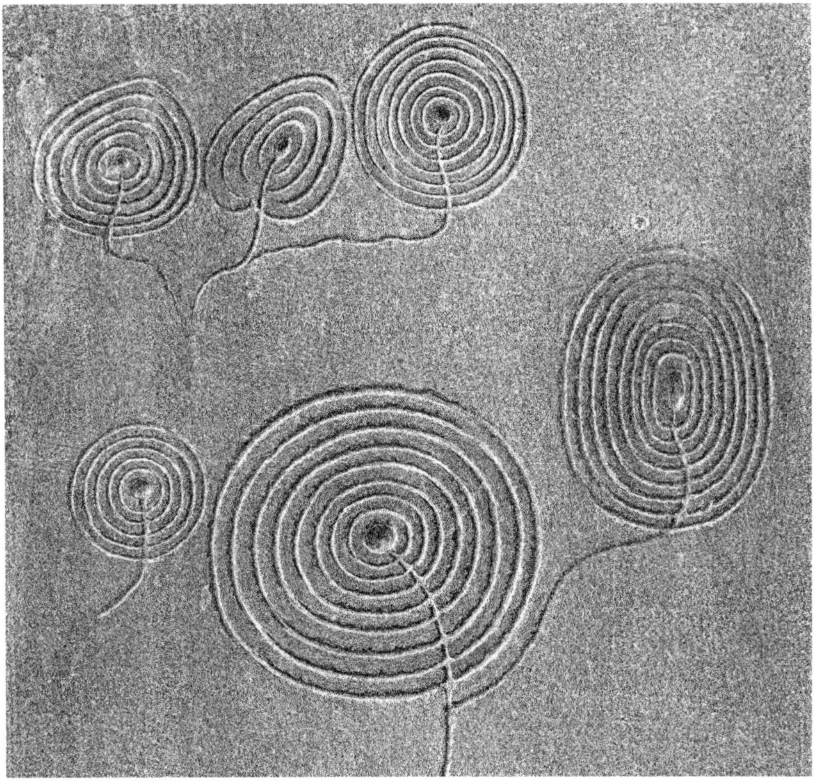

Achnabreck, Argyllshire

Roca superior de una cista, Coilsfield, Ayrshire,

Cazoletas y Escaleras

piedras de Panorama y Barmishaw, Ilkley, W. Yorks

La piedra Panorama se llamó así por el lugar donde se encontró, en el límite del páramo de Rombald. El primer registro de los grabados de este lugar es de 1850. Poco después de 1871, fue vendida a un médico local por dos personas llamadas Mr. Call y Mr. Wagstaff para su conservación. Ahora está situada entre un barandal frente a la iglesia de St. Margaret en Ilkley. Es uno de los mejores ejemplos de motivos en «escalera» únicos de esta zona, y es interesante seguir la estructura de su diseño formada por escaleras, anillos y cazoletas. La escalera obviamente añade otro ingrediente a nuestra olla megalítica.

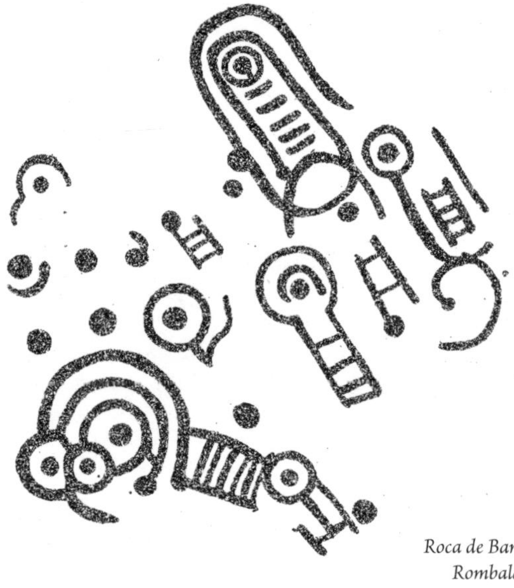

Roca de Barmishaw, Rombald's Moor

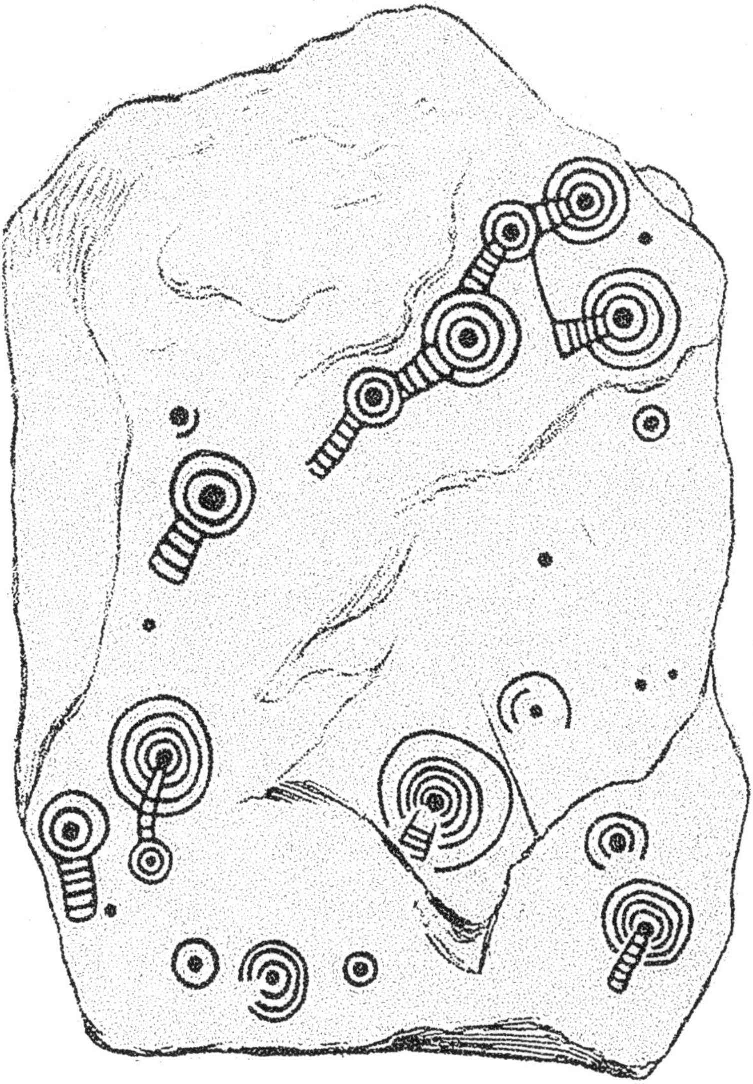

Piedra Panorama, Ilkley, dibujada por J R Allen en 1879.

Ruedas Rosetón

Ormaig, Argyllshire

El complejo y diverso conjunto de grabados de la página siguiente se reveló tras mucho tiempo cepillando cuidadosamente una gruesa capa de agujas de pino.

Hay dos principales afloramientos de roca en este lugar, que es más conocido por su diseño en «Rosetón» (abajo). Hay presente una buena mezcla de estilos y algunos inusuales motivos de «pico» están unidos a las cazoletas. Algunos de los grabados son bastante profundos, de hasta 4 cm, y los anillos mayores miden unos 30 cm de diámetro. El lugar descansa ahora en un pequeño claro en lo profundo del bosque, y no es fácil de encontrar ya que muchas de las pistas forestales han sido reubicadas.

El diseño en rosetón es interesante por el hecho de que siete y once cazoletas están cercadas y separadas en un estilo específico. Esto abre un interrogante acerca del significado de estos números y por qué se tomaron estas decisiones.

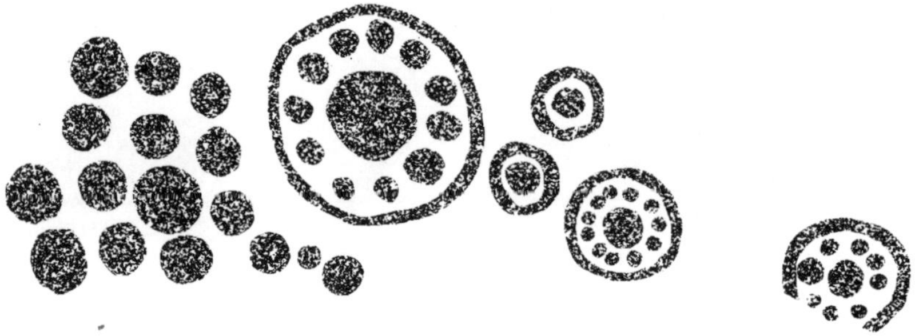

Ormaig, Argyllshire

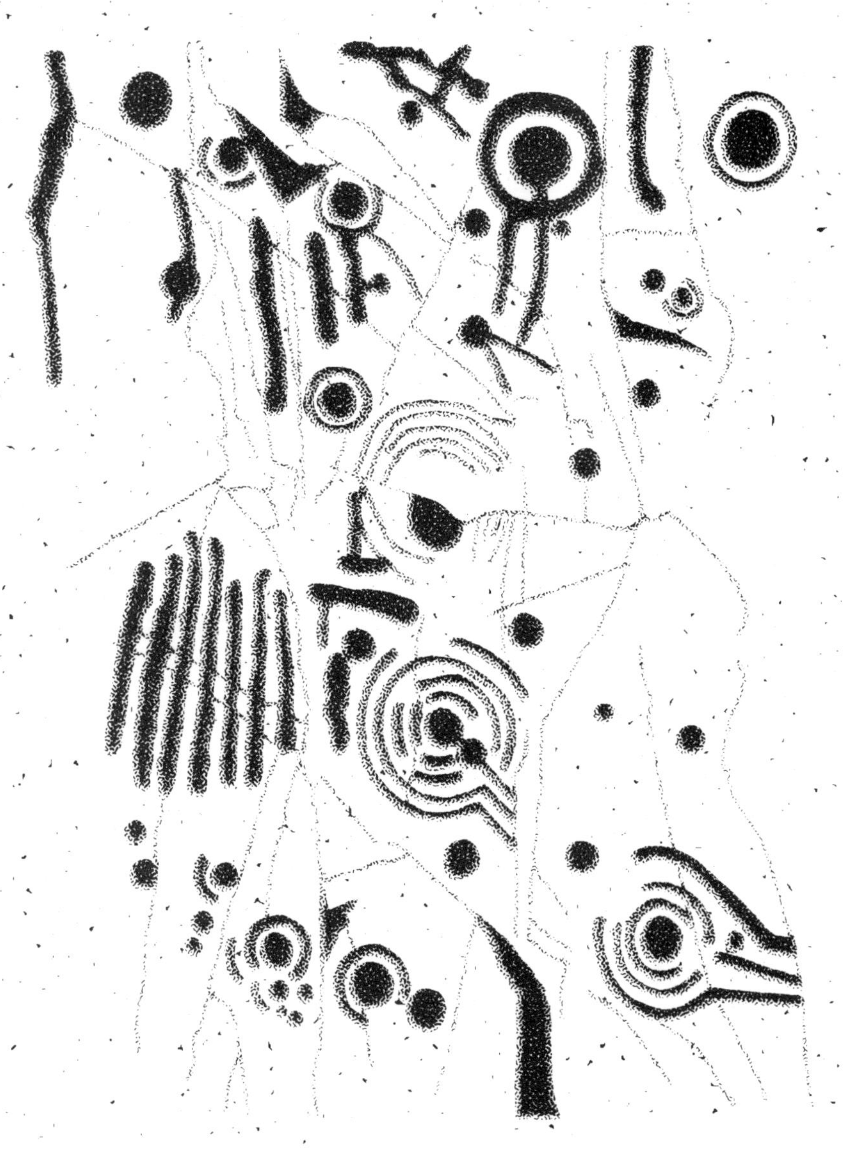

Piedras Decoradas

Long Meg, Cumbria y Barningham Moor, Durham

Long Meg es uno de los mayores crómlech de las islas británicas y Meg, en el exterior (*pág. siguiente*) marca la posición de la puesta de sol en el solsticio de invierno. Los grabados están borrosos y se observan mejor bajo una luz oblicua o de noche con la ayuda de una linterna.

El diseño que se muestra abajo es un fascinante conjunto de cazoletas, anillos y caminos que se juntan, y evoca toda clase de explicaciones. Quizás son evidencias de un ritual hace tiempo olvidado. Los grabados están erosionados y el brezo oscurece muchas de las piedras esparcidas por el páramo.

El tipo de terreno se debe tomar siempre en consideración al estudiar y comparar estilos y variaciones en diferentes áreas de arte rupestre, y aquí la localización y la erosión parece aumentar la calidad de este desolador entorno.

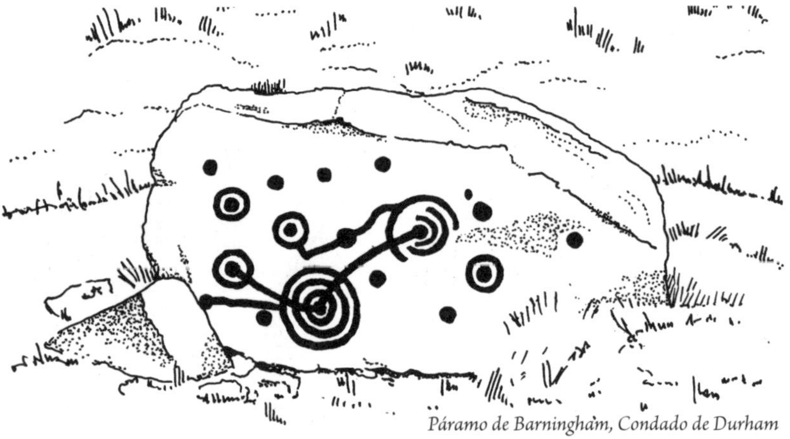

Páramo de Barningham, Condado de Durham

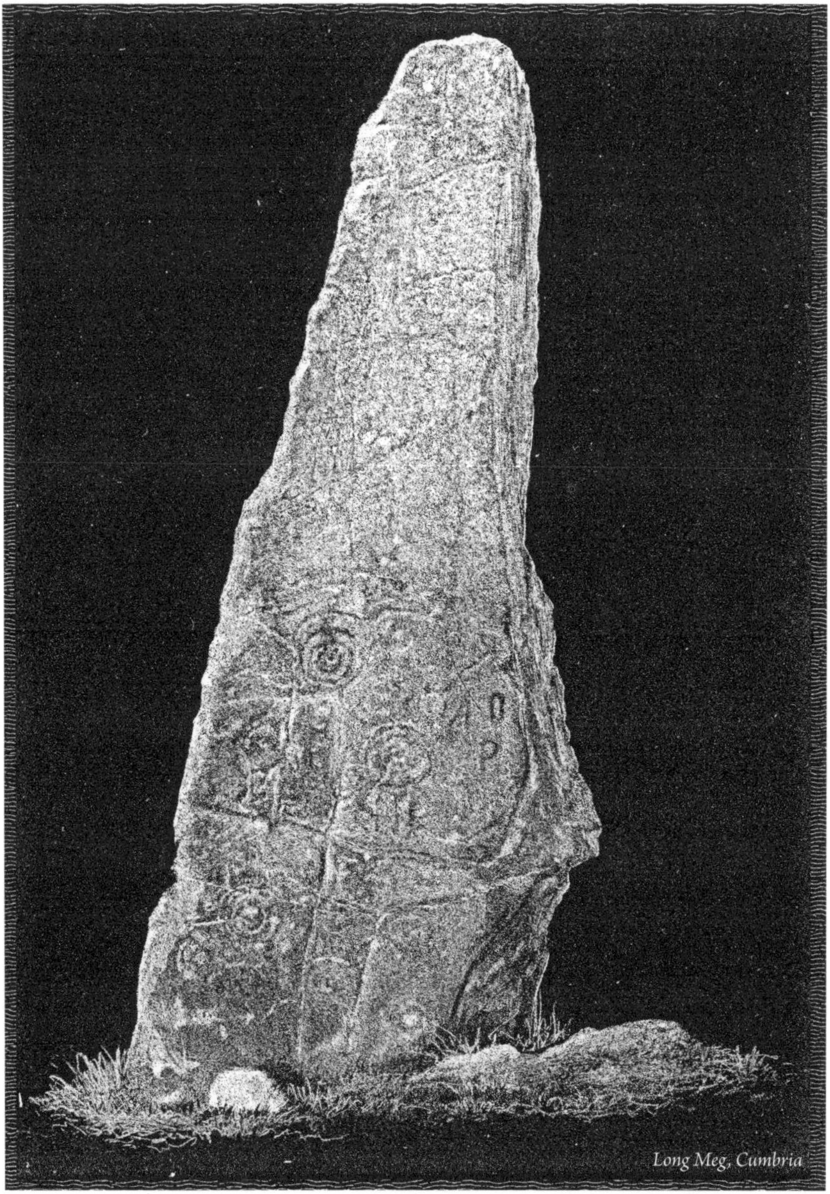

Long Meg, Cumbria

Detalles de Northumberland

de Dod Law, y Horton Moor

Estas imágenes de mediados del siglo XIX fueron impresas originalmente utilizando una técnica litográfica especial sobre piedra caliza balcánica. Parece que se utilizó un proceso en piedra para reproducir antiguos petroglifos. Los diseños, de Dod Law y Horton Moor son complejos, alegres y variados. Uno con forma de vulva (*pág. sig. arriba a la derecha*), formas parecidas a peines (*abajo a la derecha*) y una cazoleta con anillos espaciados (*abajo a la izquierda*) amplía el abanico de diseños encontrados hasta ahora.

Es difícil decir qué sucede aquí, y se puede perdonar al lector por pensar que las investigaciones no han progresado mucho desde el tiempo del siguiente comentario:

> *«Si estos grabados no son celtas es difícil decir a qué periodo pertenecen»*
>
> *Rev. J Mapleton, Dunoon Castle, 1864*

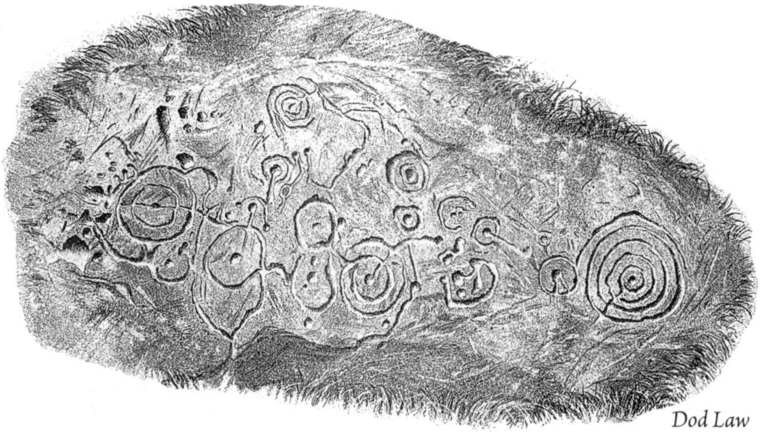

Dod Law

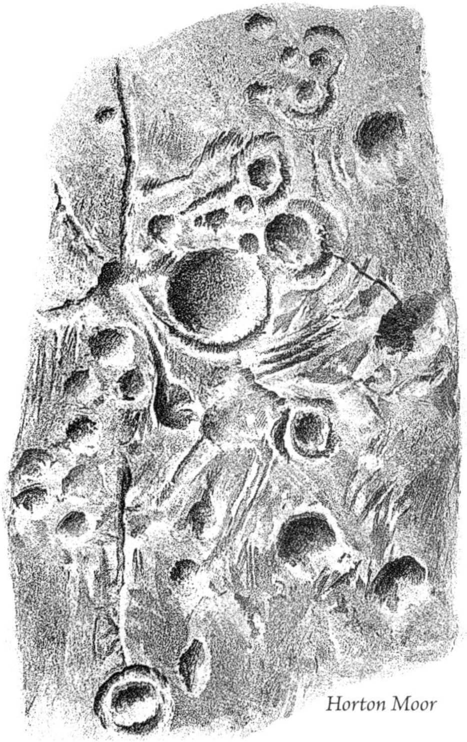

Horton Moor

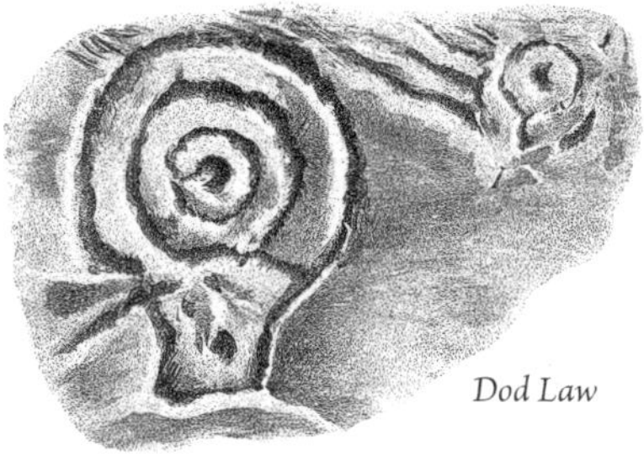

Dod Law

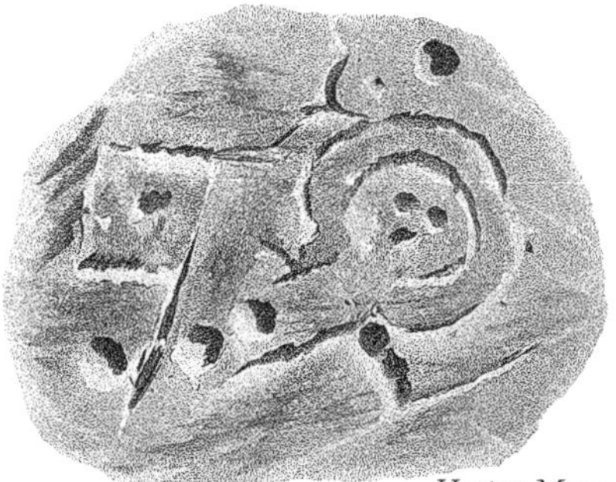

Horton Moor

Dod Law

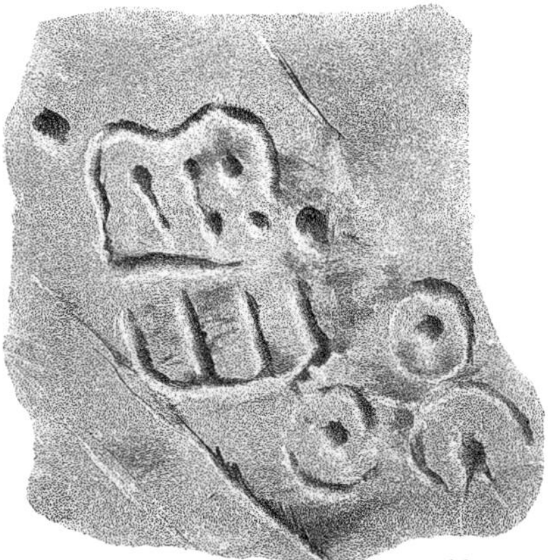

Doddington

Anillos y Cazoletas
Old Bewick, Northumberland

Esta zona de los páramos de Northumberland está situada bajo las colinas Cheviot, y aquí se encuentran multitud de petroglifos. Los complejos diseños en la famosa piedra Old Bewick (*p. sig. abajo*) muestran como, en muchos casos, los diseños se crean «grabando» líneas juntas. De nuevo, parece que hay un propósito específico o significado en estas marcas y sus múltiples anillos, cinco en este caso, intensifican el diseño global. Una de las cazoletas tiene un canalón bifurcado, un importante desarrollo de la línea simple, creando otra ruta desde o hasta el centro. Las modificaciones posibles del diseño con tantos elementos esenciales deben ser casi infinitas.

Old Bewick, Northumberland

Old Bewick, Northumberland

ÁREAS Y BORDES

ajustando el arte al lienzo

En algunos casos es difícil descartar la idea de que la forma y la estructura natural de una piedra debe haber influenciado y controlado la creación de estos diseños. En el ejemplo de la página siguiente, abajo a la derecha, de Cargill, hay algo fascinante acerca del uso del borde de la roca, y uno se pregunta si esto puede ser un intento de comunicarse con espíritus de la naturaleza.

Los artistas aprovechan y utilizan los defectos en la superficie de la roca, pero el catedrático Alexander Thom, en su artículo de 1967 'Geometría de cazoletas y anillos', también sugirió que debía haber mucha preparación en alisar la superficie antes de proceder a tallar.

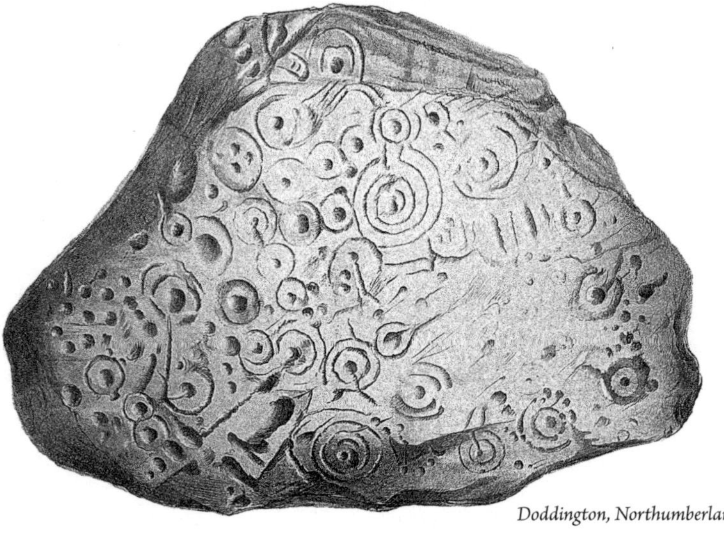

Doddington, Northumberland

Piedra Letham Grange, Angus

Moonbutts, Cargill, Perthshire

Diferentes Estilos

Rombald, Yorkshire/West Horton, Northumberland

Un aspecto interesante de este tema son las diferencias distintivas estilísticas que existen no solo entre diferentes lugares, sino de hecho, dentro de la misma zona. Por ejemplo, la Piedra Badger en Rombald's Moor muestra variaciones en los motivos de cazoletas y anillos mientras que la cerca Piedra Idol tiene significativas disposiciones de cazoletas simples que siguen linealmente la forma de la piedra.

El Árbol de la Vida en Snowden Moor tiene un acercamiento incluso más fluido y orgánico, con menos énfasis en anillos múltiples, mientras que la Diosa de West Horton en Northumberland casi parece un familia humana o espiritual, con los anillos (algunos bastante angulosos) dispuestos para permitir que el canalón los atraviese. Puede ser que estas diferencias se deban a los distintos artistas, pero existe la posibilidad de que sean nuevos estilos que florecieron con el paso del tiempo.

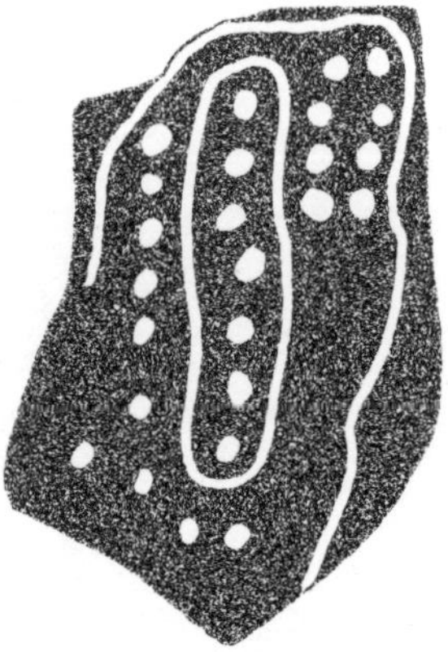

Piedra Idol, Rombald's Moor

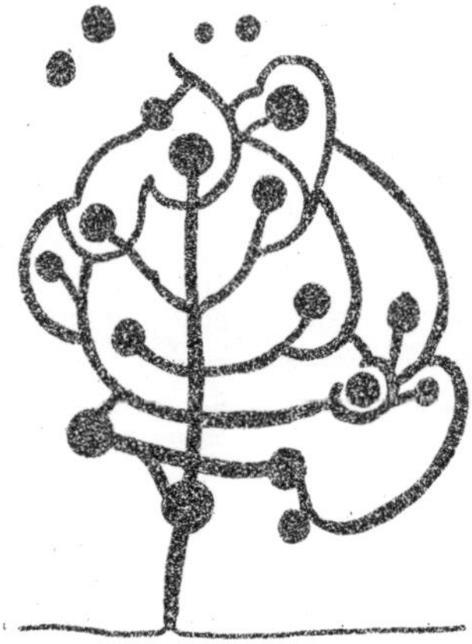

El Árbol de la Vida, Rombald's Moor

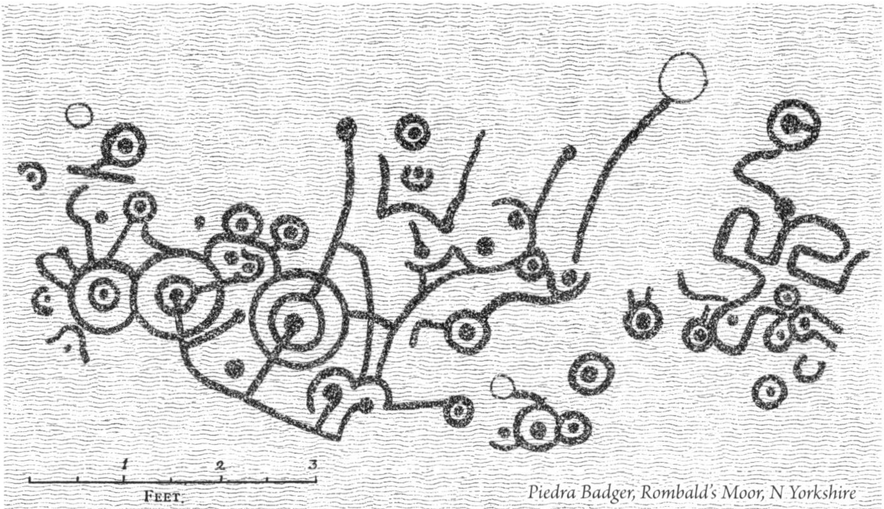

Piedra Badger, Rombald's Moor, N Yorkshire

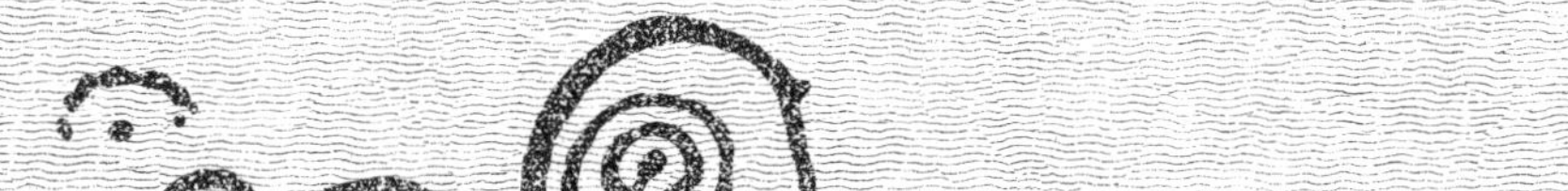

Piedra de la Diosa, West Horton, Northumberland

Espirales
de varios lugares

La espiral aparece regularmente en el arte megalítico en una variedad de lugares, a menudo en combinación con otros elementos gráficos.

Considerada en muchas tradiciones un símbolo de la feminidad divina, la espirar representa el vientre, la fertilidad, la serpiente, el cambio continuo y el paso del tiempo y la evolución. Dado que sabemos que los pueblos megalíticos estaban fascinados con el Sol y la Luna, es probable que la espiral, como un desarrollo del círculo, pueda representar también el Sol y el paso del tiempo. Tanto el Sol como la Luna exhiben aparentes movimientos espirales con el tiempo, saliendo y ocultándose en diferentes lugares cada día, y los antiguos astrónomos referían su trayecto como «espiral».

Las espirales pueden tener muchos brazos, y su número puede haber sido importante para los antiguos astrónomos-artistas, posiblemente representando un número de días o meses. En la reclasificación de Martin Brennan de los símbolos neolíticos, la espiral es una de las primarias, y pueden ser hacia a la izquierda o hacia la derecha, así como retrógradas (que se invierten internamente). Brennan sugiere que la dirección de la espiral puede indicar «el comienzo, crecimiento» (izquierda) o el «final, decaimiento» (derecha).

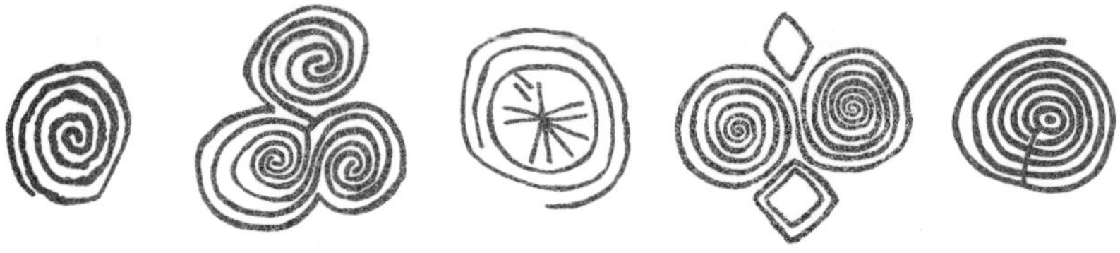

Espirales de Newgrange (1,2 y 4) y Loughcrew (3), Meath, Irlanda del Norte, y Cauldside Burn, Kirkcudbright (5)

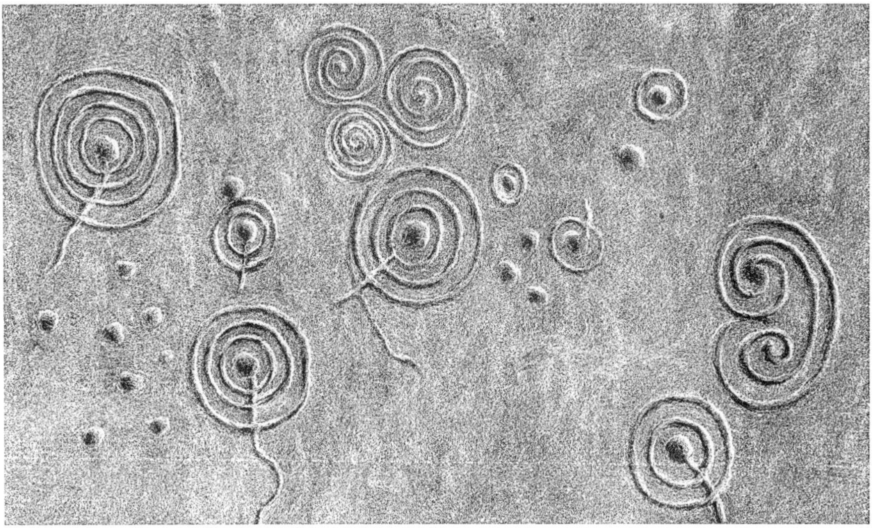

Achnabreck, Argyllshire

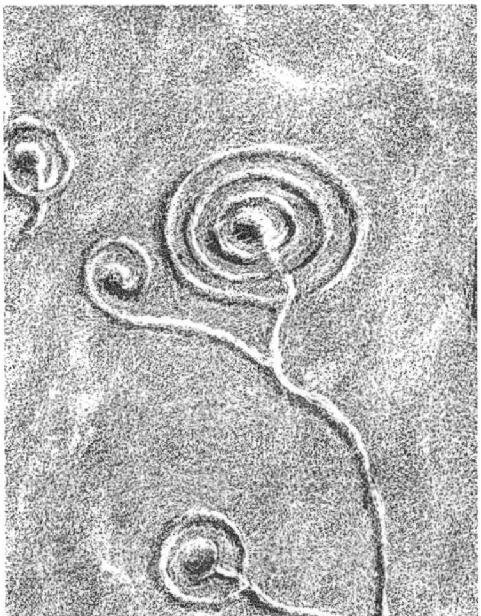

Achnabreck, Argyllshire

Crómlech de Temple Wood, valle de Kilmartin

Ángulos Agudos

triángulos, rombos y zigzags

El triángulo y sus estructuras asociadas han sido utilizados como elementos desde antiguo en muchas culturas y religiones. En el cristianismo, judaísmo, budismo tibetano, zen, y recientemente la Bauhaus, el triángulo se ha empleado como un poderoso elemento fundamental, a menudo asociado con un rango de cualidades y colores característicos. El filósofo griego Jenócates sugirió que el triángulo era un símbolo para Dios, y para el cristianismo representa la Santísima Trinidad. Se asocia con el fuego, pero también con el equilibrio y la armonía.

El zigzag podría referirse o ser un símbolo del agua, pero dada la complejidad de otros elementos cercanos, puede ser una explicación demasiado simple de su significado y contexto.

La cista de Carnwarth es interesante porque contiene diferentes estilos, mostrando simultáneamente típicas marcas de anillo junto con los estilizados motivos triangulares.

Estos ejemplos muestran que los diseños angulares no pertenecían solo a una tradición o zona. Si estos recursos simples y universales son espontáneos o se deben a comunicación entre diferentes comunidades es algo que está abierto a debate.

Newgrange, Condado de Meath, Irlanda del Norte

Cista, Carnwarth, Lanarkshire

Newgrange, Meath, Irlanda del Norte

Barclodiad y Gawres, Anglesey

Newgrange, Meath, Irlanda del Norte

Estrellas y Soles

tumba de corredor de Loughcrew y Knowth, Meath

Los dos dibujos superiores de la página siguiente recuerdan, y de hecho representan, estrellas. Debajo, se piensa que los tres motivos florales de la misma piedra representan soles, años solares o posiblemente registros anuales (como el círculo de venus de 8 años). O quizá podrían representar el Sol en diferentes momentos del día o el año.

Existe un creciente número de investigaciones acerca del empleo de alineaciones astronómicas por culturas antiguas, y hay cada vez más evidencias de que estas primeras comunidades utilizaban las salidas y puestas de cuerpos celestiales específicos.

El dibujo de Martin Brennan (*pág. siguiente abajo*) es un excelente ejemplo de cómo se combinan algunos de estos elementos: cazoletas con anillos, espirales y estrellas. La línea diagonal de cazoletas que atraviesa el centro parece sugerir una cuenta lunar. La habilidad para recoger y aplicar este tipo de información de una manera tan estética se debió llevar con gran diligencia e inteligencia.

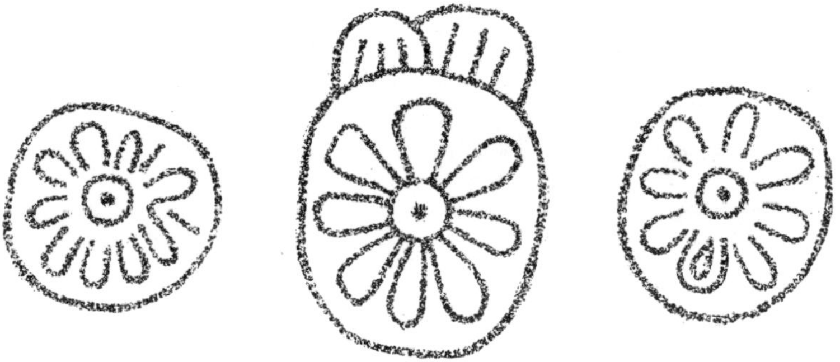

Soles de Cairn T, Loughcrew

Estrellas de Dowth

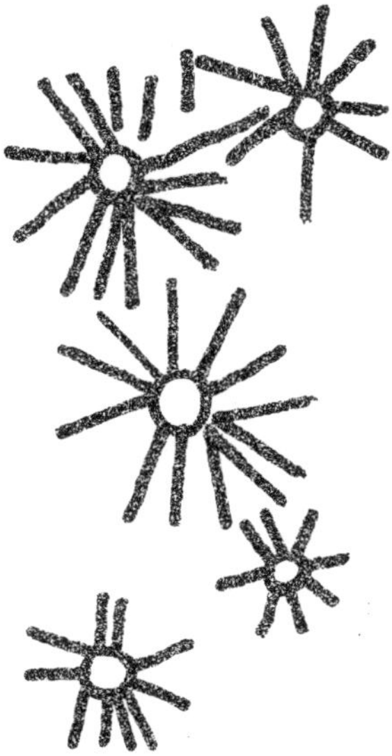

Estrellas de Knowth

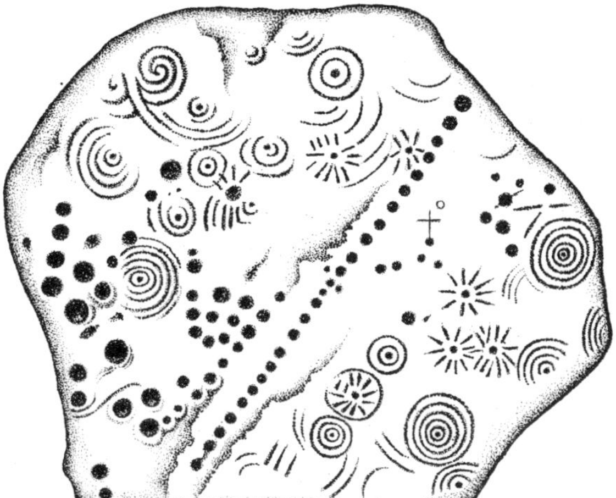

Losa del techo de una cámara, cerca de Sess Kilgreen, Co. Tyrone

ARTE MEGALÍTICO IRLANDÉS

el valle de Boyne, condado de Meath

La enorme cantidad y calidad de arte megalítico en el valle de Boyne en el condado de Meath enfatiza la importancia de estos emplazamientos para aquellos que los construyeron hace más de 5000 años.

Tras una investigación publicada en el libro de 1980 *Las estrellas y las piedras,* Martin Brennan, quien realizó los dibujos mostrados aquí, concluyó que gran parte del arte en esta zona tiene que ver con datos y alineamientos astronómicos. Identificó claramente una variedad de símbolos que representaban el Sol, la Luna y el paso del tiempo.

De la piedra Kerbstone 15 en Knowth, N. L. Thomas observa:

> *«esta piedra es un testimonio único, un calendario solar exacto de 365 días, dieciséis meses de cuatro semanas y cinco días por semana»*

La entrada a la tumba de Knockmany (*abajo*), ahora cerrada, un ejemplo de cómo los petroglifos eran fundamentales en la cultura megalítica.

Knockmany, Condado de Tyrone

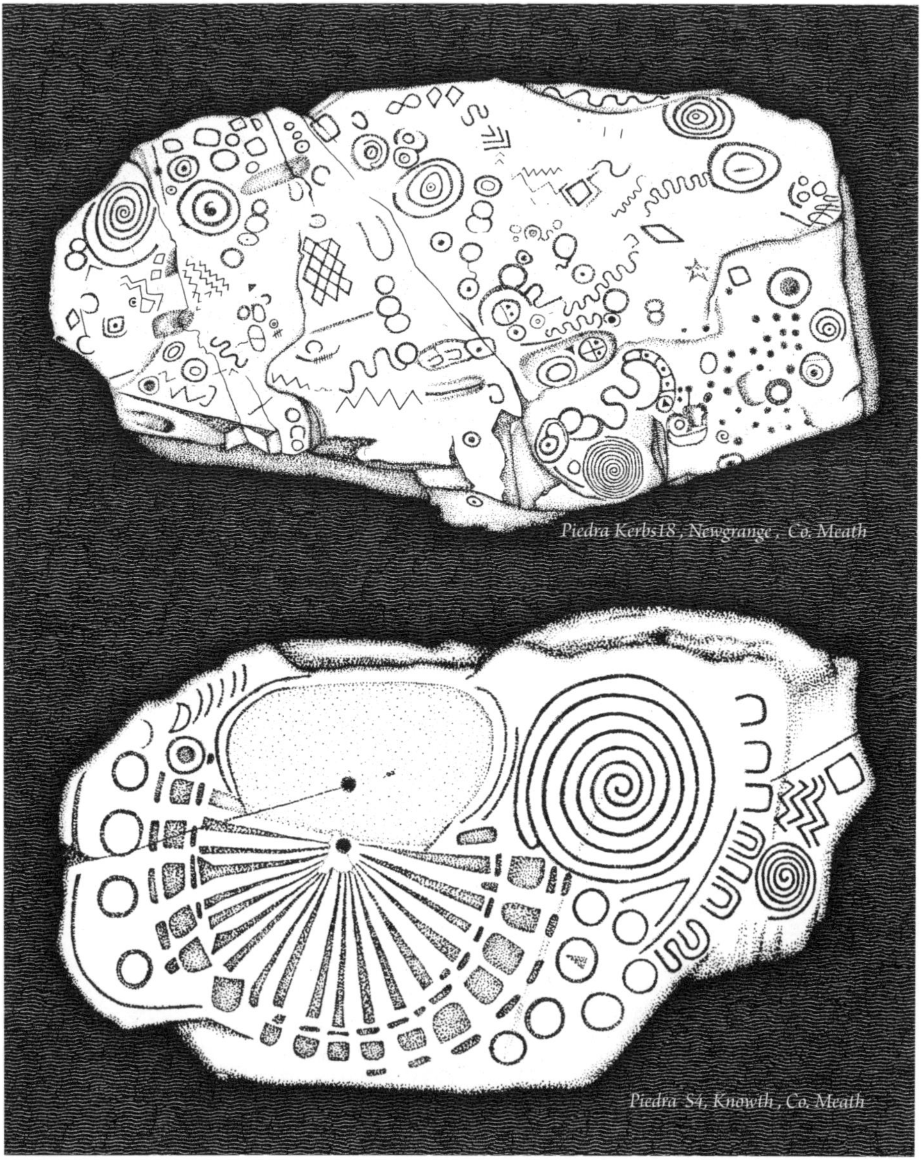

Piedra Kerbs18, Newgrange, Co. Meath

Piedra S4, Knowth, Co. Meath

SÍMBOLOS

tumba de Loughcrew, Meath, Irlanda del Norte

La compleja mezcla de símbolos mostrados en Loughcrew extiende el estudio de los grabados en roca a un área de gran sofisticación en la aplicación y significado del diseño visual. El minimalismo de las cazoletas y anillos, aunque todavía visible, se acompaña ahora de diseños que pueden tener una raíz representacional mucho mayor. Estas pueden ser estrellas, flores, hojas y agua, pero los arreglos al azar nos dan pocas pistas de si los elementos están interrelacionados o son sencillamente el resultado de añadidos progresivos. Algunos de estos elementos recuerdan al arte tribal de África o Australia.

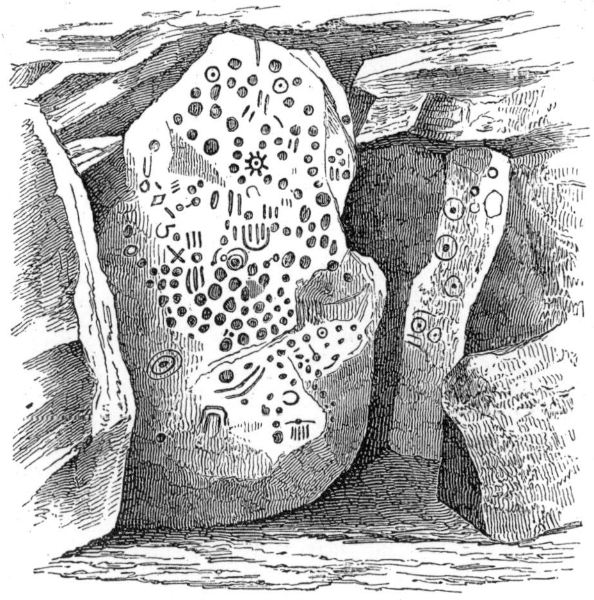

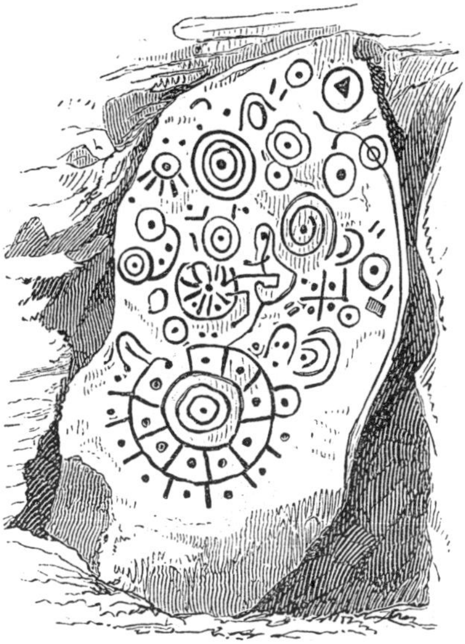

TUMBA DE NEWGRANGE

Newgrange, Condado de Meath, Irlanda del Norte

A las 9 de la mañana del 21 de diciembre, los rayos del solsticio de invierno entran en la cámara de Newgrange e iluminan un registro específico de pictogramas, moviéndose lentamente de uno a otro durante 15 minutos. Una piedra colocada encima de la entrada permite que los rayos de sol penetren proyectándose directamente en la pared trasera.

Dos enormes piedras del bordillo están alienadas directamente con las partes delantera y trasera del túmulo, con sus muescas centrales alineadas también con el solsticio de invierno.

Construido entre el 3300 y el 2900 a. C., Newgrange es una construcción increíble bellamente decorada y un testimonio de las habilidades y dedicación de aquellos que las construyeron. La combinación y el equilibrio de los opuestos aquí, solsticios de verano e invierno, Sol y Luna, luz y oscuridad, vida y muerte, personifican la completa interacción de las fuerzas y energías de regeneración (*i. inf. de Martin Brennan*).

Cámara funeraria de Knowth, Condado de Meath

Bordillo 1, Newgrange, Condado de Meath

Bordillo 52, Newgrange, Condado de Meath

GAVRINIS

entrada a la tumba de Gavrinis, Morbihan, Bretaña

Estos extensos grabados del año 3500 a. C. en Gavrinis muestran fluidos y abstractos diseños que tienen en cuenta las formas de las piedras que cubren. ¿Son sencillos diseños decorativos o contienen pistas de alguna percepción olvidada? Quizá las piedras se decoraron antes de colocarlas, pero seguro que querían crear un impacto específico en el interior del túmulo y tener una función decorativa. Como estas construcciones estaban dirigidas principalmente a los muertos, podríamos preguntarnos si tenían una función más amplia.

Al final se conoce muy poco acerca de la escultura arcaica, solamente su edad. Espero, sin embargo, que haya logrado expresar algo sobre su misterio, majestuosidad y belleza en estas páginas.

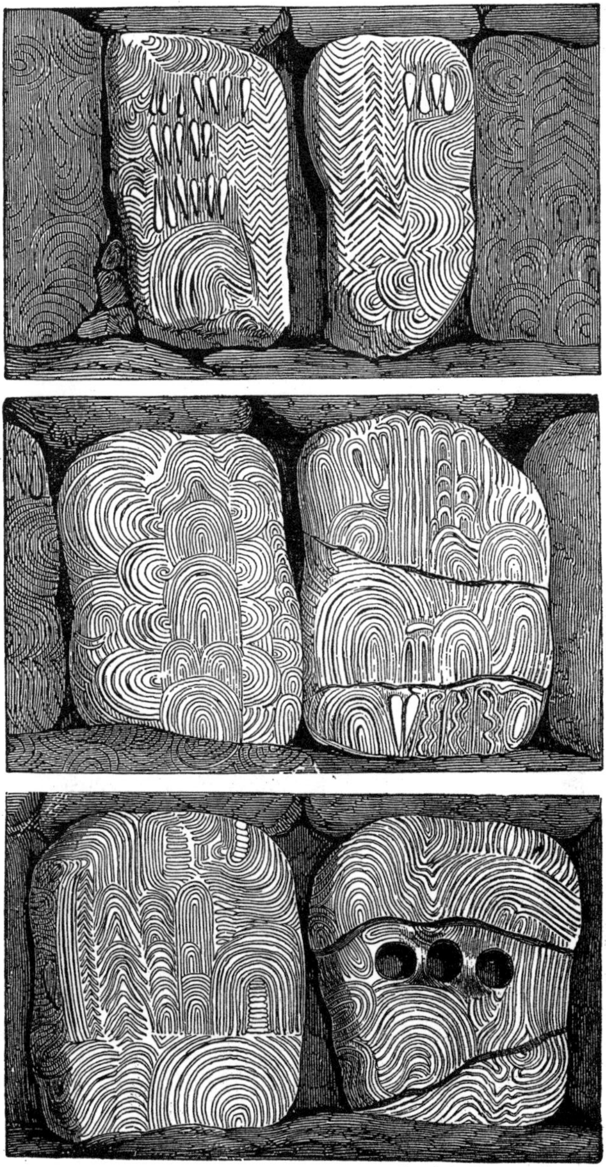

Gavrinis, Bretaña, Francia

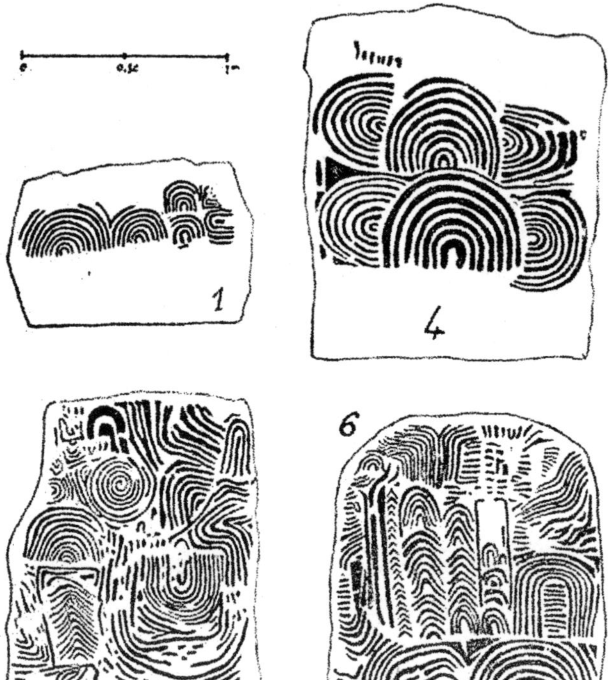

Gavrinis, Bretaña, Francia

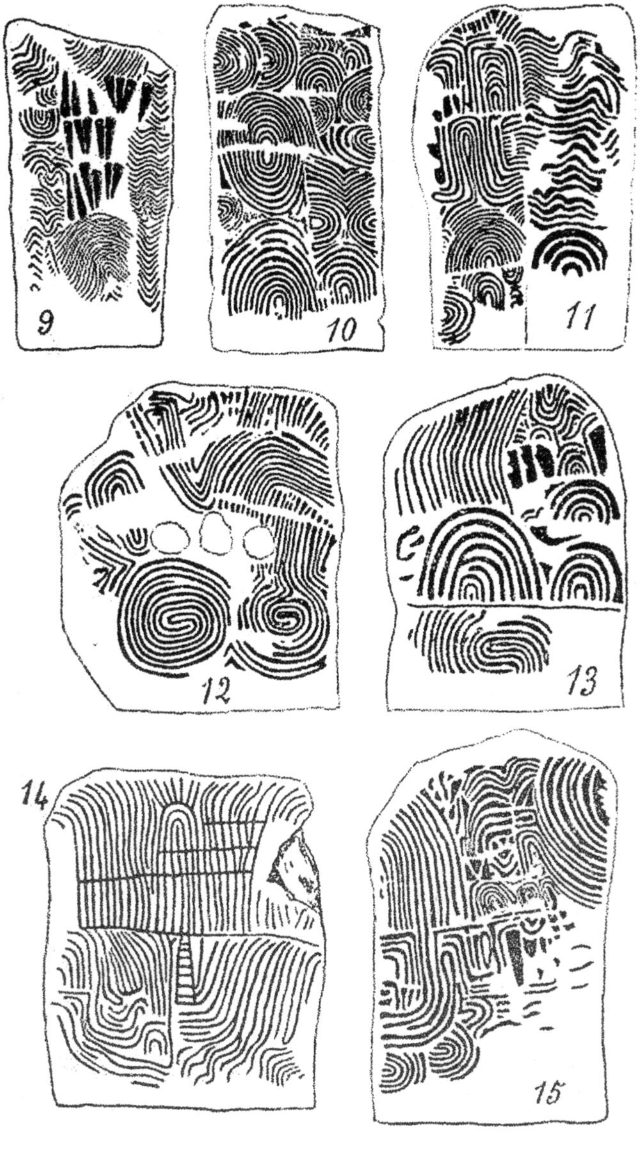

Gavrinis,
Bretaña,
Francia

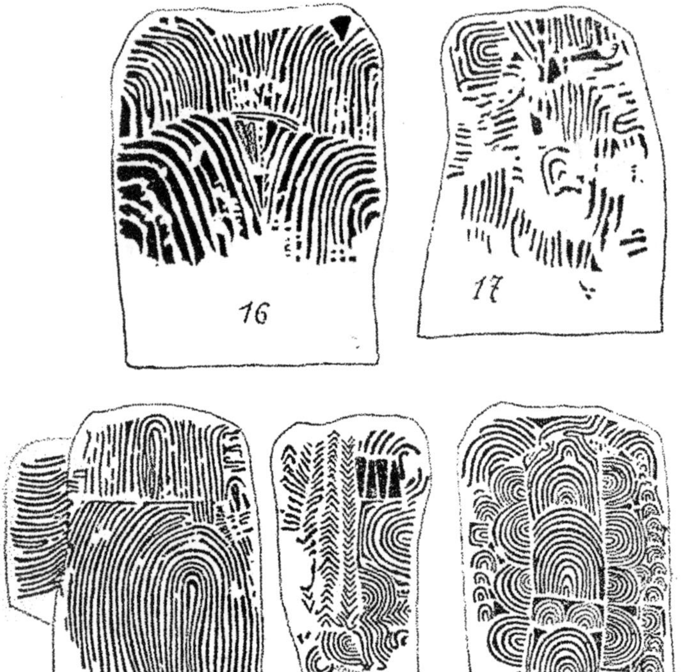

Gavrinis,
Bretaña,
Francia

ESTUDIOS
SOBRE CRÓMLECH

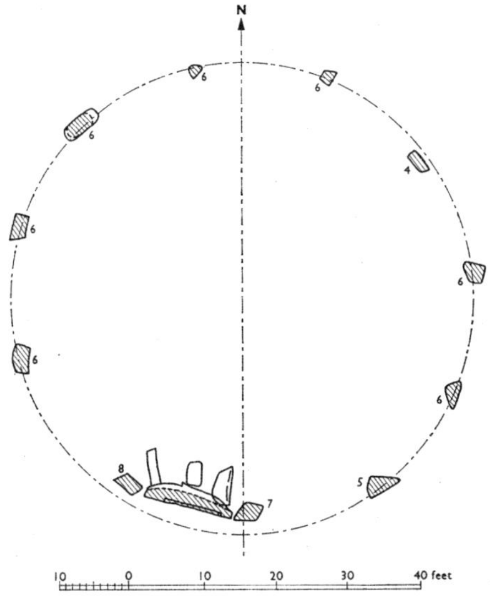

Alexander Thom

Fernacre, Cornwall

50.589952°N, 4.622378°W

Geometría:
tipo-A aplanado

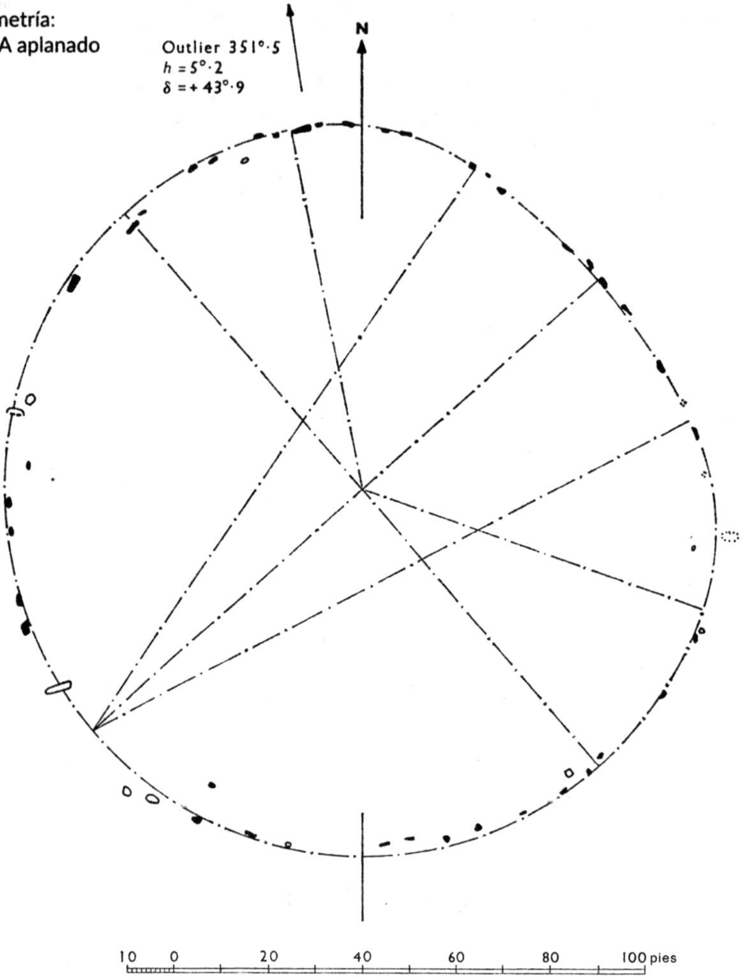

Stannon, Cornwall

50.589546°N, 4.650258°W

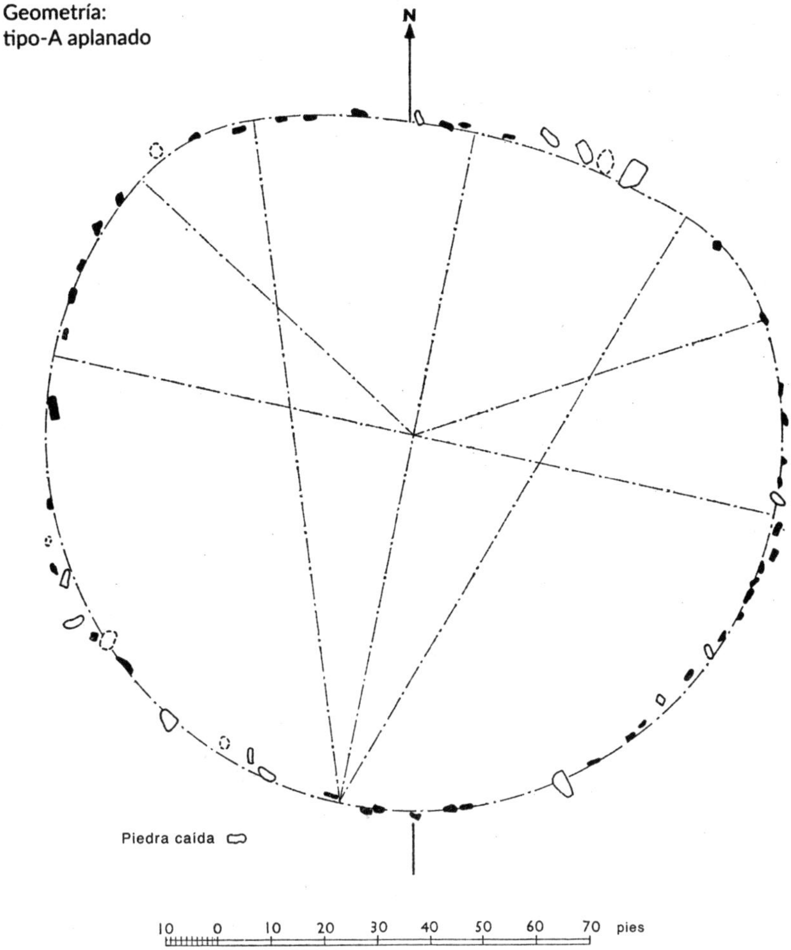

Hoarstones, Shropshire

52.592778°N, 2.999167°W

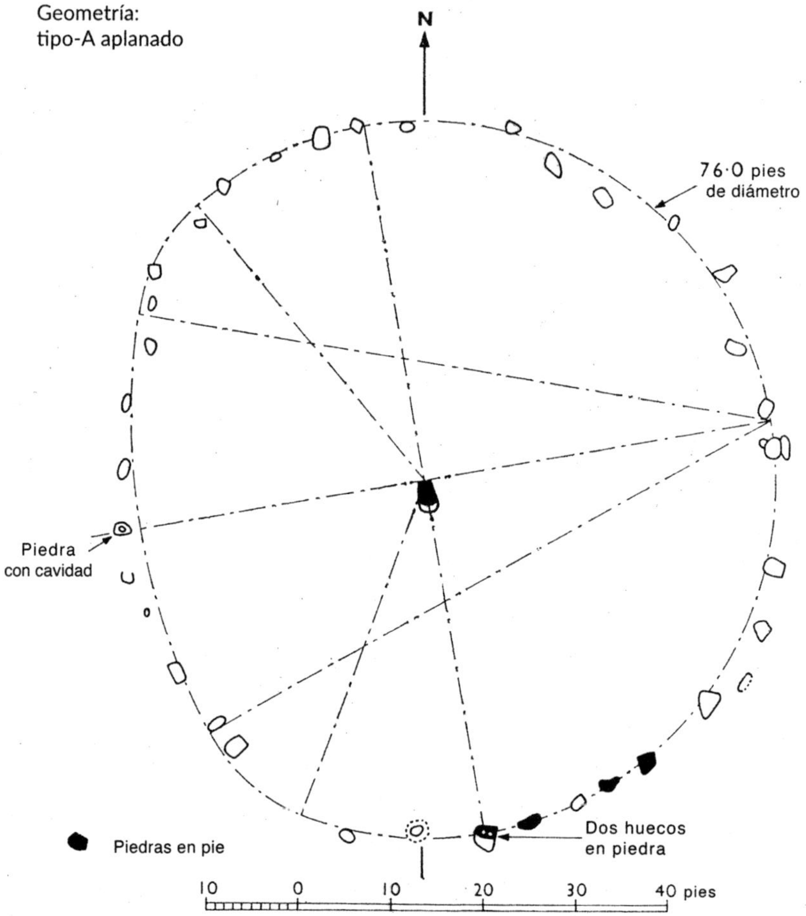

Barbrook, Derbyshire

53.27652°N, 1.583735°W

Geometría:
tipo-A aplanado

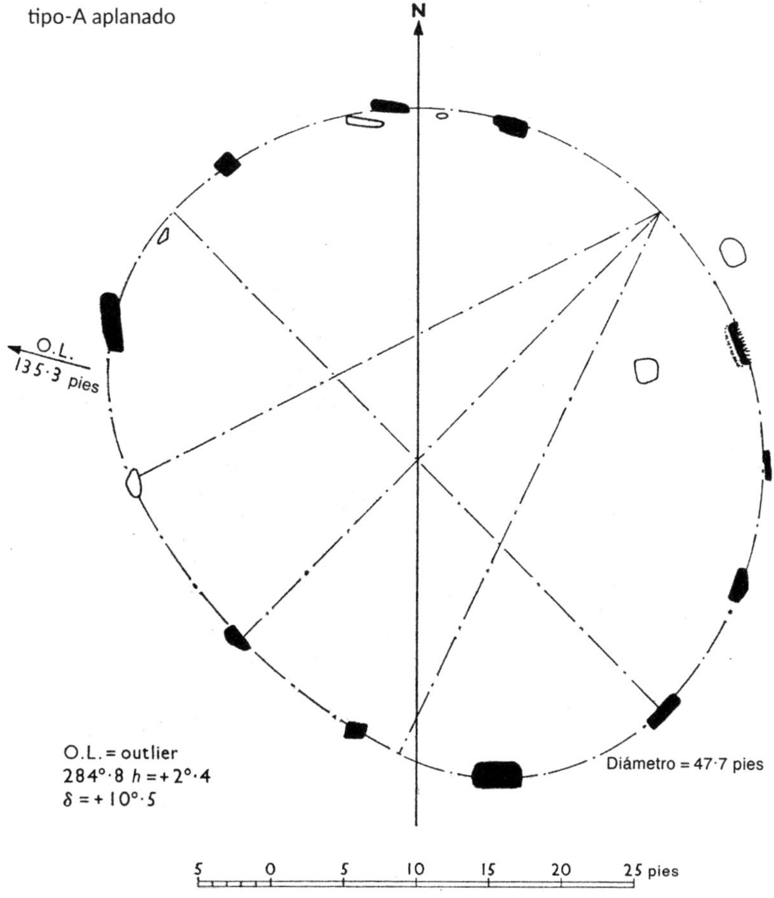

Castlerigg, Cumbria

54.6028°N, 3.0984°W

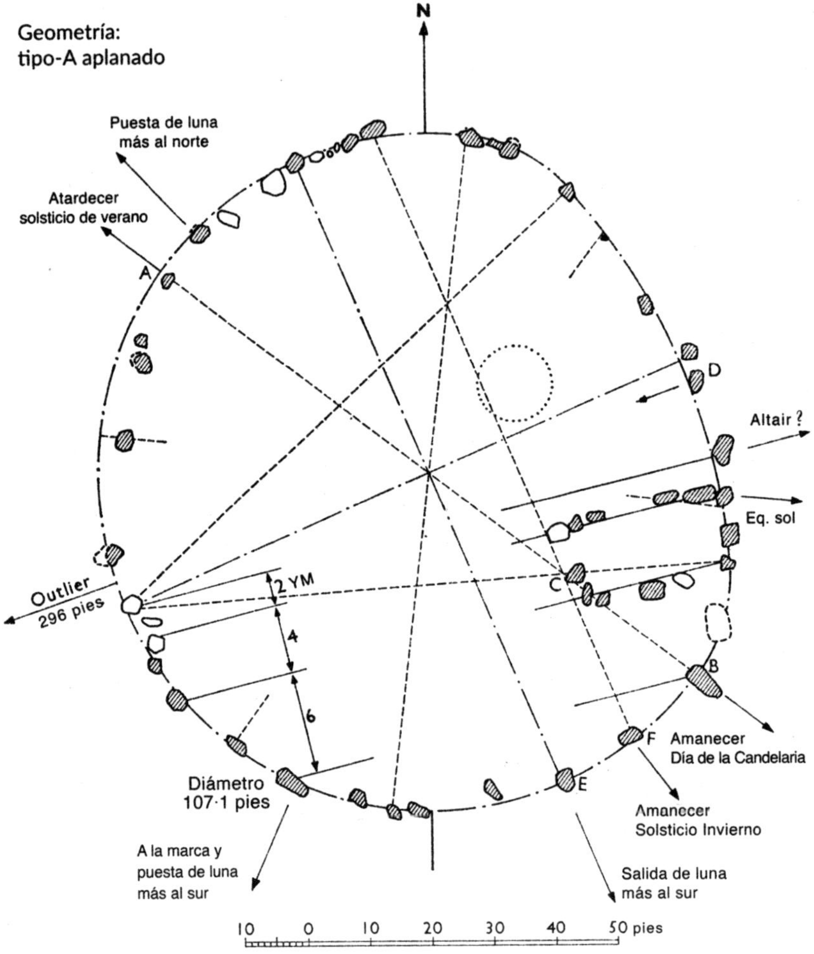

LONG MEG, CUMBRIA

54.72794°N, 2.66765°W

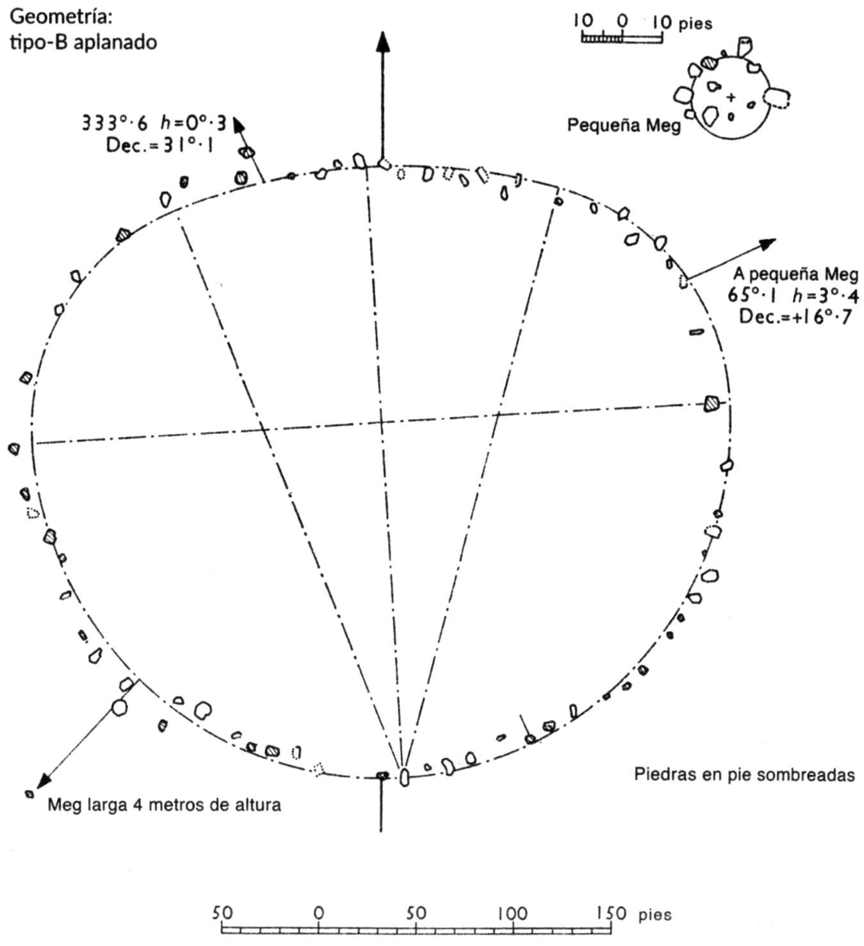

BURNMOOR, CUMBRIA

54.409175°N, 3.274325°W

Geometría:
tipo-A aplanado

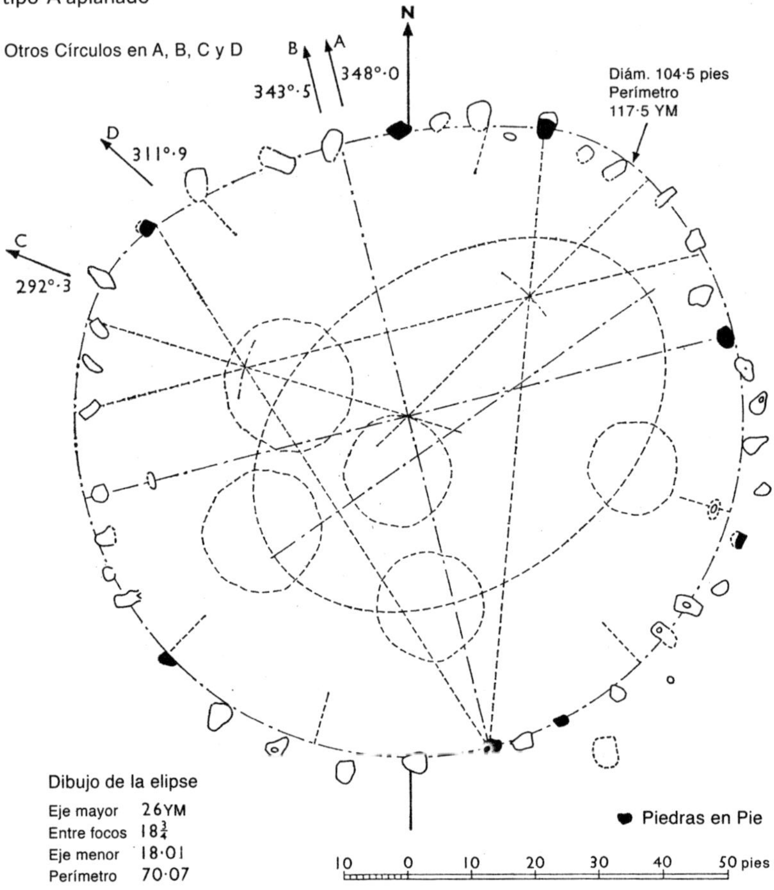

Cambret Moor, Kirkcudbrightshire

55.896389°N, 4.324444°W

Geometría:
tipo-A aplanado

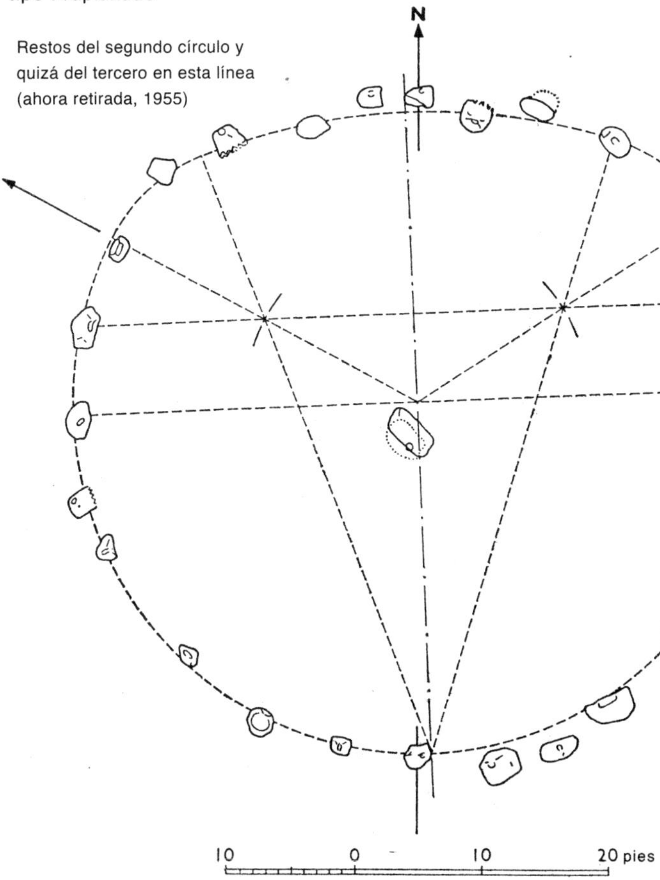

Callanish I, Hébridas Exteriores

58.1979°N, 6.7443°W

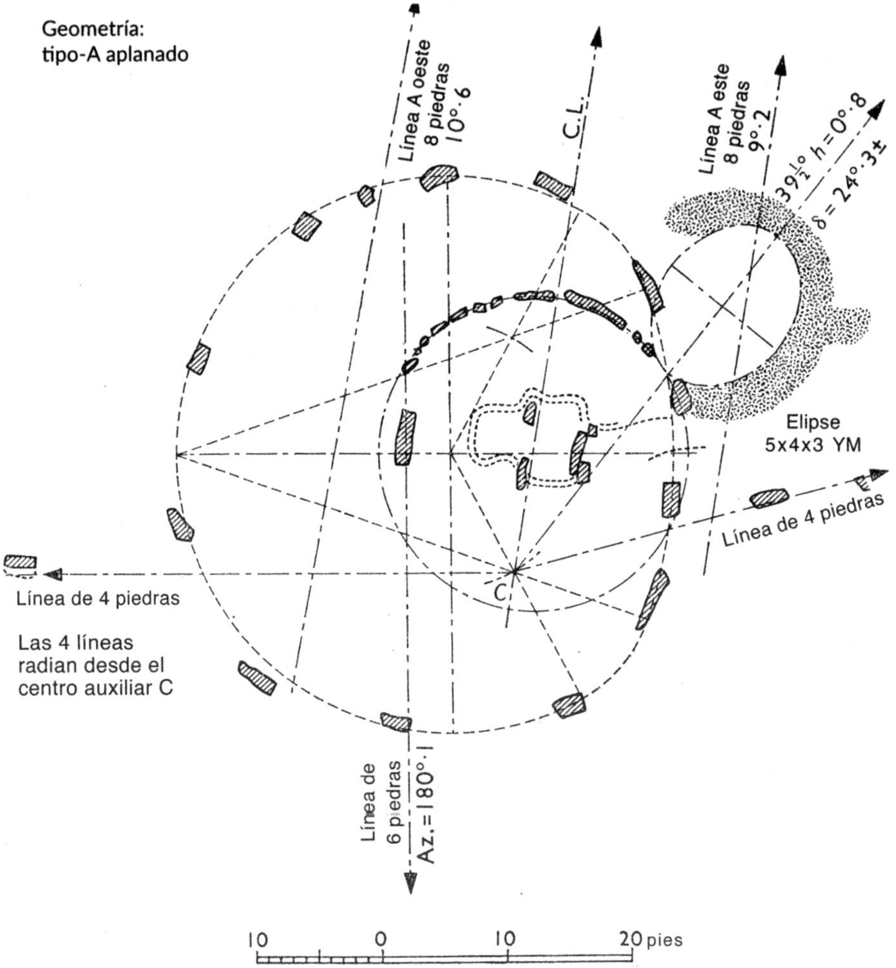

HIRNANT, CEREDIGION

52.439157°N, 3.835522°W

Geometría:
ovalado con final elíptico

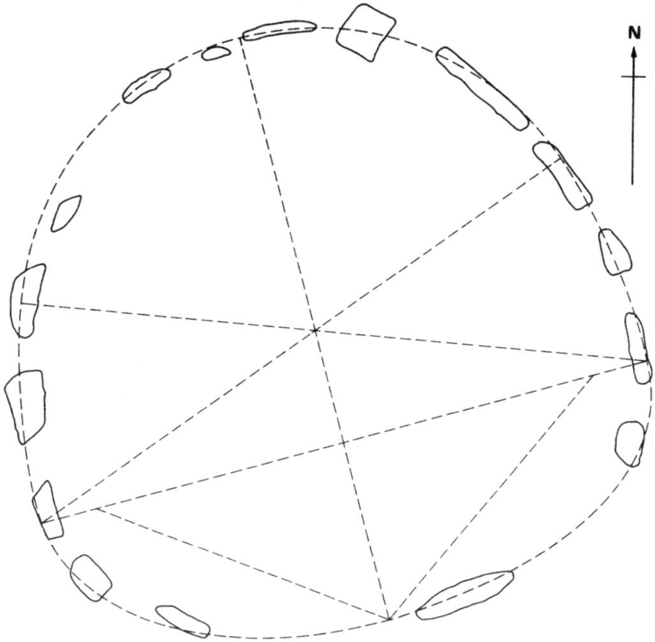

Elipse (YM) : $2a=7$, $2b=4$, $2c=5\frac{3}{4}$
$5\frac{3}{4}^2+4^2=49{\cdot}06$, $7^2=49$

Triángulo de los arcos (YM):– $a=3\frac{3}{4}$, $b=3\frac{1}{2}$, $c=1\frac{1}{4}$
$3\frac{1}{2}^2+1\frac{1}{4}^2=13{\cdot}81$, $3\frac{3}{4}^2=14{\cdot}06$

Perímetro = 21·58 MY

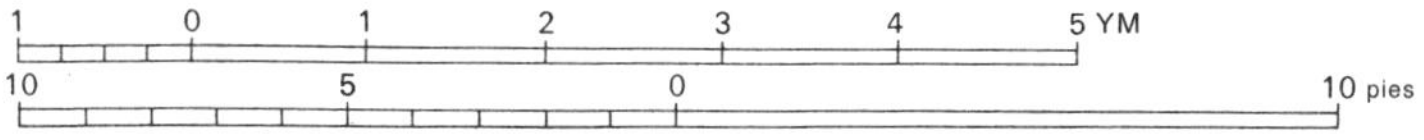

Clava, Highlands

57.472585°N, 4.074469°W

Geometría:
tipo-I ovalado

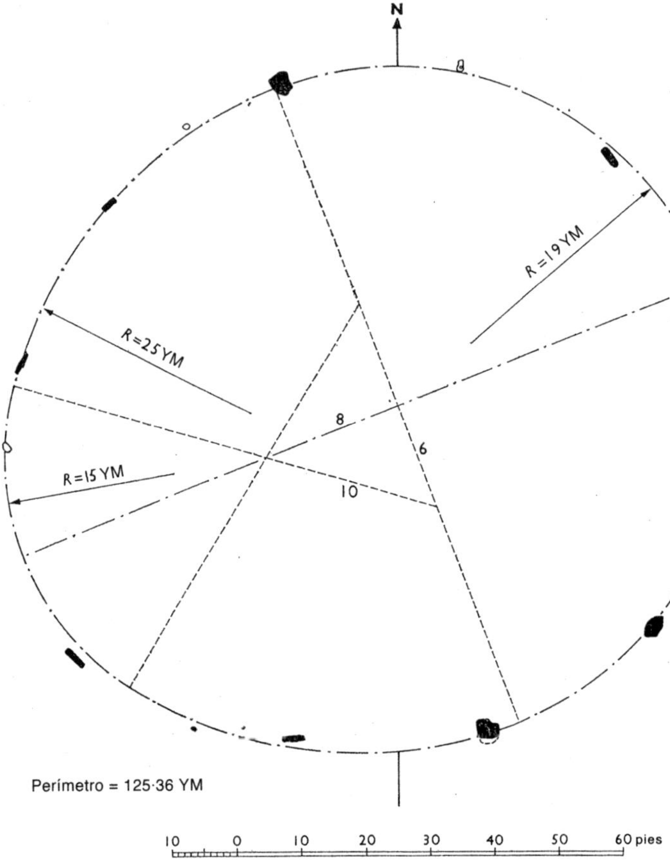

Templo Druida, Highlands

54.450°N, 4.190°W

Geometría:
tipo-I ovalado

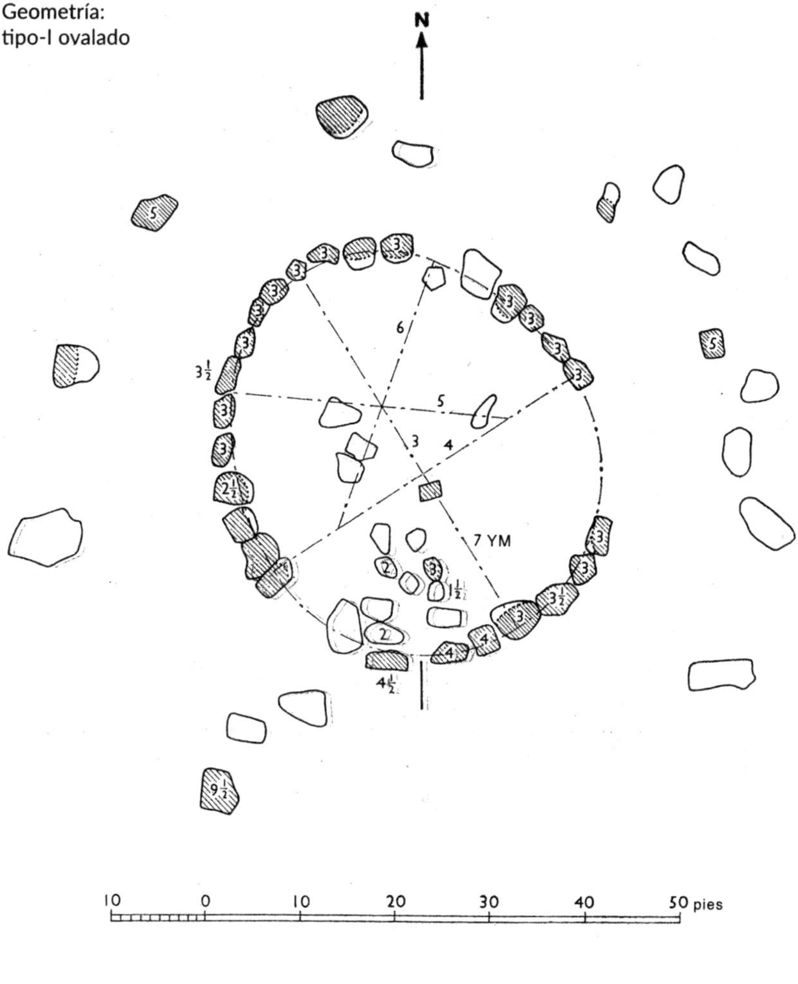

Allan Water, Frontera Escocesa

55.3467°N, 2.8350°W

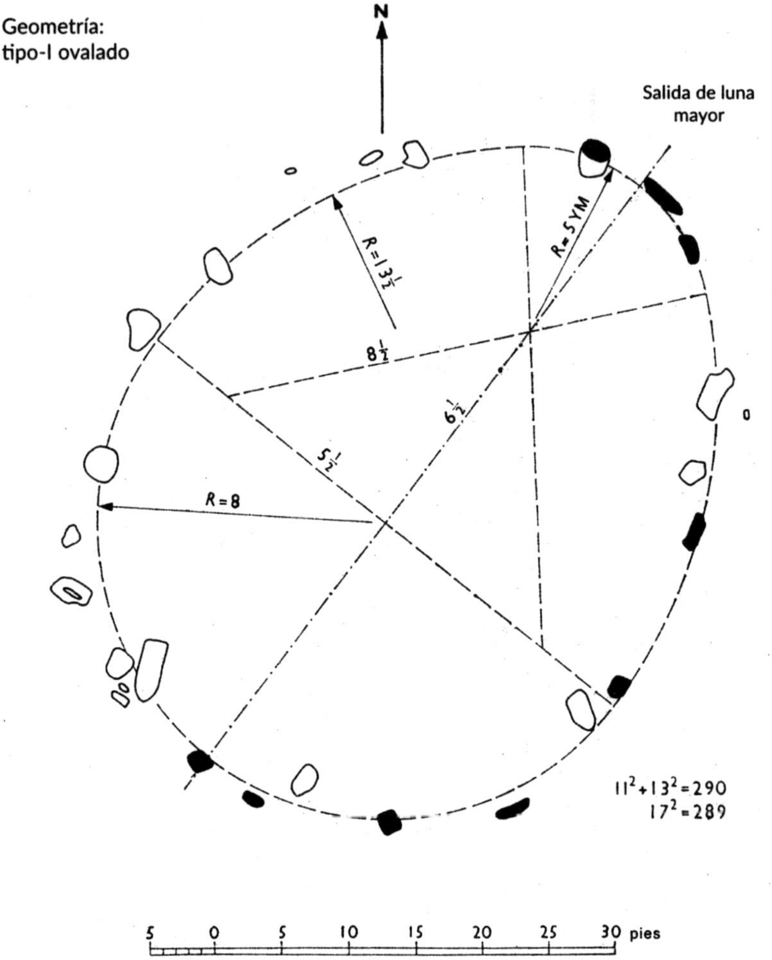

ANILLO DE BORROWSTON, ESCOCIA

55.762151°N, 2.706570°W

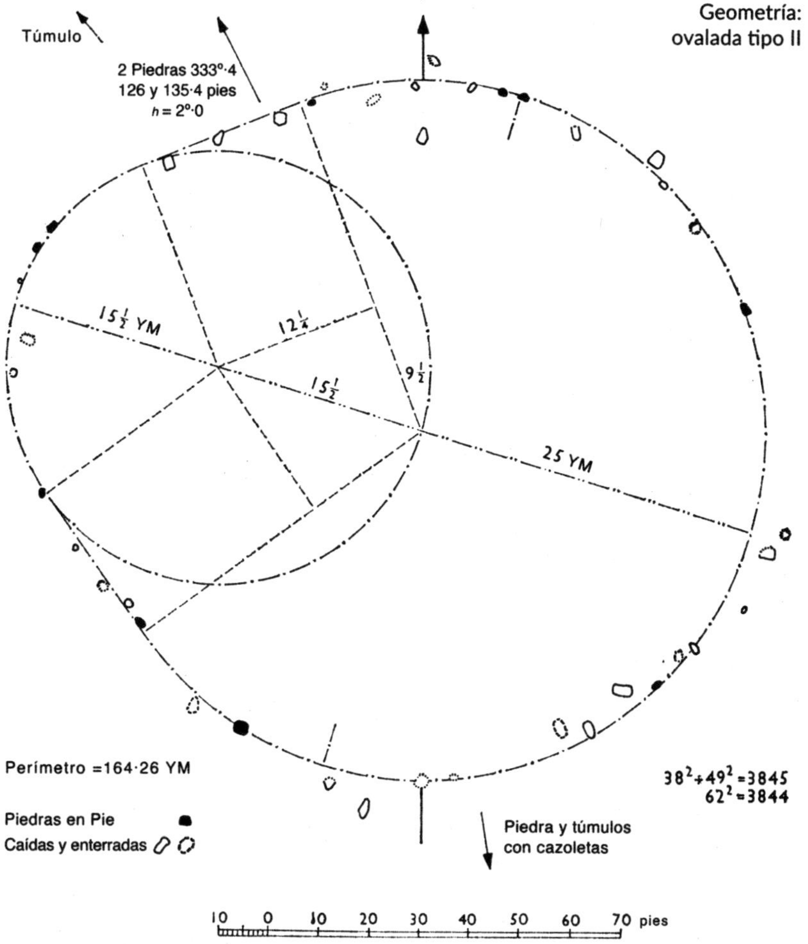

DAVIOT, HIGHLANDS

57.442314°N, 4.122562°W

Geometría:
elipse

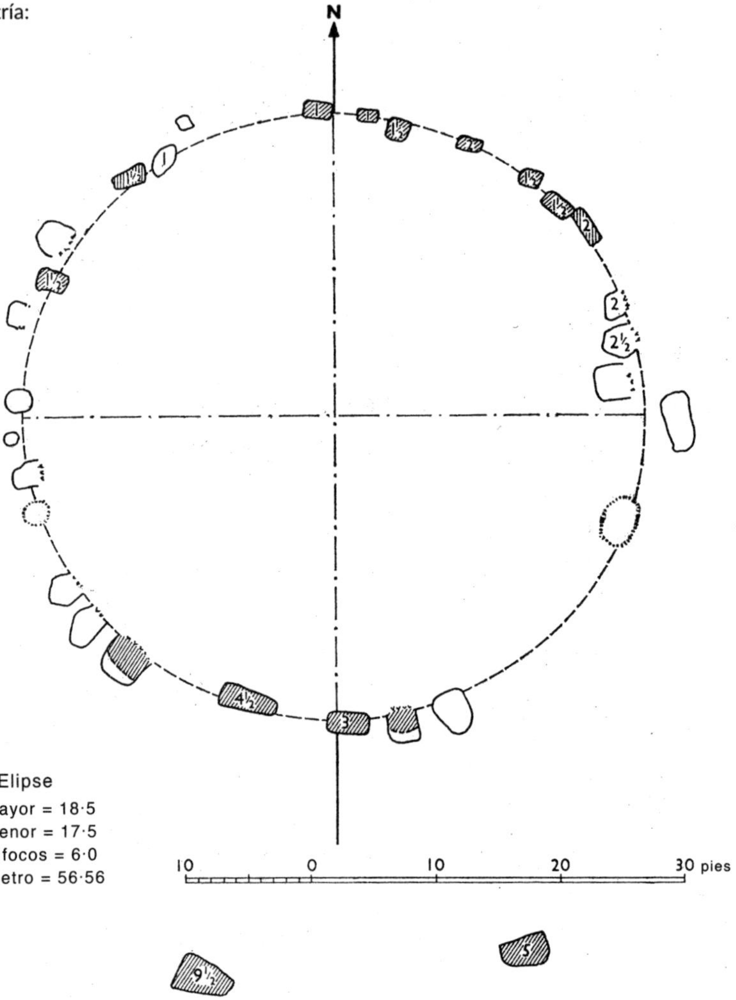

Elipse

Eje mayor = 18·5
Eje menor = 17·5
Entre focos = 6·0
Perímetro = 56·56

Boat of Garten, Aberdeenshire

57.270584°N, 3.718268°W

Geometría:
elipse

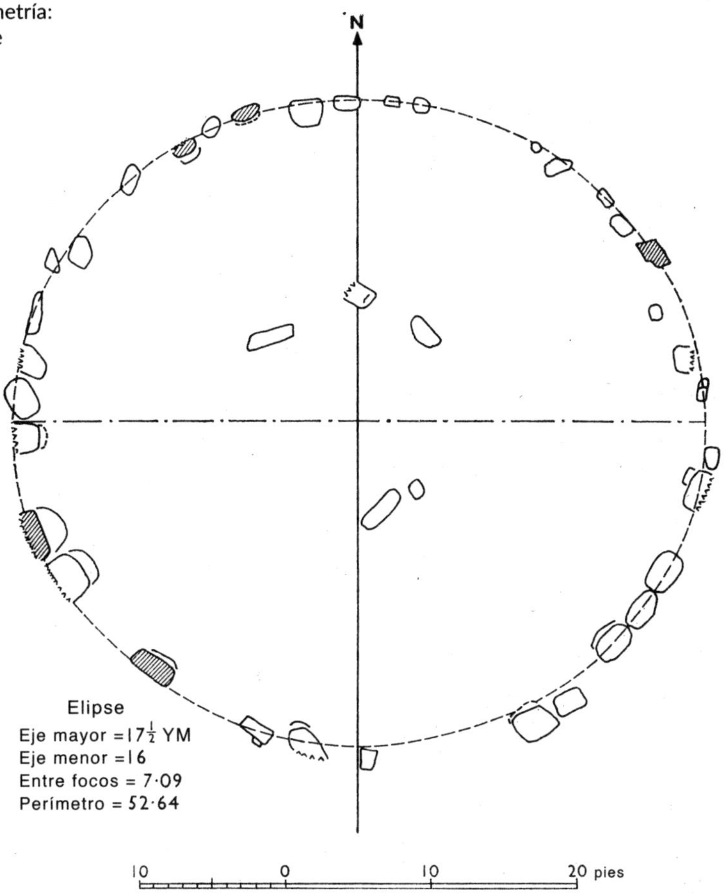

Forvie Sands, Aberdeenshire

57.309188°N, 1.985875°W

Geometría:
elipse

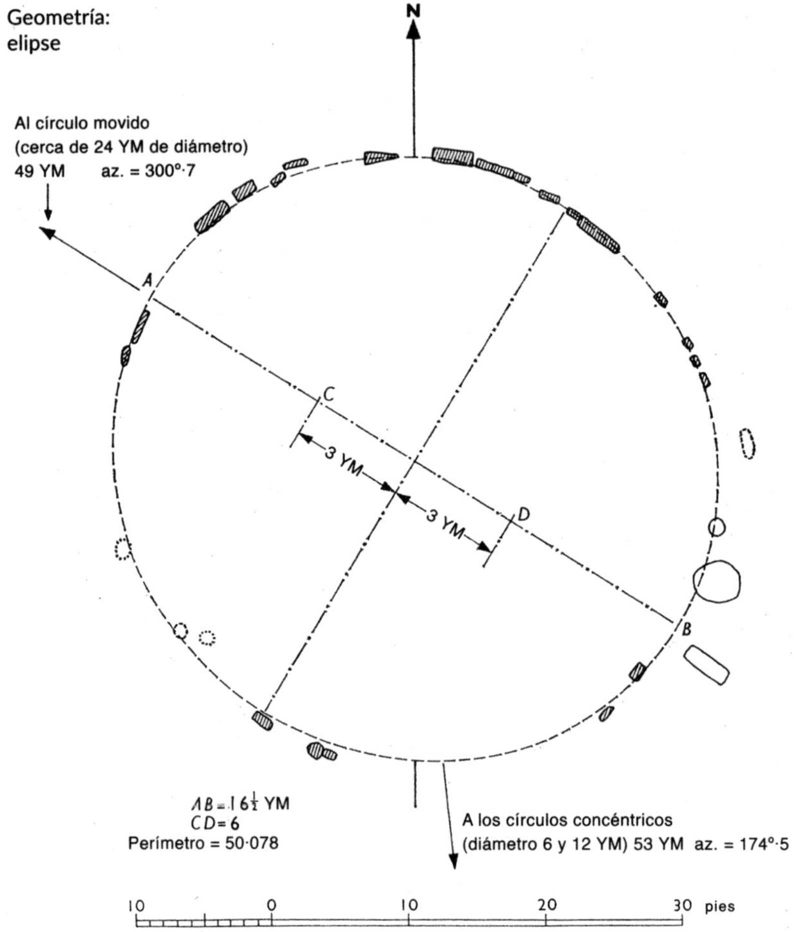

POSTBRIDGE, DEVON

50.592860°N, 3.873176°W

Geometría:
elipse

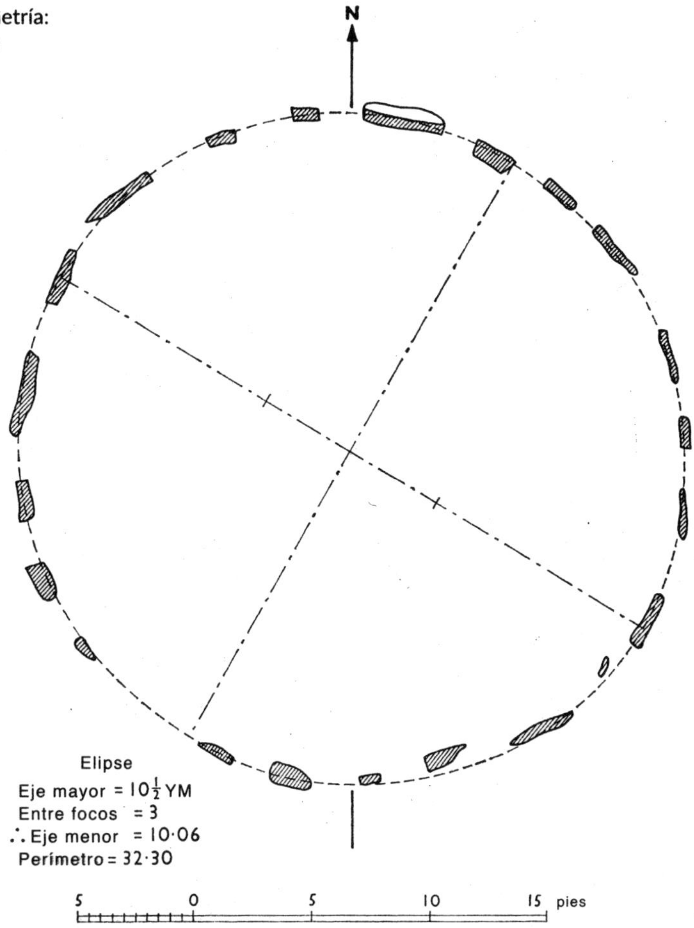

MOEL TY UCHAF, MERIONETHSHIRE

52.923618°N, 3.405455°W

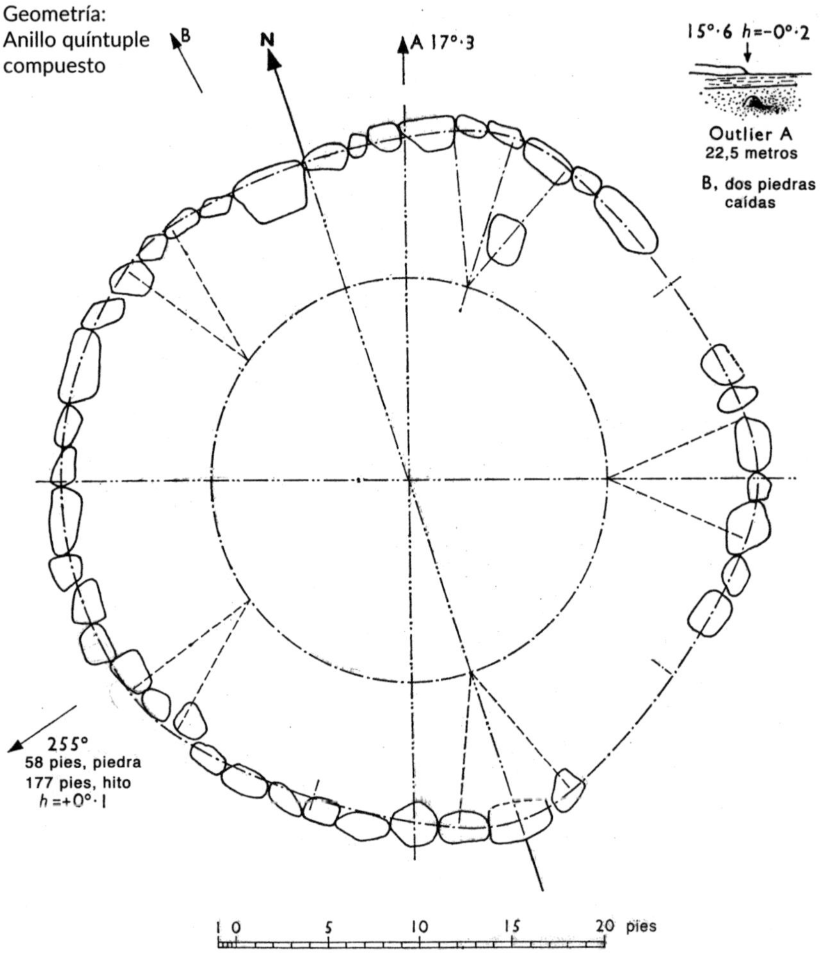

Easter Delfour, Highlands

57.153668°N, 3.912555°W

Geometría:
Anillo cuádruple compuesto

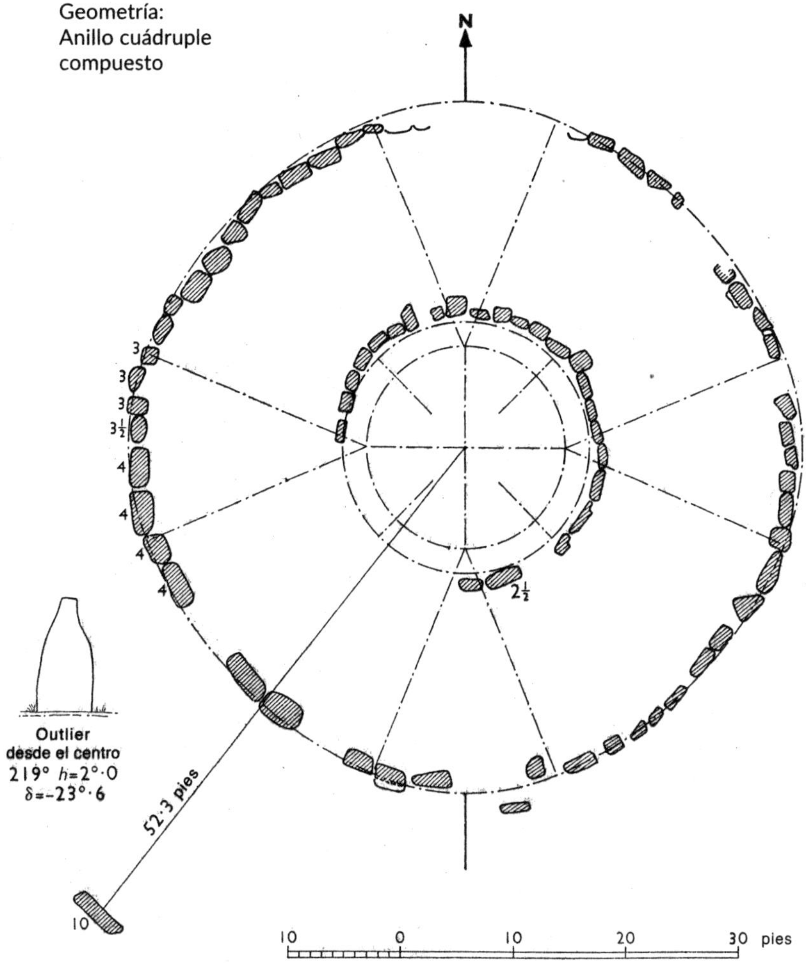

Geometría de Petroglifos

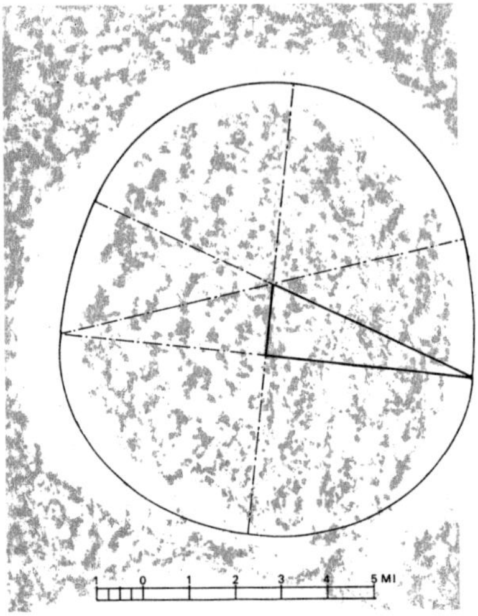

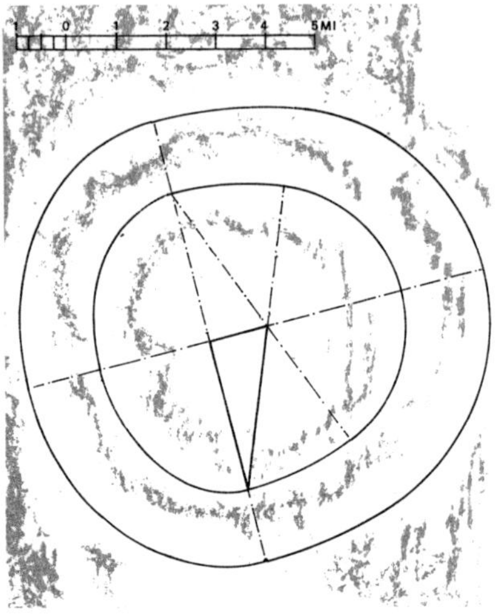

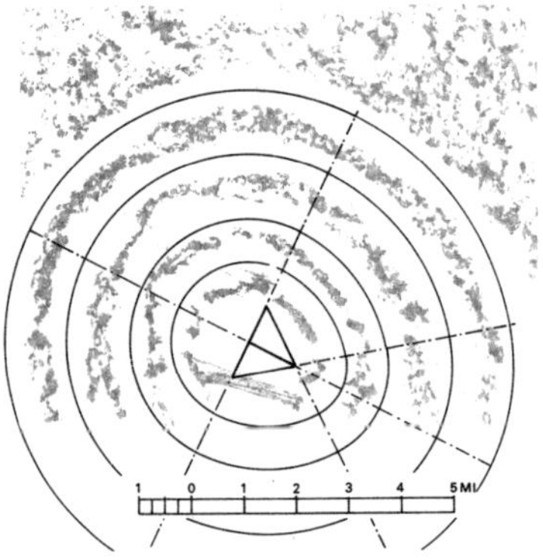

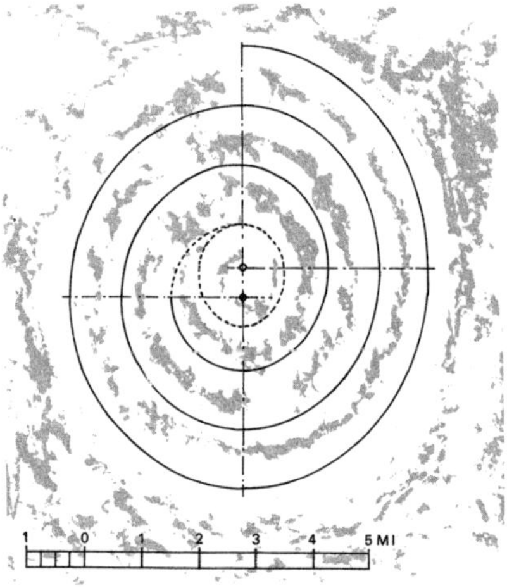

Sugerente trabajo geométrico de A. Thom and A. S. Thom publicado en 1978.

Índice

Créditos

CRÓMLECH

Gracias a Emmanuel Martin por las ilustraciones adicionales de las páginas 7 y 49, Steve Larder por sus dibujos en la página 2, y a John Michell, John Neal, Terence Meaden, Andrew Collins y Stephen Parsons. Muchas imágenes son de fuentes del siglo xix, en particular Toscos monumentos de Piedra, de James Fergusson, 1872. También tomamos prestados un gran número de grabados de la compilación clásica de John Mitchell Megalitomanía, publicada por Squeeze Press. Créditos de otras imágenes aparecen en el libro.

CARNAC

Nuestro sincero agradecimiento a la Association Archéologique Kergal y a su fundadora, la fallecida Helène Fleury, y gracias a los directores y mientras de L'Association Pour La Connaissance et L'Etude des Megalithes (ACEM). Algunas imágenes se adaptaron de Sun, Moon and Standing Stones, de John Edwin Wood, Oxford, 1978. Muchas imágenes son de Blair & Ronalds (ver pág. 72). Imágenes en páginas 62 y 97 © Erica Guilane-Nachez via Adobe Stock.

STONEHENGE

Las imágenes se han tomado de una amplia selección de libros raros de anticuario y la mayoría están indicados donde aparecen. Los grabados de la página 125 son del libro de Inigo Jones de 1655, el grabado de la página 173 es de Stonehenge, A Temple Restored to the British Druids, 1740, y la imagen de la página 158 es Modern British Traveller, de Walpoole (finales del siglo xviii). Visite www.robinheath.info para más libros de Robin Heath. Lecturas recomendadas: A Guide to the Stone Circles of Britain, Ireland & Brittany, de Aubrey Burl, Yale, 1996; Stonehenge, Mysteries of the Stones and Landscape de David Souden, English Heritage, 1997.

AVEBURY

Gracias por la imágenes y su ayuda a los conservadores del museo Alexander Keileer, al departamento de Estudios Locales, biblioteca Wiltshire, Trowbridge, y a Caius Hawkins y Steve Marshall. Las imágenes son principalmente del libro de Stukeley Abury, a Temple of the British Druids, 1743, Ancient Wiltshire de Sir Richard Colt Hoare, 1819, más otros títulos ya mencionados.

STANTON DREW

Gracias a la Arts Librarian de la Reference Library en Bristol Central Library y a Jon King. Este libro es una versión condensada y abreviada del original de Wooden Books.

CALLANISH

Gracias al Dr. Alastair Fraser, Elizabeth Ponting, Margaret Curtis, Western Isles Libraries, ala de Chandler's Ford en la Hampshire Library Service. Imágenes: National Library of Scotland (283, 293 sup., 303 inf., 315, 317 sup.); Nationalmuseet, Copenhagen (288, 289); University of St Andrews Library (303 superior); National Archives, Kew (299 inf., 317 inf.); Ordnance Survey (295 sup.); Wiltshire Archaeological Society, Devizes (285); Oliver y Boyd (301 inf.); Edinburgh University Press (281 inf.); Patrick Ashmore y Historic Scotland (281 sup.); Gail Kelly (305 inf.); Lorraine Tolmie (295 inf.). La imagen de la página 275 es de un artículo de y T.A.Wise (1877). Este libro es una versión condensada y abreviada del original de Wooden Books.

ARTE BRITÁNICO ANTIGUO EN ROCA

Gracias a Chujé Akong Rinpoché y Sandra Berwald. Lecturas recomendadas: British Prehistoric Rock Art de Stan Beckensall (1999). Ilustraciones de los libros, Rude Stone Monuments (1872) de James Fergusson, Llewellynn Jewitt's Grave Mounds and their Contents (1870), Sir J.Y.Simpson's Archaic Sculpturings (1867), Ancient British Sculptured Rocks ... (1865) de George Tate, Incised Markings in Stone (1869), Algernon, Duque de Northumberland, Rombald's Way (1946) de E.T.Cowling, y The Stars and The Stones (1984) de Martin Brennan. Otras imágenes son del autor.

ESTUDIOS

Estudios de crómlech del profesor Alexander Thom (y su hijo Archie) aparecen en este libro gracias al amable permiso del nieto de Thom, Eoghann MacColl, gracias a Robin Heath. Muchos de ellos aparecieron juntos en Megalithic Sites in Britain, 1967, Megalithic Lunar Observatories, 1971, y Megalithic Remains in Britain and Brittany, 1978, todos publicados por Clarendon Press, Oxford. Thom fue catedrático de ingeniería en Brasenose College, Oxford. El estudio de Hirnant en la página 393 fue realizado por John Hoyle.

WEB

Wooden Books quiere agradecer a Andy Burnham y a todos los colaboradores de The Megalithic Portal, www.megalithic.co.uk, un gran recurso para megalitos que se puede usar para encontrar lugares megalíticos. Es por esta razón que los editores pensaron que no era necesario incluir un diccionario geográfico. Los siete libros individuales de este volumen se pueden leer en su totalidad online en www.woodenbooks.com.